U0191893

配电网规划
编制指南

洪晓燕　主　编

周　刚　张　博　袁　傲　柯　杰　副主编

中国电力出版社
CHINA ELECTRIC POWER PRESS

内 容 提 要

本书介绍了配电网发展面临的形势，论述了配电网规划的编制步骤和主要内容，旨在更好开展配电网规划研究工作，服务配电网发展建设。

全书内容共分十章，主要内容包括总论、规划数据收集和现状分析、电力需求预测、电力电量平衡、规划目标和原则、配电网规划方案设计、配电网智能化规划、电力设施布局规划、规划成效分析和典型配电网规划案例。

本书立足于配电网规划实际业务，可供配电网规划人员学习、参考，还可作为配电网其他专业人员开展配电网工作的学习参考。

图书在版编目（CIP）数据

配电网规划编制指南 / 洪晓燕主编. —北京：中国电力出版社，2021.12（2022.7 重印）
ISBN 978-7-5198-6198-8

Ⅰ. ①配…　Ⅱ. ①洪…　Ⅲ. ①配电系统–电力系统规划–指南　Ⅳ. ①TM715-62

中国版本图书馆 CIP 数据核字（2021）第 237814 号

出版发行：中国电力出版社
地　　址：北京市东城区北京站西街 19 号（邮政编码 100005）
网　　址：http://www.cepp.sgcc.com.cn
责任编辑：邓慧都
责任校对：黄　蓓　朱丽芳
装帧设计：张俊霞
责任印制：石　雷
印　　刷：三河市百盛印装有限公司
版　　次：2021 年 12 月第一版
印　　次：2022 年 7 月北京第二次印刷
开　　本：787 毫米×1092 毫米　16 开本
印　　张：14.25
字　　数：297 千字
定　　价：70.00 元

版 权 专 有　侵 权 必 究
本书如有印装质量问题，我社营销中心负责退换

编 委 会

主　　任　　梁　樑　　郁家麟

副 主 任　　朱　晔　　杨京才　　王树春　　王　法　　汤东升　　杜　超

委　　员　　洪晓燕　　李佳鹏　　金　显　　吴琴芳　　何　平　　钟伟东

主　　编　　洪晓燕

副 主 编　　周　刚　　张　博　　袁　傲　　柯　杰

编写人员　　张蕾琼　　陆　爽　　刘　欣　　黄沈海　　钱俊杰　　王科丁

　　　　　　陈　豪　　卢　奇　　高梅鹃　　金亮亮　　孔一舟　　姚天明

　　　　　　刘　达　　李靖宇　　庄建斌　　赵冬义　　余　晔　　董宇馨

　　　　　　汪圣羽

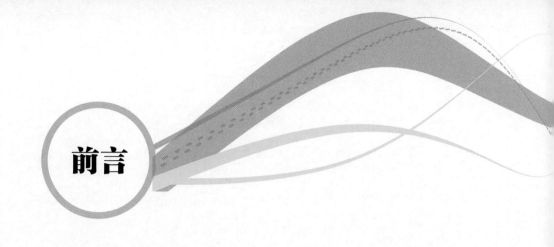

前言

　　近年来，我国电力负荷需求量的持续增长，是因我国国民经济快速发展，新基建、新业态对配电网发展提出了新要求。电网数字化、智能化发展转型步伐加快，传统配电网逐步向未来配电网演变，以可定制、绿色、智能的供电服务为目标，逐步发展为能源转换高效配置和互动服务的平台。为了能够跟上当前电网的发展形势，在当前我国已有的电网规划设计经验的平台上，结合成熟技术和最新的发展形势，编写了《配电网规划编制指南》。

　　本书共十章，全面系统地介绍了配电网规划工作的各个环节，内容涵盖规划数据收集和现状分析、电力需求预测、电力电量平衡、规划目标和原则、配电网规划方案设计、配电网智能化规划、电力设施布局规划、规划成效分析和典型配电网规划案例。

　　本书从工作内容到工作流程再到操作方法，结合典型实例，详细介绍了配电网规划工作的整体思路与流程，从不同角度体现未来配电网规划的要点与差异。

　　在编写本书过程中，得到了国家电网有限公司相关单位及人员的大力支持，在此一并致以衷心的感谢！

　　由于编者水平、能力所限，书中仍有诸多不足之处，恳请读者对本书的错误和不当之处提出批评和指正。

编　者

2021 年 10 月

目录

第一章 总 论

第一节 配电网发展面临的形势

配电网是服务终端用户的重要公共基础设施，也是保证电能质量、提高电网运行效率、创新供电服务的关键环节。配电网规划作为电力规划的重要组成部分，应该贯彻落实可持续发展的理念，在进行配电网规划的过程当中，充分应用新型清洁能源，全面融入国家分布式能源建设，同时要保证电网的稳定运行情况下，建设能够全面公平的开放型电网。

（一）面临的形势及挑战

新基建催生了人工智能、智慧能源、绿色出行等诸多新业态，主要涉及 5G、新能源汽车充电桩、数据中心等领域。提出了配电网灵活发展的要求，实现了源网、负荷与储能的高效交互，满足分布式能源和多负荷的"即插即用"需求。

电网数字化、智能化发展与转型正在加速推进。配电网是电网数字化、智能化发展和转型的关键领域。要持之以恒推动数字电网、数字企业、数字服务和数字产业建设，准确把握电力在新一轮科技革命中的地位，推动新一代信息技术、5G 技术、人工智能技术与电力发展融合，加快建设具有全球竞争力的世界一流企业。

输配电价成本监审对配电网发展的影响．输配电定价成本的监管和审查，将促使电网企业从被动接受监管转变为主动加强自身成本管理，加快盈利模式调整。为此，有必要建立有效的配电网投资决策约束机制。引导合理投资、加强内部管理和降本增效。

配电网与城市发展融合难度加大。随着经济社会持续快速发展，土地资源日益紧张，配电站点走廊资源紧缺现象逐渐加剧，配电网建设滞后将导致重度过载变电站数量大幅增加，严重影响电网安全稳定运行。

1. 电力供需面临新形势

供应压力和设备效率低下并存。一方面，随着城镇化和工业化进程的加快，各地电力需求增长普遍超出预期。未来一段时间，全国电力需求将继续快速增长，电力供需矛盾将继续存在。预计到 2025 年，华北、华东、华中电力缺口将分别达到 2100 万、2700 万和 2050 万 kW。

另一方面，用电负荷尖峰化特点将进一步突出。随着我国第三产业和居民用电比重的增加，电力系统峰谷差将逐渐增大，高峰负荷持续时间短、频率低、功率低的特点将逐渐显现。变得更加明显，调峰的潜力会更大。

2. 直流输电和新能源机组快速增加

电网运行控制特性日益复杂，一方面随着电网的建设，我国已经形成多个区域性的人直流馈入大电网；另一方面，碳中和、碳达峰承诺下，新能源装机占比提升，高比例接入电力系统后，将导致发电波动大幅增加，增加了维持电力平衡的难度，对电网的调峰能力提出更高要求。

3. 新能源规模持续增长

电网资源配置能力需持续提升，新能源装机规模将持续增加，为满足新能源的高效利用，要进一步从网架结构上加强配套工程建设，提升工程利用率。电网作为大规模高效能源资源高效配置的基础平台越来越重要。在制定和规范互助方面发挥关键作用。

4. 配电网投资效益需进一步提升

目前，电力企业正逐步面临产能过剩、资产效率低下的问题。国家电价下调政策和电力改革和市场化建设对电力企业也很重要。商业模式提出了更高的要求。开发中需进一步践行高质量化发展理念，注重电网投入产出效率，提高投资效益。

5. 配电网承载能力需进一步提升

配电侧能源供给呈现多元发展，由于综合能源技术（冷热电联产、余热发电等）、储能技术（蓄电池、超级电容、冰蓄冷等）、分布式发电技术（风机、光伏、微型燃气轮机）等不断发展，电源侧逐渐呈现出能源清洁化、多元化的特点，提升配电网承载力。

6. 配电网的灵活性需进一步提升

配电侧用电负荷呈现互动式发展，包括以电动汽车充电桩、换电站为代表的互动式负荷；以智能楼宇、智能家居为代表的柔性负荷，需要电网实现运行安全性、控制灵活性、调控精确性、供电稳定性，满足多元化负荷灵活接入、实时监测和柔性控制。

7. 配电网需支撑能源互联网快速发展

数字革命和能源技术革命齐头并进。数字技术已成为引领能源技术和产业转型、实现创新驱动发展的驱动力。能源行业正在加速向数字化、网络化和智能化转型。

能源交易的市场化水平提升，需要提升配电网的优质服务水平。要从革新发展理念，从战略高度做好顶层设计；聚焦客户需求，提供差异化用能解决方；积极开展产业生态联合，快速建立竞争优势几方面对配电网的服务做出更多思考。

（二）电网发展关键问题思考

1. 总体思路

电网发展要服务能源转型战略实施。未来，清洁低碳是能源转型的首要特征。到2050年我国能源行业将达到"两个50%"目标：电能在终端能源消费中的比重超过50%；非化石能源占一次能源的比重超过50%。这一目标意味着一半以上的能源生产和消费都将依靠电力系统来完成，未来电网发展需要不断提升能源资源配置能力，具备强大的灵活调节能力，打造各电压等级协调发展的坚强智能电网。

电网发展要服务电力市场化改革。国家调整输配电价定价办法，电网发展以市场为主导。跨区专项输电工程的送受端落点、消纳方案等将更多由上网电价、调峰性能等市场因素决定；电网企业新增基建投资规模将更多结合对输配电价的承受能力，通过企业盈利能力测算确定；增量配电网、分布式电源发展规模也将更多与政府的价格核定政策、补贴机制等密切相关。

2. 主网架

考虑负荷具有尖峰化特性，需要从电源和负荷侧发力，提高调节能力，精准削峰填谷。在电源侧加快抽蓄电站建设，布局建设一批燃气电站，实施火电灵活性改造。在负荷侧，推广应用弹性负荷控制，推动电动汽车参与调峰，提高需求侧响应能力。

提升主网架安全稳定水平，"十四五"期间加快推进省间联网加强，针对大规模新能源接入和多直流馈入，一是通过电网合理分区降低交直流连锁故障风险；二是在受端地区按需配置调相机等动态无功补偿装置，提高交流电网对直流的承载能力；三是逐步实施新能源机组技术改造、推广应用虚拟同步、柔性输电等新技术，提升新能源场站与电网协调性能。

服务新能源持续快速发展，按需实施配套主网架工程持续优化送受端电网结构，满足新能源高比例接入后系统安全运行。受端针对新能源富集地区，合理构建电力送出通道，按需加强关键断面。保证清洁能源安全高效送出。

3. 解决措施

落实分区、分层、分年度用电需求预测通过分析供电网格（单元）内近远期土地利用特征，结合区域产业发展定位和走势，深入分析负荷特性，准确预测供电网格（单元）负荷近远期增量和布局，研究制订精准科学的规划方案。

提升配电网智能化水平推动坚强智能电网与泛在电力物联网融合发展，以智能化配电设备建设为重点，规模化部署配电物联网智能终端、边缘物联代理等感知设备，将智能电表打造为家庭能源路由器，全方位服务"两网融合"。

加快部署智能终端：采用先进的传感技术、通信接入技术和物联管理技术，在电网运维、新能源接入、新兴业务等方面，实现数据同源采集，营配业务融合；通过终端边缘智能，实现拓扑识别及故障研判。推动配电网向物联网化、智能化发展。

提高配电自动化实用水平：规范有序推进配电自动化建设，挖掘海量采集数据价值，实现能力开放，满足多元化负荷发展需求，支撑以智慧能源综合服务为代表的新兴业务协同发展，实现配电网可观可控。

促进一、二次系统协调发展：实现物理网架与泛在物联网的同步规划、同步建设、同步实施。

构建开放融合、多边互动的资源配置平台深入挖掘大数据、云计算等新型技术应用；促进分布式电源、微电网、储能及电动汽车充放电设施的发展以及在配用电侧的即插即用、灵活接入和退出，促进局域的电力、燃气、热力、储能等资源互联互通，实现多种能源综合效率的优化和提升。

全业务统一数据中心：以全面支撑数据中台建设需求为导向，开展全业务统一数据中心相关组件优化工作，并将确定利旧组件并入数据中台，逐步实现全业务统一数据中心的应用和数据全部迁移至数据中台。

推动云平台建设：有效应用业界先进产品与组件，迅速提升基础支撑能力。完善三地数据中心之间（含内外网）高速网络，建立统一云管平台、云安全防护体系和运维运营体系。

4. 开展配电侧试点示范工程建设

"光—储—充"融合的直流配电示范工程按照"因地制宜、循序渐进、安全可靠、技术先进"的建设思路，优先选取分布式光伏与直流负荷较为密集的建筑楼宇、数据中心、电动汽车充换电站等地区建设低压直流配电网。

试点智慧LED路灯直流供电系统，优化配置储能系统，采用直流供电方式有效减少换流/整流环节，实现分布式光伏、直流负荷与储能系统的即插即用与无缝融合，显著提升供电效率与电能质量。"源—网—荷—储"协同的虚拟电厂示范工程"虚拟电厂"主动规划各要素的数量及接入点，聚合多样化的分布式资源，基于能源管理调控平台集成分散在用户侧的集中式储能/分布式储能/用户侧UPS等资源，实现"源—网—荷—储"自主协同运行。

虚拟电厂可实现可再生能源、储能系统、电动汽车等元素的有机聚合和协调优化，使其作为一个特殊电厂参与电网运行管理。实现海量微小设备灵活接入、即插即用、协同管理，解决分布式接入成本高和无序并网的问题。基于边缘代理的分布式模块化综合能源站示范工程建设基于边缘代理的分布式模块化综合能源站，就近消纳本地可再生能源，经济、高效、可靠、柔性地满足用户冷、热、电负荷需求，实现供能区块安全用能、友好互动。

基于边缘代理，实现"一次采集、多次使用"的跨专业数据共享，并引入相关安全防护策略下沉安全边界，全面提升综合能源站的集成化、模块化水平，实现经济、高效供能。绿色交通新技术应用示范工程体系化探索直流充电桩、公交系统电动充电弓、静态无线充电桩、动态充电公路等技术。应用电动汽车V2G技术，探索电动汽车有序充电策略，积极推进全局优化的电动汽车智能充放电模式，示范"清洁能源—智能电网—充电桩—电动汽车"大范围多向互动。

第二节 配电网规划目的和任务

一、配电网规划的目的

（1）指导配电网中长期建设和改造，确保配电网、市政建设改造和大型电网协调发展。

（2）促进配电网适度超前发展，优化电网结构，确保提供优质、可靠电能。

（3）促进配电网的优化发展，降低网络损耗，提高投入产出效益，确保电网企业可持续发展。

（4）统一规划远景目标网架和中期网架，做到近中远期目标网架的平滑、合理过渡。

（5）为变电站、电缆通道和架空走廊预留土地，并规划配电网络纳入市政规划，为电网可持续发展争取时间和空间，避免无序发展造成的征地建设成本高、难度大等问题。

二、电网规划的任务

1. 扎实做好规划基础工作

规划基础工作是规划工作的根本，一是要做好"十三五"配电网建设经验总结，发现问题，提出解决措施；二是利用数据平台，做好管理和维护，确保配电网数据的准确性和完整性；三是加强对负荷预测区域的数据收集、分析，尤其是数据中心、5G基站、充电设施等新基建负荷，做好用电行为特征分类，提高负荷预测的精度。

2. 重视规划原则的制定

配电网规划，是在现状电网的基础上，根据当地市政建设和总体规划，结合电力需求预测，制定全面合理的方案，指导地区电网的规范。必须明确规划原则，统一规划、统一建设，做到五个"要"。一是要把握差异化发展原则，根据区域经济发展水平，按照可靠性需求和负荷重要程度，结合负荷密度和供区划分，制定差异化建设标准；二是要把握问题导向原则。配电网建设整体滞后于输电网，历史遗留问题较多，改造难度大，应以问题为导向，逐步分类优化完善；三是要把握系统性原则，合理搭建配电网高中低压网架，实现配电网规划方案的技术经济总体最优；四是要把握适应性原则，合理优化配电网结构，适应城镇化发展和产业结构调整对配电网的要求，适应分布式电源、多元化负荷接入及多能互动的趋势；五是要按照"远近结合、分步实施"的原则，采用多种方式多种手段共同作用，构建输配协调、简洁规范、强简有序的配电网网架，明确各种目标网架的过渡方式。

3. 加强规划指标的量化管理

建立健全配电网规划指标体系，各指标的选取，一方面要尽可能反映电网实际情况，不遗漏任一重要指标；另一方面也考虑到数据采集难度和计算量等实际情况，满足直接的可测性、可比性，相互的独立性和整体的完备性等，提高规划的指导性和可

操作性。

4. 提高配电网智能化水平

以加快实现配电网"可测、可观、可控"为目标，推进以故障自愈为方向的配电网自动化建设，建设高适应性骨干网架，进一步提升输电网、配电网的智能化水平；打造"源—网—荷—储"友好互动系统平台，开展需求侧管理；推进充电基础设施物联网建设和互联互通，加快实现智能服务和自用充电桩智能有序充电；加强智能配电房、智能台区、装备智能化建设，因地制宜推广应用微电网、主动配电网、柔性直流配电网，全面提升配电网装备水平和智能化水平，实现配电网可观可控。

5. 注重投资效果、提高投资精准性

精准投资要着重在"稳"和"精"上下工夫，通过优化投资结构降低社会综合用能成本，通过电网技术改造提高资产利用率和设备健康运行水平。规划应与核价投资规模进行衔接，合理安排项目规模，按轻重缓急进行排序；建立规划项目与投资成效的联动关系，以关键规划指标的提升作为规划投资的导向。

6. 打造配电网规划数字化平台

配电网数字化、智能化的转型，急需打造数据融合、技术统一的配电网规划数字平台，来实现配电网规划设计的数字化、智能化、三维可视化以及设计成品的自动输出和数字化移交，实现与电力公司管理系统及各部门专业软件及管理软件之间的无缝衔接，提高配电网信息化管理水平，使配电网规划设计成果在配电网整个生命周期中发挥更加重要的作用。

7. 加强规划沟通与衔接

加强网、省、地三级电网规划衔接，实现不同电压等级电网的协同；加强与政府部门的沟通，及早对接城市总体规划、土地利用总体规划和区域控制性详细规划，将配电网规划成果纳入政府规划，提升配电网规划权威性和刚性。

三、配电网规划的基本原则和流程

1. 基本原则

电网规划设计应围绕国家能源战略部署，统筹城乡总体规划、电源规划、新能源规划，充分考虑地区不同的发展定位和需求，研究和制定电网整体发展战略和目标网架，立足解决现有电网存在的问题、不断优化电网结构、提高供电能力和适应性，充分考虑电网规划的可实施性，在满足电网安全可靠运行和保证供电质量前提下，应能实现电网供电能力上的合理储备、空间上的合理布局、时间上的合理过渡。

电网规划设计应遵循以下基本原则：

（1）可靠性原则。满足 GB 38755—2019《电力系统安全稳定导则》和国家相关法律法规对电网安全稳定运行的要求，确保电网安全稳定的向电力客户提供充足、可靠、合格的电力，不发生大面积停电事故。

（2）灵活性原则。具有适应各种变化的应变能力，尤其是适应电源构成布点容量建

设。变化符合分布水平变化，以及电网不同运行方式下潮流变化。

（3）经济性原则。设计方案应尽可能降低初期投资及运行维护费用；使全寿命周期内成本方案最优，具有财务生存能力，国民经济评价合理可行。

（4）环保节能原则。节约土地资源和廊道，满足保护环境的要求，选用符合国家节能标准的环保设备，提高利用效率，实现电网可持续发展。

2. 基本流程

电网发展规划需要分析电网现状调查，收集能源资源分布供应能力，电源发展规划及电力负荷增长需要等资料，开展重大问题专题研究，在完成收支准备后，电网规划设计基本流程如下：

（1）现状电网评估。可采用电网发展诊断分析技术进行评估，通过定性与定量分析相结合，全面客观的衡量电网发展水平，提出电网发展薄弱环节和重点规规划设计，提供参考。

（2）确定边界条件。依据能源规划，电源规划，电力需求预测等专题研究，确定电力市场空间，电力流向及规模等边界条件。

（3）提出规划网架方案。依据电网规划设计基本原则，按照远近结合统筹，兼顾进细远出适度超前的要求，基于前述确定的边界条件和电网现状，提出一个或多个规划方案，长期规划一般只提出一个规划方案，近中期规划则有多个方案，网价方案包括网络方案，输电方式和电压等级选择变电站布局和规模导线截面和能力的内容。

（4）电气计算。包括潮流计算，稳定计算，短路电流计算，无功功率平衡和调相调压计算，以及校核网架方案的技术可行性。

（5）方案经济比较和可靠性评价。针对技术可行的规划设计方案，分别进行经济比较可靠性评估排列出不同方案经济性可靠性上的优势，综合筛选，推荐优选方案。

（6）效果评估。对优选方案进行财务评价、国民经济评价及必要时的不确定性分析，评价方案财务生存能力和国民经济投入产出效益。

（7）方案推荐。根据上述技术经济综合评价结果，推荐最优规划设计方案。

电网规划基本流程如图 1-1 所示。

四、配电网规划设计相关标准和规定

电网规划设计的技术标准包括法律、法规、规范导则等，导则一般由国家行政管理职能部门（如原水利电力部、能源部、国家质量监测检验检疫总局等）发布，具有一定的法律效力，电网规划设计工作必须遵循技术导则。规程规定是电网规划设计中需要执行的标准。规范具有示范性，电网规划设计时参考执行。

1. 常用技术导则

电网规划设计除必须执行中华人民共和国电力法，中华人民共和国节约能源法，中华人民共和国环境保护法，电力安全事故应急处置和调查处理条例，等国家法律法规外，还要遵守 GB 38755—2019《电力系统安全稳定导则》，SD 131—1984《电力系统技术导则》等国家行业技术标准，常用技术导则见表 1-1。

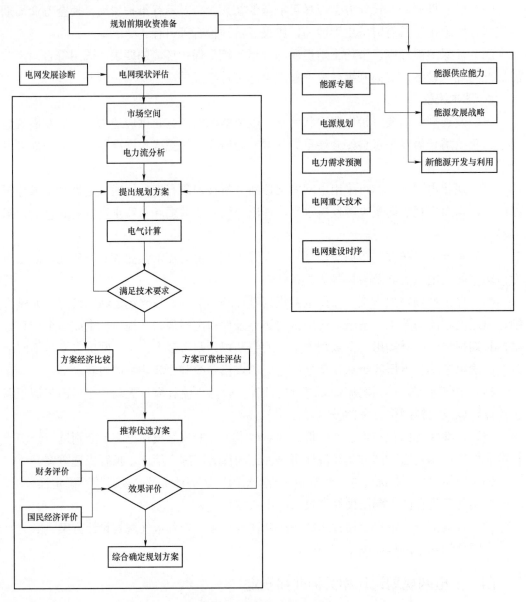

图 1-1 电网规划基本流程

表 1-1 常 用 技 术 导 则

类型	标准
国家标准	GB/T 31464—2015《电网运行准则》
	GB/T 26399—2011《电力系统安全稳定控制技术导则》
	GB/Z 24847—2009《1000kV 交流系统电压和务工电力技术导则》
	GB/T 17468—2019《电力变压器选用导则》
	GB/T 13462—2008《电力变压器经济运行》

类型	标准
行业标准	DL 755—2001《电力系统安全稳定导则》
	DL/T 686—2018《电力网电能损耗计算导则》
	DL/T 5438—2019《输变电工程经济评价导则》
企业标准	Q/GDW 1738—2012《配电网规划设计技术导则》
	Q/GDW 156—2006《城市电力网规划设计导则》
	Q/GDW 146—2006《高压直流换流站无功补偿与配置技术导则》

2. 常用技术规程规定

电网规划设计设计的常用技术规程规定见表 1-2。

表 1-2 常 用 技 术 规 程 规 定

类型	标准
国家标准	GB/T 19964—2012《光伏发电站接入电力系统技术规定》
	GB/T 19963—2011《风电场接入电力系统技术规定》
行业标准	DL/T 5448—2012《输变电工程可行性研究内容深度规定》
	DL/T 5218—2012《220kV～750kV 变电站设计技术规程》
	DL/T 837—2020《输变电设施可靠性评价规程》
	DL/T 5444—2010《电力系统设计内容深度规定》
	DL/T 5429—2009《电力系统设计技术规程》
	DL/T 5439—2009《大型水、火电厂接入系统设计内容深度规定》
	DL/T 5393—2007《高压直流换电站接入系统设计内容深度规定》
	DL/T 5147—2001《电力系统安全自动装置设计技术规定》
企业标准	Q/GDW 1271—2014《大型电源项目输电系统规划设计内容深度规定》
	Q/GDW 10865—2017《国家电网公司配电网规划内容深度规定》
	Q/GDW 10268—2018《国家电网公司电网规划内容深度规定》
	Q/GDW 272—2009《大型电厂接入系统设计内容深度规定》
	Q/GDW 10269—2017《330kV 及以上输变电工程可行性研究内容深度规定》
	Q/GDW 270—2012《220kV 及 110（66）kV 输变电工程可行性研究内容深度规定》

3. 常用技术规范

电网规划常用的国家、行业和企业技术规范见表 1-3。

表 1-3 　　　　　　　　　　　 常 用 技 术 规 范

类型	标准
国家标准	GB/T 50293—2014《城市电力规划规范》
	GB/T 50703—2011《电力系统安全自动装置设计规范》
	GB/T 50697—2011《1000kV 变电站设计规范》
	GB/T 50059—2016《35kV～110kV 变电站设计规范》
	GB/T 50613—2010《城市配电网规划设计规范》
行业标准	DL/T 1234—2013《电力系统安全稳定计算技术规范》
企业标准	Q/GDW 1404—2015《国家电网安全稳定计算技术规范》
	Q/GDW 421—2010《电网安全稳定自动装置技术规范》

第二章　规划数据收集和现状分析

第一节　配电网规划数据收集

一、概述

在整个配电网规划的编制过程中，决定最后规划成果好坏的关键因素之一就是数据收集这一环节，它是我们对配电网展开现状分析的依据，也是我们发现配电网现存问题的支撑点以及提出解决问题思路的出发点。因此数据收集的环节不能偷工减料，要一丝不苟地完成。数据收集的展现形式一般用表格来处理，便于收集来的数据归纳比较的同时也便于收集数据时免于遗漏。

在正式数据收集开始前，要明确规划目标和要求，这也与配电网规划的规划阶段有关（规划阶段分为远景规划、中期规划和近期规划）。不同的规划阶段各有特点，所面临的问题以及对规划成果的要求各不相同，但是在解决问题的同时还要注意无论是远景配电网规划、中期配电网规划还是近期配电网规划还是，三者的规划目标都要保持一致，体现一脉相承的规划思路。

通常在正式数据收集之前我们会对本次规划的基本情况进行梳理，形成表格，见表2-1。

表2-1　　　　　　　　　某地区规划基本情况梳理表

规划区域	电压等级（kV）	规划基准年（年）	最大负荷（kW）	面积（km²）

二、配电网规划数据收集

（一）区域经济发展数据收集

区域经济发展数据可以分为历史发展资料（表2-2）和近期重大建设项目计划

（表 2-3）三个方面。

表 2-2 历 史 发 展 资 料 表

统计年限	统计范围	第一产业（亿元）	第二产业（亿元）	第三产业（亿元）	总产值（亿元）	面积（km²）	人口（万人）

表 2-3 近期重大建设项目计划表

项目名称	电压等级	投产时间	报装容量（kVA）	负荷用电时间	负荷用电高峰时间	负荷性质

表 2-2 所收集的数据应以当地政府统计部门、规划部门获得为准。表 2-3 所收集的数据是对近期（某个时间段内）大用户报装情况进行统计，从而为负荷预测提供相关负荷资料。随着分布式能源的不断发展，表 2-3 中也应提供分布式能源用户的相关数据。

（二）电力历史发展资料

电力历史发展资料的相关数据就是与配电网相关的数据，主要包括历年规划区域用电分类数据表（见表 2-4）、变电站（规划区）典型日负荷特性数据表（见表 2-5）、主变压器典型日整点负荷数据表（见表 2-6）、组负荷数据表（见表 2-7）。

表 2-4 历年规划区域用电分类数据表

类别	基准年-2		基准年-1		基准年	
	电量（kWh）	负荷（MW）	电量（kWh）	负荷（MW）	电量（kWh）	负荷（MW）
规划区						
产业类别						
第一产业						
第二产业						
第三产业						
行业类别						
农、林、牧、渔业						
采矿业						
制造业						
电、热、燃、水生产供应						
建筑业						
批发零售业						
交通、仓储、邮政						
住宿和餐饮业						
信息传输、软件、信息服务						

类别	基准年－2		基准年－1		基准年	
	电量（kWh）	负荷（MW）	电量（kWh）	负荷（MW）	电量（kWh）	负荷（MW）
金融业						
房地产						
租赁和商务服务业						
科学研究和技术服务业						
水利、环境和公共设施管理业						
居民服务、修理和其他服务						
教育						
卫生和社会工作						
文化、体育和娱乐业						
公共管理、社会保障和社会组织						

表2－5 变电站（规划区）典型日负荷特性数据表

日期	日平均负荷（MW）	日最小负荷（MW）	日最大负荷（MW）	日平均负荷率（%）	日最大峰谷差（MW）	年平均日负荷率（%）

注 日平均负荷率＝日平均负荷/日最大负荷。

表2－6 主变压器典型日整点负荷数据表（MW）

主变名称	日期	1点	2点	……	23点	24点
				……		

表2－7 组 负 荷 数 据 表

负荷名称	电压等级	报装容量（kVA）	投产时间	负荷性质

其中，表2－3和表2－4中的典型日指一年内不考虑停运、故障情况下的某一天。数个典型日中应包含规划区最高负荷日的负荷特性。

（三）高压配电网数据

高压配电网指35kV及以上的配电网，高压配电网数据的收集应包含设备参数和图形曲线两个部分。

在设备参数中包含110（35）kV线路参数（见表2－8）、110（35）kV变电站主变参数（见表2－9）、110（35）kV变电站数据表（见表2－10）、110（35）kV变电站无功设备和断路器设备参数表（见表2－11）、区域内发电厂参数（见表2－12）、规划区边界参数（见表2－13）。

表 2-8　　　　　　　　　　　110（35）kV 线路参数表

线路编号	线路名称	电压等级（kV）	起点	终点	线路长度（km）	线路型号	电缆/架空	投运时间

表 2-9　　　　　　　　　　110（35）kV 变电站主变压器参数

变电站	主变名称	变压器型号	接线组别	额定容量（MVA）	变比	空载损耗（kW）	短路损耗（kW）	空载电流（%）	短路阻抗（%）	有载/无载调压	投运时间

表 2-10 所列数据为一次侧、二次侧各有一组线圈的电力变压器，若主变压器为高、中、低压各有一组线圈的电力变压器，则表格中除了变电站主变高压侧和低压侧的数据外还要增加主变压器中压侧相关数据以及高中、中低、高低三组线圈之间的短路损耗和短路阻抗的相关数据。

表 2-10　　　　　　　　　　　110（35）kV 变电站数据表

变电站名称	电压变比	容量（MVA）	出线间隔（个）						无功补偿（Mvar）	投运时间
			高压侧		中压侧		低压侧			
			总数	剩余	总数	剩余	总数	剩余		

表 2-11　　　　　　　　110（35）kV 变电站无功设备和断路器设备参数表

变电站名称	电压等级（kV）	设备型号	设备类型	额定电流（A）	设备可投容量（kvar）	额定短路开断电流（kA）	动稳定电流（kA）	热稳定电流（kA）	投运时间

表 2-12　　　　　　　　　　　区域内发电厂参数表

发电厂名称	发电厂性质	发电机装机容量（MW）	发电机额定出力（MW）	发电机额定电压（kV）	发电机额定功率因数	年发电量（亿 kWh）

表 2-13　　　　　　　　　　　规划区边界参数表

边界点	边界点电压（kV）	变换有功功率（MW）	变换无功功率（Mvar）	短路电流（kA）

高压电网图形曲线的数据收集应包括：

（1）高压电网地理接线图，包括各 110（35）kV 变电站和重要负荷点的位置。

（2）110（35）kV 变电站主接线图，若规划区域内有 35kV 开关站，也应体现在主接线图上。

（3）规划区域内规划基准年典型日的电网潮流图，通常夏季和冬季对应两个典型日。

（四）中压电网数据

中压电网指 10（20）kV 的配电网，中压电网数据的收集也包括设备参数和图形曲线两个部分。

在设备参数中包含 10（20）kV 线路参数（见表 2-14）、10（20）kV 设备参数（见表 2-15）。

表 2-14　　　　　　　10（20）kV 线路参数

变电站名称	线路编号	线路名称	电压等级（kV）	主干线型号	主干线长度（m）	线路总长度（m）			最大载流量（A）	公用/专用变压器	投运年限
						电缆	架空	合计			

表 2-15　　　　　　　10（20）kV 设备参数表

变电站名称	线路名称	公用变压器		专用变压器		环网室（座）	环网箱（座）	柱上开关（台）	电缆分支箱（台）
		台数	容量（kVA）	台数	容量（kVA）				

中压电网图形曲线的数据收集包括：

（1）中压配电网地理接线图（含电缆管道布置图和架空线敷设图），包括规划基准年和基准年前两年的中压配电网地理接线图，地理图上应标明重要负荷点的位置及容量。

（2）中压配电网拓扑图，包括规划基准年和基准年前 2 年的中压配电网拓扑图。

（3）规划区域内涉及的所有 10（20）kV 电压等级的环网室、环网箱和配电房的主接线图。

上述所有图形曲线数据通常需要自己根据往年规划资料与现有收资进行自行增补绘制。

（五）低压电网数据

低压电网指 0.4kV 的配电网，低压电网数据的收集主要收集规划区域内低压用户数量和低压线路长度，如表 2-16 所示。

表 2-16　　　　　　　0.4kV 配电网参数表

公变（台）	容量（MVA）	用户（户）	线路长度（km）		
			架空	电缆	合计

（六）其他数据

其他数据包括对规划区域内供电质量的统计（见表 2-17）、与配电网规划有密切联系的规划成果、与电力相关的规划区域地方性政策或规定和涉及经济计算的相关数据。

表 2–17　　　　　　　　　　　　规划区域内供电质量统计表

时间	电压合格率					供电可靠率			线损率(%)
	综合电压合格率(%)	A类电压合格率(%)	B类电压合格率(%)	C类电压合格率(%)	D类电压合格率(%)	RS–1(%)	RS–2(%)	RS–3(%)	
基准年–4									
基准年–3									
基准年–2									
基准年–1									
基准年									

与配电网规划有密切联系的规划成果包括：

（1）区域内历年高压配电网规划，包括远期规划和近期规划。

（2）区域内历年中压配电网规划，包括远期规划和近期规划。

（3）涉及政府部门发布的城市（区域）相关资料，例如城市（区域）地下管网、城市（区域）道路规划、城市（区域）发展规划等。

与电力相关的规划区域地方性政策或规定，包括规划区域适用的地方性的电力导则、相关的地方性建设改造技术原则以及当地电力部门发布的有关规定等。

涉及经济计算的相关数据包括规划区域内相关高压电网变电站（高压线路）新建、扩建的单位工程综合造价清册和中压电网新建项目（例如新建架空线路、开关站、电缆管道、电缆线路等）的单位工程造价清册等。

三、规划数据的核查

（一）数据的整理

在经历了烦琐的数据收集阶段以后，需要对收集到的数据进行核查校验，在核查工作开展之前，需要对收集的数据进行进一步整理，并形成清单。

清单的内容除了数据收集所列的表格外还需明确收集到的数据的来源，以便在后期发现问题时可以及时进行核实。同时清单中还需列有规划工作中所需参考的相关资料。

（二）数据的核查

1. 同一数据校核

在数据清单中，通过不同渠道收集的同一数据应保持一致。如果发生矛盾，应遵循权威原则。

2. 关联数据校核

关联数据是指两个数据之间有直接或间接关系的数据，有的是只要知道其中一个数据就能推导出另一个数据，例如电量—负荷，或者也可能是总量与分量的关系，例如变电站出线间隔利用数量—间隔总数、变电站负荷–变电站出线负荷等。当关联数据出现矛盾时，应当对数据来源进行进一步核实，修正错误数据。

3. 数据合理性校核

在清单中，部分数据存在一定的规律，例如人口、GDP、电量、负荷、供电可靠率这些数据一般呈现线下增长的趋势，若个别数据不符合相应规律，应当对其进行进一步核实。

4. 对问题数据进行处理

经过数据三个步骤的校核后，应对有问题的数据进行重新收集，并对问题数据进行标注，方便规划工作后续展开的过程中查漏补缺。

第二节　现　状　分　析

一、区域概况

配电网规划应立足规划区域的实际情况展开，因此首先要对规划区域的地理位置、交通情况、人文历史及经济概况进行深入了解。

1. 地理位置

规划区域所处地理位置非常重要，通常在规划成果文本中要说明规划区域所处的具体地理位置，并配上该区域的行政地图。同时地图上应当能够体现规划区域内的山川地貌、水域分布、人口密度等信息。

除此以外，对于特殊地质结构的区域，应当重点描述该规划区域的地质结构情况。例如我国西南地区广泛分布着石灰岩地质结构地带，地下河流密布，时常发生塌陷，对电网破坏力很大。在规划电网走向时，应尽量避开上述地区。如果实在避不开，应严格按照该地区安全建设的工艺标准进行设计和建设，保障电网安全。

另外，对于规划区域的气候状况也要重点说明，它通常关系到规划区域用电高峰出现在哪个月份。目前，全国各地的用电高峰大多出现在夏季，东南沿海一带的冬季由于气候湿冷也会出现用电高峰。随着新能源技术的不断进步，在配电网规划的时候也需考虑规划区域内的绿色能源的发展规划，对于风力资源或者太阳能资源丰富的地区例如西北地区、沿海城市、海岛等拥有特殊新能源资源的地区，应当在规划阶段考虑其已有新能源的建设规模以及未来新能源的发展规模。

最后规划区域内的城镇分布，农业工业区域的分布等信息也是规划文本中需要体现的信息，如果规划区域内有牧区则要充分考虑如何有效为牧区供电的问题。

2. 交通

规划区域内的交通情况也应体现在地图上，这有助于侧面了解该区域的经济情况并以此展望它的发展前景。

在配电网规划的过程中，还应对不同的交通管网进行分级规划。例如，车站、港口、机场等交通枢纽属于二级电力负荷，重要的交通枢纽应是一级电力负荷，必须保证供电的可靠性，不允许任何时间断电，必须连续、可靠、优质供电。因此在规划时，应当考虑双电源或双回路的供电方式。

3. 人文历史

人文历史是规划区域的独特名片，有的城市区域内古建筑多或者人文景观多，这些地方不能架设架空线路，以免影响美观；而有的城市区域内地下可能富含文物遗迹，这些地方不能敷设电缆，以免破坏文物。了解规划区域的人文历史是为了在电力线路设计施工时避免工程反复修改费时费力，浪费资源。

4. 经济概况

规划区域的经济面貌往往决定着配电网规划的目标与方向。例如经济繁荣的地区，通常现有配电网网架已经如蛛网般好，但是由于经济发展迅速，现有配电网网架不能更好地匹配经济发展的速度，因此编制配电网规划需要查漏补缺，在现有网架基础上缝补出更漂亮的"蜘蛛网"。对于长期经济沉寂但由于政策或其他因素迎来大发展的地区，现有配电网网架往往比较简单，配电网规划所能发挥的空间更大。对于小型的新建区域，配电网规划所面对的可能是一张白纸，可以落笔的地方更多，需要考虑周全的地方更多，可以实施的方案也更多。

二、现状评估

对配电网的规划应建立在规划区域现状的基础上进行规划，因此需要对规划区域配电网的现状进行评估，即在收集到的现有电力数据的基础上，采用科学的方法对现有配电网络结构进行分析和评价，并根据分析结果，总结出配电网存在的主要问题，而配电网规划的成果需要提出解决这些问题的有效方案。

对电网现状的评估可以从电网变电站资源利用情况、电网结构、运行情况、设备年限、线路负荷情况、线路转供能力等多个方面进行，在新能源资源丰富的区域还需对新能源分布情况进行评估分析。

（一）高压配电网评估

对高压配电网的现状评估，应对规划区域内高压配电网的相关情况进行描述，可以通过对配电区域总体面积、区域人口分布、高压电网变电站基本情况（地理分布、数量、容量）、高压线路回数、主变压器负载率等情况进行分析评估，对规划区域边界电力交换情况也应进行分析评估，见表 2-18。

表 2-18　　　　　　　　高压电网现状评估内容

具体	具体分类			具体分析内容
电源	各电压等级 上网电厂	电源建设		分析各电压等级上网电厂在不同时期（如丰、枯水期）的出力情况
		出力情况		
电网设备 及结构	电网设备	变电站	容量配置	分析变电站主变压器构成与各主变的容量与数量
			主接线	分析高压侧主接线模式对电网可靠性的影响
			无功配置	分析变电站主变压器的无功配置是否合理
			运行年限	分析变电站主变压器运行状况

具体	具体分类			具体分析内容
电网设备及结构	电网设备	线路	长度	分析供电距离是否合理
			线型及截面	分析是否满足供电要求
			运行年限	分析线路的运行状况
	电网结构	电源	结构	分析上一级电源结构对电网可靠性的影响
		网络	结构	分析网络自身结构的供电可靠性
电网运行	供电能力	网络	变电容载比	分析网络的变电容量是否充足
		变电站	负载率	分析变电站及其主变压器的负载率是否合理
		线路	负载率	分析线路负载率是否合理
	转供能力	变电站	主变压器"$N-1$"校验	在变电站一台主变压器故障或检修条件下校验是否满足供电要求
			全站停电校验	在考虑变电站主变压器全部失电的情况下，校验是否能通过下级电网进行负荷转移
		线路	"$N-1$"校验	在故障条件下校验是否能通过联络线路进行负荷转移
技术经济指标	电能质量	电压水平	母线电压	分析母线最低电压是否合理
	经济性	网损		分析网络损耗是否合理
	短路水平	短路电流		分析变电站各级母线短路电流是否合理

1. 规划区域电源情况

应对规划区域内的电源情况进行分析评估，可以通过图表的表现形式，简单清晰地体现出电源分布的总体情况。例如通过前期的数据收集得到的电源点的数量、地理位置、电压等级、发电类型、装机容量、年发电量、投运时间等，进一步分析出规划区域内的年发电量、区域供电量与区域用电量（负荷），并给出区域网格化的特点。对规划区域内电源情况的分析是下一步对区域电网电力平衡分析的依据。

2. 电网设备与电网结构

（1）高压变电站。应对规划区域内 110（35）kV 的变电站基本情况进行详细描述，并以图表的形式简单清晰的体现。例如数据收集中收集到的变电站名称、主变压器数量与容量、主变压器变比、主变压器调压形式、投运时间、主接线形式、出线间隔与剩余间隔数量、无功补偿配置、基准年最大负荷和平均负荷等。

变电站类型：按网络节点分为枢纽站、终端站、中间站和中转站四类。

接线形式：接线形式包括双母线、双母线带旁路、单母线、单母线分段、桥接线和单元接线等，可从经济性和变电站可靠性两个角度进行分析。通常情况下供电可靠性高的接线形式往往会花费更多的资金建设，例如双母线接线和双母线带旁路接线。而投资较少的接线形式往往供电可靠性不高，例如单母线接线。供电可靠性与经济性二者间的平衡，除了选用合适的接线方式例如选用单母线分段的接线形式，可以通过母联开关的操作化解电源故障带来的影响提高供电可靠性的同时降低投资外，还应充分考虑供电区

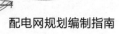

域、供电负荷的重要性程度。

调压方式：分有载调压和无载调压，二者的区别在于是否可以在主变运行中进行主变抽头的调整。

出线间隔：变电站 110（35）kV 侧出线情况可反映电源可扩展的能力。变电站 10（20）kV 侧出线间隔数量及剩余间隔数量的情况可反映出变电站的供电潜力和变电站的利用情况，若剩余间隔数量大，则供电潜力较大；若剩余间隔数量小，则变电站供电潜力较小，需进一步分析变电站容量、区域负荷增长情况、周围变电站情况等多重因素，决定是否需要调整变电站负荷分布情况。

（2）线路。应对规划区域内 110（35）kV 线路的情况进行详细描述，例如线路的长度、导线型号规格、运行年限、故障情况、负载率等。通过对线路的这些基本情况的统计，分析出线路的运行状况，以此评估线路现状是否满足电网安全运行要求。

（3）断路器。可以对 110（35）kV 断路器的基本情况进行描述，例如断路器的类型、数量、额定开断电流、极限分断电流、投运年限等。

高压断路器含有灭弧装置，因此它不仅在高压线路正常运行时可以开断正常工作中的高压线路负载电流，还能在电力系统发生故障时开断短路电流，具有良好的断流能力。断路器的类型一般按照灭弧介质来划分，可以分为空气断路器、六氟化硫断路器、真空断路器、油断路器、固体产气断路器、磁吹断路器等。

在电网运行过程中，断路器作为开合工作电流（短路电流）的重要节点，是评估规划区域电网运行安全水平的重要指标之一。同时断路器的开合状态，也决定了电网运行正常运行的网络结构。

（4）电网结构。应对规划区域电网结构进行详细的分析评估，内容包括变电站（电源点）的地理位置、数量分布情况以及各变电站（电源点）之间的联络情况，由此可以形成一张电网结构图，根据网络结构的形式进一步分析规划区域内电网的供电可靠性。

网络结构形式包括单辐射、双辐射、单环网、双环网、T 接、π 接。

3. 电网运行

评估电网的运行情况主要包括电网供电能力和电网转供能力两个方面。

（1）供电能力。应对高压配电网的现有供电能力进行评估，评估的主要参数为变电容载比和变电站负载率。

变电容载比：规划区域内变电站同一个电压等级之下的主变容量之和（kVA）与其对应供电负荷（kW）的比值，变电容载比 R_S 计算公式如下：

$$R_S = \frac{\sum S_i}{P_{max}}$$

式中　P_{max}——某个电压等级下的全网最大预测负荷；

　　　$\sum S_i$——某个电压等级下，变电站 i 个主变容量之和。不同电压等级的容载比值都不相同，应分别计算。

规划成果根据容载比大小对规划区域内电网变电站容量是否充足进行评估。容载比不能过大也不能过小，若容载比过大，则说明规划区域内变电站容量配置过多，电网建设成本过大；若容载比过小，则说明规划区域内变电站容量配置过少，不能适应规划区内现有负荷的增长情况，造成供电能力不足的问题。

变电站负载率：变电站实际运行容量与变电站额定容量的比值。规划成果应对变电站负载率的合理性进行评估。若判断出某一变电站负载率偏高，则应进一步对其是否会影响电网供电可靠性进行分析。

（2）转供能力。变电站"$N-1$"校验：即校验变电站主变压器是否满足电网"$N-1$"安全准则。当变电站内一台主变需要检修或出现故障后，仍能保证下一级配电网的供电需求，则称满足变电站"$N-1$"校验。

变电站全站停电校验：即校验变电站全站出现故障失电时，是否能保证下一级配电网的供电需求。此时该变电站下级配电网的负荷需要通过联络线路转移至其他变电站，因此若存在某条联络线路没有通过"$N-1$"校验，则该变电站也不能通过变电站全停校验。此外，存在单辐射线路的变电站，是不能通过变电站全站停电校验的。

4. 技术经济指标

（1）电能质量。衡量电能质量的主要指标包括电压、频率和波形。具体表现为频率偏差、电压偏差、三相电压不平衡、公用电网谐波、公用电网间谐波、波动和闪变等。

GB/T 15945—2008《电能质量电力系统频率偏差》中规定，电力系统正常运行条件下频率偏差限值为±0.2Hz，当系统容量较小时，偏差限值可放宽到±0.5Hz。《全国供用电规则》中规定供电局供电频率的允许偏差：电网容量在 300 万 kW 及以上者为±0.2Hz；电网容量在 300 万 kW 以下者，为±0.5Hz。

GB/T 12325—2008《电能质量供电电压偏差》中规定，35kV 及以上供电电压正、负偏差的绝对值之和不超过标称电压的 10%；20kV 及以下三相供电电压偏差为标称电压的±7%；220V 单相供电电压偏差为标称电压的 +7%、−10%。

GB/T 15543—2008《电能质量三相电压不平衡》中规定，电力系统公共连接点电压不平衡度限值为：电网正常运行时，负序电压不平衡度不超过 2%，短时不得超过 4%；低压系统零序电压限值暂不做规定，但各相电压必须满足 GB/T 12325—2008 的要求。接于公共连接点的每个用户引起该点负序电压不平衡度允许值一般为 1.3%，短时不超过 2.6%。

GB/T 14549—1993《电能质量公用电网谐波》中规定，6～220kV 各级公用电网电压（相电压）总谐波畸变率是 0.38kV 为 5.0%，6～10kV 为 4.0%，35～66kV 为 3.0%，110kV 为 2.0%；用户注入电网的谐波电流允许值应保证各级电网谐波电压在限值范围内，所以国标规定各级电网谐波源产生的电压总谐波畸变率是：0.38kV 为 2.6%，6～10kV 为 2.2%，35～66kV 为 1.9%，110kV 为 1.5%。对 220kV 电网及其供电的电力用户参照本标准 110kV 执行。

GB/T 24337—2009《电能质量公用电网间谐波》中规定，间谐波电压含有率是 1000V 及以下＜100Hz 为 0.2%，100～800Hz 为 0.5%，1000V 以上＜100Hz 为 0.16%，100～800Hz 为 0.4%，800Hz 以上处于研究中。单一用户间谐波含有率是 1000V 及以下＜100Hz 为

0.16%，100～800Hz 为 0.4%，1000V 以上＜100Hz 为 0.13%，100～800Hz 为 0.32%。

GB/T 12326—2008《电能质量电压波动和闪变》规定，电力系统公共连接点，在系统运行的较小方式下，以一周（168h）为测量周期，所有长时间闪变值满足：≤110kV，$P_{lt}=1$；＞110kV，$P_{lt}=0.8$。

（2）经济性。在经济性上，主要是对电能损耗量进行评估，对于个别电量损耗较大的设备，应对其损耗原因进行单独分析，排查设备是否有问题，或者是电网负荷的问题。此外还应对规划区域内电网的电量损耗率 η 进行评估，其公式为

$$\eta = \frac{损耗电量}{供电电量} \times 100\%$$

（3）短路水平。应分析变电站不同电压等级的各个母线短路电流，判断其合理性。

5. 分析结果

（1）给出现有高压电网存在的具体问题，并对存在的问题进行总结与分析。

（2）得出图形成果，主要包括现有高压电网地理接线图、现有高压电网系统接线图、现有高压电网潮流分布图。

（二）中压电网评估

应对计划区域内 10（20）kV 配电网的基本情况进行描述，内容包括线路回路数（电缆、架空线、公用线路和专用线路等）、线路长度（主干线、支路和总长度等）、装接配电变压器容量（公用变压器、专用变压器和总容量）、户数等。通过对以上数据的分析，评估目前配电网在电源供电、配电网设备、电网结构、电网运行、经济技术指标以及设备运维管理等各个方面是否存在问题。

中压电网现状分析内容见表 2–19。

表 2–19　　　　　　　　　　　　中压电网现状分析内容

具体方面	具体分类			具体分析内容
配电网电源	35kV 及以上变电站	建设情况	容量配置	分析主变压器构成、主变压器容量是否匹配
			10kV 间隔利用情况	分析 10kV 间隔利用情况是否合理
		供电能力	负载率	分析变电站及其主变压器供中压电网的负载率是否合理
			容载比	分析中压电网电源是否充足
配电网设备及电网结构	配电网设备	线路	主干长度	分析供电距离是否合理
			主干截面 / 截面分布	分析是否满足供电要求
			主干截面 / 主干截面配合	分析配合是否合理，是否存在限额设备
			主干截面 / 出口电缆与主干配合	分析出口处电缆截面与主干线路截面的匹配是否合理
			分段情况	分析线路的分段、联络配合是否合理
			电缆化、绝缘化水平	分析绝缘线对供电可靠性的影响
			运行年限	分析线路的运行状况

具体方面	具体分类			具体分析内容
电网设备及结构	配电网设备	开闭所	接线模式	分析开闭所的主接线模式
			10kV 间隔情况	分析 10kV 间隔利用情况是否合理
		配电变压器	线路装变压器容量	分析线路装变压器容量是否合理
			运行年限	分析配变的运行状况
		开关	无油化率	分析开关无油化建设对供电可靠性的影响
			运行年限	分析开关的运行状况
		无功配置	变电站	分析变电站主变压器的无功配置是否合理
			线路及配电变压器	分析无功配置是否合理
	电网结构	线路	接线模式	分析网络自身结构的供电可靠性
		变电站	站内联络	分析电源的联络方式对电网供电可靠性的影响
			站间联络	
电网运行	供电能力	线路	负载率	分析线路负载率是否合理
		配变	负载率	分析配电变压器负载率是否合理
	转供能力	线路	线路"$N-1$"校验	在故障条件下校验是否能通过联络线路进行负荷转移
		变电站	主变压器"$N-1$"校验	在变电站一台主变压器故障和检修条件下校验是否满足供电要求
			全站停电校验	在考虑变电站主变压器全部失电的情况下，校验是否能通过中压线路进行负荷转移
技术经济指标	电能质量	电压水平	线路最低电压	分析线路最低电压是否合理
			电压合格率	分析中压电网电压水平是否合理
		供电可靠率	RS1	分析限电情况下电网供电可靠性
			RS2	分析不计外部影响的情况下电网供电可靠性
			RS3	分析不限电情况下电网供电可靠性
	经济性	线损率	理论	分析中压线路损耗是否合理
			统计	
	短路水平	短路电流	理论	分析中压线路短路电流是否合理
			电缆线路故障率	
		配变	故障率	
		开关	故障率	

1. 配电网电源

主要分析中压配电网的各变电站容量、最大负荷、出线间隔等数据。

（1）35kV 及以上变电站建设情况。容量配置：分析主变压器构成、主变压器容量是否匹配，是否满足主变压器"$N-1$"校验的要求。

10kV 间隔利用情况：分析 10kV 间隔利用情况是否合理。对变电站进行间隔情况调查，包括了解能够出线的间隔和已经出线的间隔。这一部分主要调查各变电站备用间隔情况，能从一个侧面反映变电站适应未来负荷的能力。

（2）供电能力。对中压配电网供电能力的分析主要有两个参数，即容载比和负载率。

10（20）kV 配电网的容载比反映中压配电网电源容量是否合理，同时还应考虑变压器运行率、平均功率因数、负荷分散系数等多重因素对容载比的影响。合理的容载比应当与配电网网架结构相结合，衡量故障情况下供电负荷是否能及时有序的转移。同时合理的容载比还应与规划区域内负荷增长曲线相适应。若规划区域内负荷增长率低，在配电网网络结构联系紧密时对容载比的要求可适当降低；反之，若规划区域内负荷增长率高，在配电网网络结构联系不紧密的情况下，可适当地提高容载比。

负载率：分析变电站及其主变供中压电网的负载率是否合理。按照高压变电站主变压器台数分析变电站负载率是否偏高，是否影响供电可靠性。

2. 配电网设备及结构

（1）配电网设备。主要包括线路、开闭所、配电变压器、开关等设备的基础数据。

1）线路。主干长度：应对供电半径的合理性进行评估。《城市电网规划与设计技术原则》和《地方电力网络规划设计原理》对干线的合理长度和最长路径作了相关规定。除此以外，规划区域内的实际情况，例如负荷密度、负荷大小、历年规划经验等因素也应列入评估干线合理长度的条件。

主干线路出线过长的情况，可能是由于部分线路处于负荷分散地区，该区域变电站布点较少而引起的。

导线截面：分析是否满足供电要求。地区主干线一般以 150mm²（架空）、185mm²（架空）、240mm²（电缆、架空）截面导线为主，一条主干线中包含的导线类型不宜超过两种，截面不要太小。

主干截面配合：分析配合是否合理，是否存在限额设备。

出口电缆与主干配合：分析变电站出口采用的电缆规格与主干线路的输送能力是否匹配，避免变电站出口电缆过小而影响整条线路的供电能力。

分段情况：分析线路的分段、联络配合是否合理。平均分段长度能从一个侧面反映供电可靠性，即故障时的影响范围。减小主干线平均分段长度，可以提高供电可靠性，缩小故障时的影响范围。计算公式为

主干线平均分段长度 = 主干线总长 /（干线上的分段开关数 + 干线数目）

电缆化、绝缘化水平：分析绝缘线路建设对供电可靠性的影响。电缆化率计算公式为

$$电缆化率 = 电缆总长 / 线路总长$$

绝缘化率计算公式为：

$$绝缘化率 = 绝缘线总长 / 线路总长$$

绝缘线总长是架空绝缘线和电缆长度之和。

运行年限：分析线路的运行状况。

2）配电变压器。线路变压器容量：分析线路已有变压器容量是否合理。统计容量

时应注意以下问题：① 应包括专用变压器容量、公用变压器容量和总容量；② 尽量使用用户提供的配电变压器台账来统计；没有台账时应使用单线图来统计；在使用单线图统计时，应注意双电源用户；③ 应注意配电变压器的标注方式，避免造成重复统计；④ 应注意开闭所配出线路的配电变压器容量统计。

配电变压器宜采用低损耗型号，容量等级要简化，以便于管理；变压器宜采用小容量多布点，既可以提高可靠性，又能降低运行成本。

运行年限：分析配电变压器的运行状况。

3）开闭所。接线模式：分析开闭所的主接线模式。

10kV 间隔情况：分析 10kV 间隔利用情况是否合理。

4）开关。无油化率：开关无油化率指无油开关占总开关的比例。无油化开关设备能有效提高开关的运行维护效率，对电网的安全稳定运行提供有力支撑。

此外对分支开关的使用可以缩小电网发生停电事故时所受影响的范围，提高供电可靠性。

运行年限：分析开关的运行状况。

5）无功配置。变电站：分析变电站主变压器的无功配置是否合理。

线路及配电变压器：分析无功配置是否合理。

分析中压设备运行年限的意义是，通过统计线路、变压器和开关投运年限，从时间的角度反映设备运行可靠性和运行质量。

（2）电网结构。线路接线模式：分析电力网架自身的结构是否具备可靠性。而线路接线模式是分析电力网架自身结构的重要依据。线路接线模式通常从中压配电网地理接线图上可以确定。

对接线模式的选择是否合理直接影响电力网架的可靠性与经济性。因此在配电网规划过程中，对线路接线模式的分析必不可少。

10kV 配电线路接线方式有辐射式、多分段适度联络、单环式、双环式等。

单环式、双环式接线模式具有供电可靠性高，操作灵活的优点。而辐射式接线模式的电网结构则供电可靠性低，线路的故障会引起小规模停电，而电源的故障则会导致多条线路大规模停电。

变电站站内、站间联络：对配电网供电可靠性的分析，还需要考虑各个变电站站内及站间的联络方式对其产生的影响。变电站与变电站之间的联络越多，则该区域的负荷转移能力就越强，在配电网遭遇较大故障时，就可以迅速通过联络线路对故障区域的负荷进行转移，降低故障停电的风险，提高供电可靠性。

3. 电网运行

（1）供电能力。线路负载率：分析线路负载率是否合理。计算公式为

$$线路负载率 = 线路负荷电流 / 线路允许电流$$

计算线路负载率时须注意以下问题：① 对线路允许电流的选择即线路的载流量，应考虑到不同的线路类型例如电缆线路与架空线路，不同的导线截面等因素的影响；

② 对线路过载情况的分析，应充分考虑该线路的接线模式。例如对于单联络接线模式的线路，考虑一条线路出现故障情况下另一条线路可转供其全部负荷，则线路负载率超过 50% 即为重载；③ 选择线路负荷电流值的时候，应充分考虑该线路的运行方式，选择正常情况下该线路的负荷电流。

配电变压器（简称配变）负载率：分析配变负载率是否合理。计算公式为

$$配变负载率 = 配变负荷 / 配变容量$$

对于配变负载率和线路负载率的分析，可将二者结合起来，综合进行分析。例如，若二者同时比较高，则说明需要新建线路以转移该线路部分负荷；若前者高而后者低，则说明是配变容量过小，因此需要增加配变的容量，以减少线路资源的浪费；若前者低而后者高，则说明是线路容量过小，因此可以考虑增加新的线路分担负荷或者通过更换原有线路（例如增大线路截面）增加其输送负荷能力，以避免配变负载率进一步上升后可能造成的线路过载问题。

（2）转供能力。电网转供能力是衡量电网运行可靠性的重要标准，而线路"$N-1$"校验、变电站主变压器"$N-1$"校验、变电站全站停电校验则是体现电网专供能力最常用的三个指标。

线路"$N-1$"校验：即校验线路是否满足电网供电安全"$N-1$"准则。当该线路出现故障时，能通过联络开关将其所带负荷全部转移到相应的联络线路上，则该线路满足线路"$N-1$"校验。需要注意该线路相应联络线路的剩余容量是否能满足该线路的全部负荷，若联络线路的剩余容量小于该线路需要转供的负荷，则线路"$N-1$"校验无法通过。若线路无法通过"$N-1$"校验，可通过增加联络线路、加大转供线路的线路截面等手段提高线路转供能力以满足线路通过"$N-1$"校验。

电网供电安全"$N-1$"准则及校验方式如下：

1）变电站中失去任何一回进线或一台降压变压器时，不损失负荷。

2）高压配电网中一条架空线或一条电缆，或变电站中一台降压变压器发生故障停运时：在正常情况下，不损失负荷；在计划停运的条件下又发生故障停运时，允许部分停电，但应在规定时间内恢复供电。

变电站主变压器"$N-1$"校验：即校验变电站主变压器是否满足电网供电安全"$N-1$"准则。当变电站内一台主变压器需要检修或出现故障后，仍能保证下一级配电网的供电需求，则称满足变电站主变压器"$N-1$"校验。若一个变电站内有两台主变压器，且主变压器负载率均低于 50%，即任何一台主变压器需要检修或出现故障后，其负荷均能全部转移到另一台主变压器上，则该变电站可以通过变电站主变压器"$N-1$"校验。若双主变压器变电站内主变压器负载率超过 50%，则无法将一台主变压器上的负荷完全转移到另一台主变压器上，此时需要由联络线路转带部分负荷。因此若变电站存在没有通过"$N-1$"校验的线路，则变电站也不能通过"$N-1$"校验。若变电站所有线路都通过了"$N-1$"校验，还需考虑联络线路上另一侧变电站是否能转供这些负荷，若是联络变电站剩余容量小于校验变电站需转供的负荷，则该变电站也无法通过

"$N-1$"校验。

变电站全站停电校验：即校验变电站全站出现故障失电时，是否能保证下一级配电网的供电需求。此时该变电站下级配电网的负荷需要通过联络线路转移至其他变电站，因此若存在某条联络线路没有通过"$N-1$"校验，则该变电站也不能通过变电站全停校验。此外，存在单辐射线路的变电站，是不能通过变电站全站停电校验的。

在对变电站进行"$N-1$"校验的过程中，若发现变电站的联络线路已经承载了高负荷，无法为其转供更多故障或检修条件下可能需要承载的负荷，则可通过对变电站进行扩容或为其增加更多不同变电站的联络线路来解决问题。若是发现由于现状线路线径过小而引起变电站不能通过"$N-1$"校验，则可通过更换相应导线，增大其导线截面来解决问题。

4. 技术经济指标

（1）电能质量。

1）电压水平。线路最低电压：分析线路最低电压是否合理，根据《城市电力网规划设计导则》的要求，中压线路电压允许偏差为±7%。

电压合格率：分析中压电网电压水平是否合理。电压合格率计算公式为

$$电压合格率（\%）=\left(1-\frac{电压超限时间}{电压监测总时间}\right)\times100\%$$

提高电压质量的主要措施是无功功率就地补偿和足够的调压手段。调压手段主要包括：① 电源端的调压手段，发电厂和调相机调压；② 变电站内的调压手段，安装无功补偿装置和配置有载调压变压器。通常情况下各等级变电站均会在中低压母线侧安装无功补偿装置，并在配电至用户侧的过程中最少经过一级有载调压变压器；③ 输电时的调压手段，线路侧安装线路调压器，改变配电变压器分接头，缩短供电半径及平衡三相负荷。

2）供电可靠率。供电可靠率是衡量供电企业供电水平的重要标准。提高配电网的供电可靠性有多个方面，例如合理的网架结构、大大加强的电网建设水平、新设备新技术的深入应用、越来越多的带电作业团队。

RS-1：在统计期间，对用户有效供电时间总小时数与统计期间小时数的比值，计算公式为

$$RS-1=\left(1-\frac{用户平均停电时间}{统计期时间}\right)\times100\%$$

RS-2：不计外部影响时的供电可靠率，计算公式为

$$RS-2=\left(1-\frac{用户平均停电时间-用户平均受外部影响停电时间}{统计期时间}\right)\times100\%$$

RS-3：不计系统电源不足而限电时的供电可靠率，计算公式为

$$RS-3=\left(1-\frac{用户平均停电时间-用户平均限电停电时间}{统计期时间}\right)\times100\%$$

（2）经济性。线损率：分析中压线路损耗是否合理。

理论线损率：理论计算出来的线损率。

统计线损率：实际统计（测量）出来的线损率。

计算公式为

$$线损率 = （线损电量/供电量）\times 100\%$$
$$= （供电量 - 售电量）/供电量 \times 100\%$$
$$= （1 - 售电量/供电量）\times 100\%$$

线路结构不合理，线路供电距离过长，线路负荷过重，都可能增大线损。所以要优化结构，缩短供电半径，提高运行效率。

对于计算出的线损应进行检查与分析，应核实线路负荷是否较重，系统录入时是否录错了数据。降低线损率的主要措施有：① 网结构的合理化改造；② 高质量、低损耗设备的使用；③ 电网管理体制的完善。

（3）短路水平。短路电流：分析中压线路短路电流是否合理。10kV 电压等级的短路电流值为 16kA 和 20kA（特殊地区）。

短路的危害包括：

1）短路电流的弧光高温会直接烧坏电气设备；

2）短路电流造成的大电动力会破坏其他设备，造成连续的短路发生；

3）电压太低会影响用户的正常供电；

4）会引起发电机组相互失去同步，破坏稳定，导致大面积停电；

5）短路持续时间太长会造成发电设备的损坏；

6）不对称短路会对通信、铁路、邮电系统产生干扰，危及人身与设备安全。

5. 问题总结与解决方案

（1）问题总结。通过分析现有中压配电网的配电网电源、配电网设备及结构、电网运行、技术经济指标、设备维护及管理等方面，总结存在的问题。

（2）解决方案。针对中压电网存在的问题，提出解决方案，详细情况见表 2-20。将这些问题作为今后电网改造的重点。

表 2-20　　　　　　　　　　中压电网存在的问题与解决方案

问题	解决方案
线路过长	结合近期新建站，进行线路切改
导线截面不合理	更换小线径导线
绝缘化水平偏低	更换导线
线路配电变压器接装容量不合理	结合已有或新建线路进行切改
线路负载率偏高	调整线路负荷或负荷切改
配电变压器负载率不合理	增加线路配变容量
不满足线路"$N-1$"校验	调整线路负荷

问题	解决方案
不满足变电站主变压器"$N-1$"校验	增大主变压器容量或调整线路负荷
不满足变电站全站停电校验	提高变电站间线路联络和线路负载合理性
理论线损偏高	缩短供电半径

6. 图形成果

主要包括现有中压配电网地理接线图、现有中压配电网系统接线图、现有高压变电站供电范围图。

（三）配电网存在的问题与总结

根据上述分析结果，找出现有电网存在的主要问题，现汇总如下。

1. 问题汇总

为了能在后续电网建设与改造中使现有问题得到针对性、逻辑性、确定性解决，在电网规划中要对现状分析和评估发现的问题进行定级，作为后续解决现有问题项目排序的依据。

综合考虑不同供电区域的发展建设需求和现有问题的严重程度，划分出一级问题、二级问题、三级问题。一级问题最严重。

（1）一级问题。

这类问题事关配电网运行安全性，应在规划年内解决，例如：现有中压线路负载率达到 80%以上；配电网网架结构存在严重缺陷，严重影响供电可靠性、配电网经济性。

（2）二级问题。这类问题可在规划期前三年内解决，例如：

1）配电网网架结构存在较严重缺陷，一定程度影响供电可靠性、配电网经济性；

2）线路网络结构过于复杂；

3）B 类供电半径超长的线路；

4）主干部分线路截面过小；

5）B 类供电分区装接配变容量在 12MVA 以上；

6）运行年限在 20 年以上的线路；

7）B 类供电区未通过"$N-1$"校验的线路；

8）B 类供电分区单辐射线路。

（3）三级问题。这类问题可在规划期内结合其他项目一起解决，对于规划期内尚能满足负荷需求、电压质量等指标的三级问题，可考虑暂不解决，在规划期内进行重点跟踪，例如：

1）C 类供电区装接配变容量在 12MVA 以上的线路；

2）供电距离偏长的线路。

2. 问题分析与总结

通过对规划区域公用配电网的网架结构、设备及运行情况等方面进行分析，得出评价结果，见表 2-21。

表 2-21　　　　　　　　　规划区域公用配电网评价结果

评价方面	分类	评价结果
高压配电网	多主变压器负载率	110（35）kV 变电站多主变压器负载率
	10kV 母线电压	是否控制在电压偏差允许范围内（±7%）
	无功补偿配置	110（35）kV 无功补偿容量和所占比例
	10kV 间隔利用率	110（35）kV 变电站 10kV 间隔利用率
	110kV 变电站负载率	110（35）kV 变电站平均负载率，是否存在过载或重载的变电站
	高压设备运行年限	是否有运行年限超过 20 年的主变压器
		规划区域内，存在多少运行年限超过 20 年的 110kV（35kV）线路
中压公用配电网	主干长度	公用线路回数和总长度、主干总长度、合格率及是否满足需求
	导线截面	导线截面合格率及是否满足要求
	绝缘化率、电缆化率	绝缘化率和电缆化率的数据，并判断其水平高低
	接线模式	单辐射线路回数和联络率数据
	线路负载率	10kV 线路平均负载率数据，过载、重载线路数据，所占比例
	线路"N-1"校验	线路"N-1"校验通过率、没有通过的线路回数及原因
	线路装接配变容量	线路装接配变总容量、装接配变容量超过 12MVA 的线路回数、占线路总数的百分比
	高损耗变压器	S7 型及以下高损耗配变台数、占公用配变总量的百分比
	线路装接配变负载率	中压线路装接配变平均负载率、线路装接配变负载率超过 80% 的线路回数、占公用线路总数的百分比
	中压设备运行年限	运行年限超过 20 年的中压配电线路数量、所占比例，运行年限超过 20 年的公用配电变压器台数、所占比例
低压配电网	低压线路	低压线路总长度

　　配电网现状评估是整个配电网规划的基础，只有透彻的对现有配电网进行客观评估，找出现有配电网存在的主要问题，才能对症下药更好地进行配电网规划。

第三章 电力需求预测

第一节 电力需求预测基本概念

一、电力需求预测的概述

电力需求预测即在观察分析客观事物发展历史和现状的基础上,通过研究客观事物发展规律,来推断和预测事物未来发展的进程。需求量(功率)是指能量随着时间的变化率。电力需求预测一般需要根据电力负荷、经济、社会、气象等相关的历史数据,分析其变化规律,探索电力需求与各类不同因素的内在联系,进而对未来的电力需求进行科学预测。

电力需求预测是电力市场营销活动的重要基础工作,其特点决定了电力需求预测更具有特殊的意义。电力需求预测主要包括两个方面的内容:

(1)需电量预测,在口径上包括统调需电量和全社会需电量预测,在内容上包括居民生活需电量,第一、二、三产业和主要行业需电量预测;

(2)最大负荷及负荷特性预测,在口径上包括统调电网最大负荷预测和全社会最大负荷预测,其中,负荷特性预测包括负荷特性指标预测和负荷特性曲线预测。电力需求预测是电力系统规划的重要组成部分和电力系统规划工作的重要基础。在商业化运行体制下,电力需求预测工作成果直接关系到电网运行成本和各级电力公司的实际利益。高质量的电力需求预测是国民经济与电力工业协调发展的保障与前提。

二、电力需求预测分类

根据应用领域和预测时间,电力负荷预测方法主要包括以下四类。

(一)长期电力需求预测

长期电力需求预测是电力市场平稳运营的重要组成部分。一般而言,对于长期的电力需求分析预测往往需要几年甚至十几年的电力需求数据。长期电力需求预测在电网发

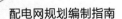
展、电网规划以及电力企业的营销、策划等方面具有广泛应用，其受到经济、气候、社会和人口等多方面因素的影响，这些因素中涉及了诸多不确定性问题。

（二）中期电力需求预测

中期电力需求预测主要包括月最大负荷、月平均最大负荷和月用电量的需求预测。中期电力需求预测需要几个月甚至几年的电力需求数据。该预测在机组检修、水库调度、燃料计划和交换计划的领域有着广泛的应用。中期电力需求预测需要考虑更多的不确定性因素以及气候条件等因素。

（三）短期电力需求预测

短期电力需求预测需要几日到几周的电力需求数据，短期电力需求预测主要应用于水火电协调、火电分配、机组经济组合和交换功率计划。对电力需求进行短期预测需要考虑电力需求周期性变化规律以及气候条件等不确定性因素的影响。

（四）超短期电力需求预测

超短期电力需求预测是指对未来 1 小时及以内的电力需求进行预测，主要反映电力需求在短时间内的上升、下降或水平趋势及变化值的规律，主要应用于电能的质量的控制，电力安全监视和电力系统预紧急状态处理和防控等领域。其中，对于电能质量控制，一般需要 5~10s 的电力需求值；对于电力安全监视，一般需要 1~5min 的电力需求值；对于电力系统预紧急状态处理和防控制，一般需 10~60min 的电力需求值。超短期电力需求预测一般情况下不需要考虑气候、天气等因素的影响。

三、电力需求预测的特点

（一）电力需求预测的宏观性

电力商品应用极其广泛，往往着眼于社会居民生活和各类行业，具有宏观预测的性质。

（二）电力需求预测的复杂性

由于电力生产发、供、用的同时性和电能不能储存的两大特点，电力需求预测较其他领域的需求预测更为复杂。电力需求预测不仅要预测总的需电量，而且还需要预测瞬时需电量（电力预测或负荷预测），同时还需要掌握不同行业、不同客户、不同地区用户的特点。

（三）电力需求预测的不确定性

电力需求预测受到诸多因素的影响和相互作用，这些影响因素的变化直接导致了电力需求预测的不确定性。

（四）电力需求预测的条件性

电力负荷的预测往往需要一定的条件，包括必然条件和假设条件。一般而言，在必然条件下电力负荷预测的可靠性较高，而在假设条件下电力负荷预测的可靠性相对较低。如果需要提高在假设条件下的电力负荷预测的可靠性，还需要综合分析、综合各种情况来提出假设条件，进而再进行电力负荷预测。

（五）电力需求预测的时间性

电力负荷预测属于科学预测的范畴，往往需要有确切的数量概念。因此，各种电力负荷预测需要确切地表明预测的时间。

（六）电力需求预测的多方案性

在对负荷在各种情况下可能的发展状况进行预测时，由于预测的不准确性和条件性导致了负荷预测的多方案性。

四、电力需求预测的基本原理

（一）可知性原理

可知性原理是指预测对象的历史过去，当前条件，发展规律和未来趋势是客观存在的，并且可以被人们预测。人们可以通过了解客观世界的过去和现在来总结变化规律，然后推测其未来。这是人们进行电力负荷预测的最基本的基础。

（二）可能性原理

可能性原理意味着任何事物的发展和变化都是在外部和内部因素共同作用下进行的。同时，由于外部和内部因素之间的差异而导致事物发展和变化的可能性很大。因此，当预测预测对象的某个指标时，应根据其发展和变化的各种可能性给出许多相应的预测方案。

（三）连续性原理

连续性原理意味着预测对象的发展和变化是一个连续而统一的过程，其未来的发展和变化是这一过程的延续。预测对象总是从过去到现在，从现在到将来发展，并在此发展过程中保留预测对象的原始特征。使用连续性原理，我们可以发现事物过去和现在的变化规律，并预测它们的未来变化。同理于电力系统，某些负荷特性指标会按照一定规律来连续性变化，这也是人们进行电力负荷预测的主要依据。

（四）相似性原理

相似性原理意味着，尽管客观世界中各种事物的发展是不同的，但是某些事物在特定水平上的发展却存在相似性，并且可以通过这些相似性来预测这些事物的发展。例如，在现有的预测方法中，类比法根据相似事物的发展规律对预测对象进行比较和分析，以推断出未来的发展趋势和预测对象的可能水平。历史类比法是基于过去类似事物的发展和变化信息，来介绍预测对象的未来发展趋势。

（五）反馈性原理

反馈是指将输出信号返回到输入端子，然后调整和控制输入结果。反馈性原理就是指为了提高预测的准确性而进行的反馈调节，对预测的理论值和实际值进行比较和测试，然后调整现有的误差以进一步提高预测的准确性。

（六）系统性原理

系统性原理是指预测对象是一个完整的系统，它具有自己的内部系统，同时与外部事物连接形成一个外部系统。预测对象的未来发展与内部系统和外部系统的各个组成部

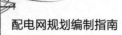

分之间的相互作用和相互影响以及影响因素密切相关。此外，系统性原理还强调，系统整体性最佳的预测，才是更高质量的预测。

五、影响电力需求预测的不确定因素

（一）世界经济增长的变化

20 世纪 70 年代的两次石油危机出现之后，世界经济逐渐趋向一体化，世界环境与形势更加的复杂多变，具有更大的不确定性。这对电力需求预测的准确性存在较大的影响。

（二）产业结构调整的影响

产业结构调整会极大地影响电力需求的变化，如世界金融危机的影响导致我国耗电量大的产品出口受限制，电力生产消费大大减小。

（三）人口因素的影响

人口数量和人口结构的改变会明显影响电力的需求。一般而言，对于老年人口比例高的地区，医疗设施用电会增加；在儿童比例高的地区，如幼儿园、小学和游乐场等，用电也会显著增加；此外，每一个家庭都要配备一套基本的家用电器，这也会导致电量增加。由此可见，分散的公共设备必然会比集中式的公共设施电力需求要更高。

（四）科学技术进步速度的影响

随着现代化发电、输电技术水平的提高，电能利用效率逐步的提高，大大地降低了电力损耗。同时由于电力产品和家用电器生产公司的技术水平和生产效率的提高，使得产品的电力的消耗量下降，进而节省更多的电力。

（五）能源政策的调整

近些年来我国积极推广绿色能源，例如风力发电、水电站等可以大量增加电力供应，缓解电力供应紧张的局面。相反由于电力供求缓和，国家放宽了对电力空调、电器具等大功率耗电家用电器的限制制度，这就可能扩大电力需求。由此可见，能源政策的调整也会对电力需求产生重要的影响。

（六）环保标准的提高

对于现代社会，环境保护已经成为社会的热点话题，由于其标准提高，电力作为干净能源受到更多的关注，用电力代替污染严重的煤炭以及石油燃料。当然这就会增加电力的需求量。

六、基本程序方法

配电网规划中电力需求预测需要确定其基本流程，即需要确定预测工作开展顺序。只有将流程整理清楚，才能做好电力需求的预测工作。配电网规划中电力需求预测工作的基本步骤主要包括如下几方面：

（一）确定预测目的和预测内容

配电网规划电力需求预测首先要明确电力部分做预测工作的目的，根据目的制定预测的工作计划、确定研究内容。一般而言，可以包括对配电网规划地区的年用电量和配电网规划地区未来负荷的空间分布进行预测。

（二）收集和选择数据资料

根据电力需求预测的目的及内容，收集预测地区的历史负荷数据及其相关因素。一般而言，相关因素的筛选需要满足相关性、可靠性、最新性标准。

（三）整理数据资料

对收集的数据资料进行必要的加工整理，如审阅、校核等。数据资料的完整与否、准确与否对电力需求预测结果的好坏有着直接的影响。因此，对数据资料进行查漏补缺和对异常数据进行辨识和修正具有重要的意义。

（四）分析资料

对整理后的数据资料进行梳理和初步分析，为预测模型的选择以及预测结果的分析奠定基础。

（五）建立预测模型

预测模型的选择是电力需求预测过程中重要的一环。基于整理后的数据资料的梳理和分析结果，分析对比各种预测技术及模型，选择适当的预测技术，建立适合该地区的电力需求预测数据模型。

（六）综合分析并确定最终预测结果

对所选预测模型的预测结果进行汇总分析，有时还需要专家或负荷预测工作人员根据经验对结果进行分析、判断、调整及修正，确定最终的预测值。

（七）编写电力需求预测报告

根据整理后的基础数据、模型预测结果对比及确定的最终预测结果，编写配电网规划中电力需求预测相关章节的报告。

（八）电力需求预测滚动修编管理

将预测结果及报告提交主管部门，并不是全部预测工作的结束，后期仍需要根据最新数据资料或主管部门的要求对电力需求预测进行滚动修编管理。

七、相关基本概念

（一）电量

电量是指在一段时间内，用电设备所要用电能的数量（kWh）。电量分为有功电量和无功电量。一般供电企业所出售的电能、用户所消耗的电能，均按有功电量计量。电量是一个积累值，是一段时间内的用电总和；而负荷是一个瞬时值，是网络中某一时刻的功率。

（二）负荷曲线

负荷曲线是指在某一时间段内，描绘负荷随时间的推移而变化的曲线。按负荷的性质，可分为有功和无功负荷曲线；按负荷持续时间，可分为日、月和年负荷曲线；按负荷在电力系统内的地点，可分为个别用户、电力线路、变电站、发电厂乃至整个地区、

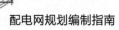

整个系统的负荷曲线。

（三）同时率

电力系统每一时刻的电力负荷，都是由所供电的电力用户在同一时刻的负荷所组成的。电力用户达到峰值负荷的时间具有一定的分散性，这种时间上的分散性，使得系统峰值负荷总是小于其所供电用户峰值负荷的简单求和。电力系统中负荷同时率的概念由此而提出，即

$$\alpha_s = \frac{L_\Sigma}{\sum_{n=1}^{N_S} L_n}$$

式中　α_s ——同时率；

　　　L_Σ ——总实际峰值负荷；

　　　L_n ——系统所供电用户的峰值负荷；

　　　N_S ——系统所供电用户总数。

（四）负荷密度指标

负荷密度指单位面积内的负荷值，负荷密度指标包括占地面积负荷密度指标和建筑面积负荷密度指标。

第二节　电力负荷分类

电力负荷的分类可以有效地展现国民经济各部门及居民的用电情况和变化规律。因此，负荷特性分析的重中之重是构建反映社会电气化发展水平和趋势的指标，分析研究经济增长与电力生产增长、社会产品增长与电力消耗量增长间的相关关系。电力负荷按照不同的标准，可以分成以下九类。

一、按发、供、用关系分类

（1）用电负荷：用户的用电设备在某一时刻实际取用的功率的总和，即用户在某一时刻对电力系统所要求的功率。从电力系统来讲，是指该时刻为了满足用户用电所需要具备的发电出力。

（2）线路损失负荷：电能在输送过程中发生的功率和能量损失。

（3）供电负荷：用电负荷加上同一时刻的线路损失负荷。

（4）厂用负荷：发电厂厂用设备所消耗的功率。

（5）发电负荷：供电负荷加上同一时刻各发电厂的厂用负荷，构成电网的全部生产负荷。

二、按电力系统中负荷发生的时间对负荷分类

（1）高峰负荷：是指电网或用户在一天时间内所发生的最大负荷值。通常选一天 24h

中最高的一个小时的平均负荷为最高负荷。

（2）最低负荷：是指电网或用户在一天时间内发生的用电量最小的一点的小时平均电量。

（3）平均负荷：是指电网或用户在某一时段确定时间阶段内的平均小时用电量。

三、按突然中断供电引起的损失程度分类

（1）第一类负荷：中断发电会造成人身伤亡危险或重大设备损坏且难以修复，或给政治上和经济上造成重大损失者。

（2）第二类负荷：中断供电将长生大量废品，大量材料报废，大量减产，或将发生重大设备损坏事故，但采取适当措施能够避免者。

（3）第三类负荷：所有不属于一类及二类的用电设备。

根据上述电力负荷性质，对供配电提出基本要求如下：

（1）一类负荷：要求采用两个独立的电源供电。所谓"两个独立电源"是指其中一个电源发生事故或因检修而停电，不至于影响另一个电源继续供电，以保证供电的连续性。

（2）二类负荷：要求采用双回路供电，即两条线路供电（包括工作线路、备用和联络线路）。当采用二回线路有困难时，允许用一回专用线路供电。

（3）三类负荷：供电无特殊要求，这类用户供电中断时影响较小，但在不增加投资情况下也应尽力提高供电的可靠性。

四、按负载性质

（1）感性负荷：负载结构为线圈。如果电动机等常见负载都是感性的，会消耗无功功率，因此需要无功补偿设备进行补偿以提高功率因数，降低线路损耗。

（2）容性负荷：负载为电容。容性负荷会产生无功功率，一般可作为无功补偿设备。

五、按电力负荷所属行业

（1）城乡居民生活用电负荷：城镇居民和乡村居民照明及家用电器用电。

（2）国民经济行业用电负荷：主要为面向国民经济行业（农、林、牧、渔、水利业，工业，地质普查和勘探业，建筑业，交通运输业，商业、公共饮食业、宾馆、广告、物资供销和仓储业，其他行业）的工业负荷、商业负荷和其他负荷。

工业负荷指工业生产用电负荷。工业负荷在用电负荷中的比重居于首位，一般比较恒定。工业负荷与工业用户的工作方式、行业特点、季节因素等都有紧密联系。

商业负荷主要指商业部门的照明、空调、动力等用电负荷，其覆盖面积大，增长平稳。商业负荷具有季节性波动的特性，通常确定夏冬两季为电力系统高峰时段。

六、按用电的部门属性

（1）工业用电：用电量大，且用电相对稳定均衡。

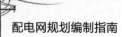

（2）农业用电：用电随季节变化较大，每日变化相对较小，月度、季度和年度负荷不均衡。

（3）交通运输用电：在我国，交通运输用电占比较小，随着电能替代大力实施，后续有较大提升潜力。

（4）市政生活用电：在我国，市政生活用电占比较小，随着现代化水平提升，未来比重将有所增加。

七、按用户性质

根据用户性质不同，可以分为公网负荷和用户负荷。

八、按电压等级

根据电压等级不同，可以分为110kV用户负荷、35kV用户负荷、10kV用户负荷等。

九、按不同用地性质

根据用电性质不同，可以分为工业用地负荷、居民生活用地负荷、商业金融用地负荷、行政办公用地负荷、交通运输用地负荷、文化娱乐用地负荷、教育科研用地负荷、其他部门用地负荷等。

第三节 电力负荷特性指标

随着我国经济的发展，电力负荷呈现出不断上升的趋势，产业、城镇与农村居民负荷也在不断增加。产业结构的调整使用电比例发生了巨大的改变。负荷特性指标是负荷特性曲线的数值描述，是电力系统负荷特性分析中的重要角色。为保证电力系统持续可靠的供电及为电力用户提供良好的电能质量，分析电力系统负荷特性，确定影响负荷特性指标的主要因素及挖掘隐藏在负荷特性指标间的内在规律是电力系统分析的一个重要任务，对调整电网供电模式，平衡电力电量需求，做好电力系统负荷预测及负荷特性预测工作具有重要意义。

一、电力负荷特性指标主要分析方法

负荷特性指标分析方法是科学认识电力负荷特性，把握负荷特性与其影响因素间的关系，进行电力负荷特性高精度的预测，及探索负荷特性内在变化规律与发展趋势的重要工具，对电力市场安全经济地稳定运行、科学地制定电力系统规划、提高电力系统的经济与社会效益等具有直接的现实指导意义。现有的电力负荷特性指标主要分析方法主要包括如下四类：

（一）负荷曲线法

负荷曲线是一个地区负荷信息最直观的体现，它是最先兴起的负荷特性分析方法，而负荷特性指标是对负荷曲线的进一步描述，包括比较类指标、描述类指标与曲线类指标。有研究将负荷特性计算分析通过软件实现，研发负荷特性计算分析软件，包括日负荷特性分析计算分析软件、月负荷特性分析计算分析软件、年负荷分析计算分析软件三部分。每一部分都包括数据导入、指标计算、负荷曲线的绘制及其计算结果输出四部分。所以通过负荷特性指标曲线分析负荷变动特性是较直观且较早的分析方法。

（二）专家经验法、相关性分析法

这是比较传统的负荷特性分析方法，主要依靠专家们的实践经验或是通过简单的负荷特性指标数据间相关性分析确定负荷特性曲线的一个大致走向，包括分析负荷特性曲线受时间、气候与经济的等因素的大致影响趋势及负荷特性指标受外在因素的影响，但其准确性不够高。

（三）回归分析法、时间序列法、主成分分析法、因子分析法与灰色模型法等

此类方法都是通过利用已有的负荷样本数据，构建相应的分析模型，原理比较简单，运算速度快，且准确性相对来说较高，但它不适宜于存在诸如气象等偶然性较大且波动性较强因素时的统计分析，统计分析时因数据扰动引起的干扰较为明显。

（四）人工神经网络、模糊预测法及小波分析法等人工智能分析方法

此类方法是近些年新兴的负荷特性分析方法。这些方法与相关、回归等分析方法相比有其独到的好处，其强大的计算能力、记忆能力、复杂映射能力、智能处理能力及容错能力让其在处理气象变化等不确定因素时比传统的方法更加准确，对随机扰动处理较为合理，让负荷特性分析及负荷预测工作向前推进了一步。

二、电力负荷特性指标主要影响因素

电力负荷特性变动其实是电力用户行为的变动，所以它与用户的特性密不可分，电力负荷变动的影响因素很多，从不同角度出发，主要可以分为以下几种类型。

（一）气候因素

气候的变化对电力系统的气象敏感负荷会产生很大影响，如夏季，主要用于降温的负荷是空调以及农业灌溉负荷；而冬季，包括电热器、空调及电烤炉等取暖负荷剧增，此等气象敏感负荷的变动对负荷模式变化的影响十分显著。而气候因素依据其特性又分为几类，其中以气温的波动变化最为显著，大幅度的温度变动有时甚至会导致电网大规模的修正机组投运计划。此外，气压与湿度是除气温之外的两个重要的气候因素，特别是在气压不平衡或是湿度较大的区域，其形式与温度类似。其他与负荷特性有关的气候因素还有：降雨量、风速、云遮或日照强度等。

（二）经济因素

经济的发展，不仅使行业内负荷发生较大的变动，如工业负荷，工厂不断增多，生产的各类产品也在急剧增加，特别是近几年来，房地产热潮的兴起，使建筑业中电力负荷产生了大的改变；另一方面，经济的发展，中国居民的生活水平也得到了很大的提升。近几年，随着农村电网的不断改造，农村的电气化水平几乎是成直线上升，电冰箱、电

磁炉、电饭锅等现代电器化设备都得到了广泛的应用，导致农村的居民负荷用电变化较大。此外，电力系统管理技术的发展，如：需求侧管理技术及阶梯电价等政策的施行也将对负荷变化产生一定的影响。所以经济的快速发展是引起电力系统负荷变动的一个重要原因，但其影响周期较长，常常以年为时间周期，一般以年负荷特性分析对比较典型。

（三）时间因素

电力系统依据负荷生产作业与否的特点可以分为：工作日与节假日。节假日是相对于工作日而言，其对电力负荷的主要区别体现在第一、二、三产业负荷的变动上，工作日负荷又会依据春、夏、秋、冬四季的季节变化与周循环呈现出一定的循环变动特性。所以不同的时间段，电力负荷的电力需求模式也存在明显的区别。

（四）随机干扰

电力系统负荷种类繁多，不同的负荷具有不同的特点，其特性与人们的行为习惯、自然环境的变动息息相关，所以其随机性较强，很多随机影响因素是前期不能完全预料及预测的，其对负荷的影响也是不可预知的，所以一般系统将会对由于随机干扰引起的负荷变动留有一定的备用容量。

虽然负荷时刻呈现出变动的特性。但是，仍然呈现出比较明显的特征。从时间特性来看，电网负荷具有年内周期性变化及年间负荷不断上升两种特征；从空间特性来看，随着供电区域的扩大及电力用户的增多，电网负荷的增长特性及电网负荷的同时率都呈现出一定的规律性。一方面用户数越多，用户的用电时段将不完全相同，使负荷同时率将降低；另一方面，用户数的增多与每户平均用电量的增长使电网负荷数量也发生了大的增长，但增长曲线的形状是区域分解的函数，供电区域面积越大，曲线越平滑。

三、电力系统负荷特性指标

2005 年，国家电网公司下发的《负荷特性研究内容深度要求及指标解释》，其中明确定义了各类负荷特性指标的定义及计算公式。各指标的具体定义如下：

（一）日负荷特性指标

（1）日最大（小）负荷：是指负荷数据记录中，负荷数值最大（小）的点，记录时间可以选择 15min、半小时或是一小时。每日所有时间记录点负荷中的最大（小）值。

（2）日平均负荷：是指日用电总量除以 24 所得的结果。

（3）日负荷率：又称日平均负荷率，是日平均负荷与日最大负荷的比值。

（4）日最小负荷率：是指日最小负荷与日最大负荷的比值。

（5）日峰谷差：常指日最大负荷减去日最小负荷所得值。

（6）日峰谷差率：是指日峰谷差与日最大负荷的百分比值。

（7）日负荷曲线：指按时间顺序以小时整点负荷绘制的负荷曲线。

（二）月负荷特性指标

（1）月最大负荷：是指每月各点负荷的最大值。

（2）月平均日负荷：是指每月各日平均负荷的平均值。

（3）月最大日峰谷差：是指每月各日峰谷差的最大值。

（4）月平均日负荷率：是指每月各日负荷率的平均值。

（5）月最小日负荷率：是指每月各日最小负荷率的最小值。

（6）月最大日峰谷差率：是指每月各日峰谷差率的最大值。

（7）月负荷率：是指每月平均日电量和最大日电量的比值。

（8）峰谷差最大日的最大用电负荷：是指每月出现最大峰谷差率那一日的最大用电负荷。

（9）累计最大负荷利用小时数：是指每月用电负荷总量除以该月最大用电负荷。

（三）年负荷特性指标

（1）年最大负荷：全年各小时整点用电负荷中的最大值。

（2）季不均衡系数：又称季负荷率，是全年各月最大负荷之和的平均值与年最大负荷的比值。

（3）年最大峰谷差：一年中各日峰谷差的最大值。

（4）年最大峰谷差率：在一年中各日峰谷差率的最大值。

（5）年最大负荷利用小时数：年统调用电量（统调发受电量、统调发购电量）与年统调最大负荷的比值。

（6）年负荷曲线：按全年逐月最大负荷绘制的曲线。

（7）年持续负荷曲线：按全年的负荷数据从大到小绘制的一条曲线。

第四节　电力负荷预测方法

一、影响因素

电力负荷预测就是根据电力负荷过去和现在的数据来推测电力负荷未来变化的数据。受到经济、政策、时间、气候、随机干扰等诸多因素的影响，电力负荷预测具有一定的不确定性。电力负荷的主要影响因素有如下几项。

（1）经济发展水平及经济结构调整的影响；

（2）政策因素的影响（环保要求、电源替代等）。

（3）收入水平、生活水平和消费观念变化的影响。

（4）电力消费结构变化的影响。

（5）替代能源价格的影响。

（6）气候气温的影响。

（7）电价的影响（分时电价、可中断电价等）。

（8）需求侧管理措施的影响（削峰填谷等）。

（9）供电侧的影响（电力短缺、电网建设、配电网改造等）。

二、特性及构成

根据电力负荷的分类和各种负荷的特点，电力负荷的变化是一个具有一定周期性的连续过程。通常，不会有大的跳跃。但是，季节性天气和特殊事件会影响负荷。

由此可知，电力总负荷由确定性负荷分量和不确定性负荷分量构成。更具体的分类，可将电力总负荷分为基本正常负荷分量、天气敏感负荷分量、特别事件负荷分量和随机负荷分量。

三、系统负荷预测

系统负荷预测方法主要可分为经典预测方法和现代预测方法。经典预测方法中，主要介绍趋势外推法、时间序列法、指数平滑法和回归分析法。现代预测方法中，较为常用的有灰色模型预测、专家系统预测、神经网络预测、模糊聚类预测。

（一）经典预测方法

1. 趋势外推法

趋势推断法基于以下基本假设：未来是过去和现在不断发展的结果。它使用历史数据对预测对象进行全面分析，使用某种模型来表达相关参数的变化规律，然后根据变化规律进一步推断预测对象的未来趋势和状态。为了拟合数据点，在实际工作中通常使用一些相对简单的功能模型。趋势外推方法包括线性曲线趋势预测方法，增长曲线趋势预测方法，指数曲线趋势预测方法，二次曲线趋势预测方法和对数趋势预测方法。这些方法仅执行趋势外推，而不对数据中的随机成分执行统计处理。

要采用趋势外推法，需要满足两个假设：一个是假设预测对象不会发生跳跃样变化；第二个假设是预测对象不发生跳跃样变化。另一个是假设影响预测对象的未来变化趋势的因素没有变化。应用趋势外推法的关键是选择合适的函数模型。可以通过图形识别方法或差分方法选择功能模型以执行数据点拟合。

使用趋势推断进行的预测主要包括以下 6 个步骤：

（1）选择预测参数。

（2）收集必要数据。

（3）进行曲线拟合。

（4）开展趋势外推。

（5）进行预测说明。

（6）应用预测结果。

尽管电力负荷具有一定程度的不确定性，随时间的变化仍然存在明显的趋势。因此利用趋势外推法开展电力负荷预测通常将时间 t 作为自变量，将时间序列值 y 作为因变量来建立趋势模型 $y = f(t)$。使用趋势外推法预测电力负荷的优势在于，它仅需要收集历史数据，所需数据较少，模型构建起来简单快捷，并且预测方法简单易用，是目前使用最多的方法之一；缺点是如果需预测地区的负荷结构变化较大，或出现特殊事件的情况较多，电力负荷会出现较大的异常变动，使得数据变化难以符合所选函数模型变化趋势，会引起较大的预测误差，导致预测准确度不足。该方法适用于电力负荷短期预测。

2. 时间序列法

时间序列方法基于预测对象的过去统计数据，找到预测对象随时间的规律，并建立时间序列模型以针对未来数据进行推断和预测。运用时间序列分析需满足假设条件的是：预测对象的变化具有时间惯性和连续性。时间序列方法首先以一定的时间间隔记录预测对象的历史数据，以获得时间序列。然后根据预测对象的历史数据建立时间序列的数学拟合模型，以描述时间序列中预测对象的变化。最后，在模型的基础上建立数学表达式进行预测。时间序列预测模型主要包括自回归模型（AR），滑动平均模型（MR）和自回归移动平均模型（ARMR）。

使用时间序列方法进行预测主要包括以下 4 个步骤：

（1）分析数据随时间的变化特征。

（2）选择合适模型和参数检验。

（3）利用预测模型进行趋势预测。

（4）评估预测结果并修正模型。

利用电力负荷变化的惯性特征和时间连续性，分析和处理历史数据时间序列，确定其基本特征和变化规律，可以预测未来的电力负荷变化。时间序列法是趋势外推法中最常用的预测方法，适用于不同时间尺度的电力负荷预测。

3. 指数平滑法

指数平滑法是一种特殊的加权移动平均法，它是在移动平均法基础上发展起来的时间序列法。它同时拥有全周期平均法和移动平均法的长处。使用指数平滑方法进行预测的关键是选择最佳平滑系数 α。平滑系数 α 决定了平滑模型参数和预测结果精度。平滑系数 α 不仅在计算过程中起着控制时间序列有效样本数的作用，而且应用于新旧观测值的权重系数也很灵活。平滑系数 α 可用于控制时间序列预测的校正程度。

指数平滑法的一般公式为

$$S_t = \alpha Y_t + (1-\alpha) S_{t-1}$$

式中　S_t ——t 时的平滑值；

　　　Y_t ——历史数据序列 Y 在 t 时的实际观察值；

　　S_{t-1} ——$t-1$ 时的平滑值；

　　　α ——平滑常数，其取值为（0，1）。

采用指数平滑法进行预测，主要包括如下 5 个步骤：

（1）输入历史统计序列。

（2）选择平滑模型和平滑系数 α。

（3）确定初始值。

（4）进行计算。

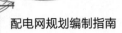

（5）得到预测结果。

作为趋势外推的重要方法，指数平滑方法在电力负荷预测中被广泛使用。在实际负荷预测中，经常使用线性模型和二次曲线模型。指数平滑方法的优点是建立模型简单，易于计算并且需要较少的数据。该方法适用于不同时间范围内的电力负荷预测。大量实践证明，利用"厚近薄远"的原理优化电力负荷预测中的平滑系数 α，建立的平滑模型将获得较好的预测效果。

4. 回归分析法

回归分析方法，也称为统计分析方法，是一种广泛使用的定量预测方法。要进行回归预测，首先必须确定预测值与影响因子之间的关系，即分析并确定自变量和因变量。回归分析方法中的自变量和因变量分别是随机变量和非随机变量，自变量变化的结果是因变量，并且自变量和因变量之间的关系是不可逆的。针对预测对象的整个观测序列的特征，在数学统计中进行回归分析，首先根据历史数据的变化规律找到自变量与因变量之间的回归方程，建立回归预测模型，然后输入自变量数据回归预测模型得到预测值。

回归分析方法的重点是研究变量之间的依赖关系。在回归分析方法中，选择哪种因子以及如何选择因子只是一种推测。因素的不可预测性和多样性使得回归分析方法在一定程度上受到某些限制。回归模型分为线性回归预测模型和非线性回归预测模型，其中更普遍使用多元线性回归预测模型。

通过多元线性回归预测模型进行预测主要包括如下 9 个步骤：

（1）数据收集与清洗。

（2）罗列所有变量。

（3）进行相关性分析，确定回归方程式的自变量。

（4）确定并消除多重共线性。

（5）求解多元回归方程式。

（6）确认回归方程式的精度。

（7）进行显著性验证。

（8）计算置信区间。

（9）得到预测结果。

应用于电力负荷预测的回归分析方法是对用电量和相关影响因素（如经济，气候，人口等）的历史数据进行统计分析，从而建立电力负荷与影响因素之间的回归方程，然后实现电力负荷预测。回归分析方法侧重于统计规律的研究和描述，适用于历史数据样本量较大的情况。回归分析方法是中长期电力负荷预测中相对常用的方法。它具有建立模型简单，模型解释能力强，预测精度高的优点。但是，回归分析方法通常仅在负荷变化相对均匀的情况下使用。

（二）现代预测方法

1. 灰色模型预测

灰色系统是指其中一部分信息已知而另一部分未知的系统。这个概念是与完全了解信息的白色系统和完全未知信息的黑色系统相比，人们基于对系统演化不确定性特征的理解而提出的。

灰色预测模型可以用来对少量数据样本、低数据完整性和低数据可靠性的数据序列进行有效预测。通过构建微分方程来充分挖掘样本数据中的特征，建模所需信息较少，精度较高，易于检验。但是灰色模型预测只适用于数据显示指数曲线增长的预测。灰色预测模型有很多类型，其中最常用的一种是 GM（1，1），其本质是将预测对象的原始数据进行累加生成，得到规律性较强的生成数列后再重新建模，由生成模型得到的数据再经累加生成的逆运算累减生成得到还原模型，该还原模型即为预测模型 GM（1，1）。

灰色预测模型 GM（1，1）的建模及预测具体步骤如下：

（1）建立时间序列。

（2）将原始数据时间序列进行累加生成。

（3）对累加生成后的序列进行邻均值生成。

（4）构建数据矩阵 B 和数据向量 Y。

（5）计算发展系数 a 和灰作用量 b。

（6）建立 GM（1，1）模型，求解时间相应函数。

（7）进行预测和精准度校验。

近年来，灰色模型预测在中短期电力负荷预测中的应用取得了一定的成果，但是鉴于 GM（1，1）模型仅适用于指数规律的负荷序列，因此只能描述一个相对单调的负荷变化过程。对于特殊事件下的负荷增长，灰色模型的预测误差较大，且预测精度难以满足实际要求。

2. 专家系统预测

专家系统是一个通过程序设计手段建立的智能计算机系统，它汇集了某个专业领域内专家的知识和经验，并能够运用这些知识推理和决策该专业领域的问题。专家系统方法是转换人类难以直接传授的经验的更好方法。专家系统的体系结构随专家系统的类型，功能和规模而变化。一个完整的专家系统应由五大部分组成：知识库、数据库、推理机、知识获取部分和解释界面。

利用专家系统方法开展负荷预测的流程如下：

（1）输入历史负荷数据和测得的数据。

（2）判定该地区用电水平，确定相应检查筛选规则。

（3）通过初检剔除绝大多数预测方案。

（4）对筛选后的预测方案逐个评估。

（5）确定最优方案并进行调整。

（6）得到预测结果。

运用专家系统方法进行负荷预测需对数据库里存放的负荷数据和天气数据等进行详细分析，收集前期规划专业人员的知识和经验，分析提取有关规则来形成分析系统。在专家系统的帮助下，规划专业人员可以识别预测日的类型，考虑多种因素对负荷预测的影响，并进行负荷预测。在建立专家系统知识库时，主要可考虑搜集各地区电网现状和用电水平判别、行业用电比重、电力远景发展参照、负荷发展、数学模型及其预测精度等级划分等方面的知识。专家系统方法适用于中长期负荷预测，该方法的优点是能够尽可能汇集行业专家的知识经验，最大限度利用好人的能力，所参考的资料信息较多，有利于得到较为准确的结论。它的缺点是该系统不具备自学习能力且系统分析能力受到数据库中知识总量的限制，对于随机事件的适应性较差。

3. 神经网络预测

人工神经网络是仿效人脑神经网络来进行学习、分析和预测的非线性系统。它由若干个具有并行运算功能的神经元节点及连接它们的相应的权值构成，通过激励函数实现输入到输出之间的非线性映射。神经网络预测具有非线性映射能力、容错能力、泛化能力、自学习能力等优势，近年来受到人们广泛关注。神经网络预测常用的类型有 BP（Back-Propagation）神经网络、卷积神经网络、循环神经网络、遗传神经网络等。

以 BP 神经网络为例，建模预测步骤为：

（1）设置网络架构（输入层、隐含层、输出层）。

（2）训练神经网络。

（3）权值随机初始化。

（4）进行正向计算。

（5）计算总误差。

（6）进行反向计算。

（7）按照新的权值重新计算直至最优，得到预测结果。

神经网络预测方法解决了时间序列预测问题，克服了经典预测方法中把负荷预测的不确定性归为随机性所存在的缺点，但是它的缺点在于学习收敛速度慢，可能收敛到局部最小点，以及如果输入变量过多会让神经网络的拓扑结构变得复杂，进而导致训练时间过长。

4. 模糊聚类预测

模糊聚类预测的基本思想是：收集预测对象及其影响因素的历史数据，运用模糊理论进行分类后，形成几类典型模式，通过影响因素状态的比较来匹配最接近的典型模式，从而进行预测。运用模糊聚类预测方法的关键在于得到最佳聚类。

开展模糊聚类预测主要有 6 个步骤：

（1）搜集历史数据并进行标准化处理。

（2）构建模糊相似矩阵。

（3）得到最佳聚类。

（4）形成预测对象、影响因素变化的典型模式。

（5）根据影响因素匹配典型模式。

（6）得到预测结果。

模糊负荷预测的优点在于，它不是历史数据的分析判断来建立关于影响因素的函数关系，而是考虑了电力负荷与多个影响因素综合作用下的情况，将负荷变化情况与其对应环境作为一个系统整体进行分析，在一定程度上弥补了经典预测方法在计入影响因素方面的不足，使得预测结果更加科学合理。

四、空间负荷预测

随着电力系统管理从粗放式到精益化的转变，传统的电力需求预测难以有效满足电力系统规划方面愈发精细的需求，这主要是鉴于负荷成长特性中的时间性与空间性。在此情况下，空间负荷预测（spatial load forecasting，SLF）应运而生并不断发展。空间负荷预测是将按一定的原则将规划区划分成多个小区，通过分析预测各个小区在规划年内的土地利用情况或负荷密度，进而预测整个规划区域在规划年内负荷数量及其分布。

（一）负荷小区划分

1. 小区划分方式

尽管有许多空间负荷预测方法，但负荷增长的空间信息是通过将规划区域划分为多个小区来表示的。目前，负荷小区划分方法较为常用的有：按规划网格来划分、按城市规划部门确定的功能小区来划分、多层分区方法划分。

按规划网格来划分，就是将规划区域分成相同大小的正方形，每个正方形代表一个小区。这种划分方法下的小区有两个主要优点：首先，由于每个单元格的面积相等，因此单元格之间的负荷密度值和负荷值成比例，因此知晓单元格的负荷密度值可以预测及其负荷，更准确地反映出单元格内的负荷变化趋势。但是，这种小区划分方式也有其主要的缺点：数据的收集较为困难。

按功能小区来确定边界是按城市规划部门确定的功能小区将供电区域划分成若干电力负荷小区。功能小区是指有一个或多个相同类型用电用户的地块或相同用地性质的区域。按城市规划部门确定的功能小区来划分的好处在于小区内用电负荷类型和历史数据易于获得，且类型相对单一。

多层分区法常用于较大的规划区域。该方法是针对每层分区，分别采用合适的模型和方法来预测，充分利用不同层次的负荷预测结果进行综合校核，进而实现小区负荷的综合预测。运用该方法时，可以将规划区域分为大区层、中区及小区层、仿真层。大区一般按供电公司的供电范围或是城市行政区来划分。中区及小区一般考虑城市用地规划中的用地功能块。仿真层位于多层分区结构最底层，采用高解析度的规划网格状划分。

2. 小区面积

当根据不规则形状划分小区时，小区区域的大小是固定的。根据规则网格划分小区，通常会考虑所选小区的面积。一般而言，规划面积越小，小区面积越小，负荷的空间分辨率越高，配电网规划的精度就越高；但是，如果小区划分过于精细，则某些小区将无法包含完整的电力用户，这将增加收集历史数据的难度，降低相应数据的规律性和准确性，并导致预测误差变大。当小区面积较大时，相应的空间分辨率较低，这将在一定程度上影响预测的准确性；但是，这种情况下小区所包括的电力用户是相对完整的，并且更容易获得有关历史负荷和相关影响因素的数据，负荷的变化受随机因素的影响也较小，很容易从中推导出小区负荷的变化规律和发展趋势，反而减少了预测误差。因此，在小区面积的选择与配电网规划的强度和难度以及空间负荷预测的准确性之间需要权衡。

对于实际的空间负荷预测，在满足配电网规划精度要求的前提下，应尽量选择较大的小区面积。在实际工作中，小区面积的选择通常在 $0.01 \sim 1\text{km}^2$ 之间，一旦确定小区面积，就应尽可能保持不变以简化预测模型。

（二）常用预测方法

1. 负荷密度指标法

负荷密度指标法也叫分类分区法，通常先将负荷分类，然后再按功能将规划区域划分为小区。通过预测每个类别的负荷密度并结合土地利用，计算每个小区的负荷值以实现预测。该方法需先对负荷分类，然后对规划区域进行划分。分类分区法的核心是已知各类用地面积和位置，确定规划年内每个划分小区的负荷密度预测值。当前的一般做法是将整个规划区域中相同类型的负荷的平均密度用作规划年度中此类小区负荷密度的预测值。

在详细的城市规划阶段，负荷密度指标法是工程中应用最广泛的空间负荷预测方法。占地面积负荷密度指标法的负荷预测公式为

$$P = (\sum D_i \times S_i) \times \eta$$

式中　　P——片区预测总负荷；

S_i——地块占地面积；

D_i——地块负荷密度指标；

η——地块间同时因数。

单位建筑面积负荷密度法计算公式为

$$P = (\sum F_i \times S_i \times Q_i \times K_i) \times \eta$$

式中　　F_i——地块单位建筑面积负荷密度指标；

Q_i——地块容积率；

K_i——地块对应负荷类型的同时率。

负荷密度指标法实用性强，且较为简便，尤其适用于国内土地将来用途比较确定的情况，因此在国内规划实践中受到越来越多规划工作人员的青睐。

2. 趋势类空间负荷预测法

趋势类空间负荷预测法是所有基于负荷历史数据外推负荷发展趋势的方法总称，如回归分析法、灰色系统理论法、指数平滑法、动平均法、增长速度法、马尔可夫法、灰色马尔可夫法、生长曲线法等。目前，趋势类空间负荷预测法通常根据变电站或馈线的供电范围划分小区，分别研究每个小区的历史负荷数据变化趋势，并根据变化趋势来推算规划年的负荷情况，然后得出规划年负荷在整个规划区内的空间分布。该方法的优点

是方便简单、易于实现，但不足之处在于它要求对每个小区都进行曲线拟合，工作量较大，且不能利用历史年负荷为零的空地来预测。

3. 用地仿真类空间负荷预测法

用地仿真类空间负荷预测法是通过分析和预测规划年的规划区域内土地利用的特点，预测相应电力负荷的数量和分布。用地仿真类空间负荷预测法需要通过建立规划区域的用地仿真模型来仿真区域内未来的土地利用，将整个系统的负荷预测结果分摊给各个小区。

用地仿真类空间负荷预测法的优点是可以充分利用系统总负荷的预测结果，并在此基础上预测未来负荷的空间分布。适用于多方案研究，具有较高的预测精度。缺点是该方法将分类负荷土地面积和分类负荷密度视为已知条件，而分类负荷密度数据相对难以确定。另外，这种方法经常使用相同大小的网格划分单元格，只能估算理论负荷值，很难获得实际负荷值，这对评估预测结果精度有一定的影响。

第四章 电力电量平衡

第一节 电力电量平衡的概念

一、基本概念

电力电量平衡是电力系统的电力和电量的供需平衡，又称电力系统运行模拟，用于研究各类电站在电力系统中优化运行方式及分系统见功率的优化交换，从而核定各方案的容量配置和电量效益。电力电量平衡是电力系统规划设计的基本约束关系，实际上，任何电力规划模型的建立或任何规划方案的形成均涉及电力电量平衡分析。

电力平衡是电力负荷（包括损耗、备用）与电源（发电设备）容量之间的平衡。电力（负荷）平衡是瞬时平衡，电力平衡是预测本区域内可用装机能否满足电力尖峰负荷需求。电量平衡是在规定时间（年、月、日）内的电力负荷所需电量与电源可发电量（或可利用电量）的平衡。电量是过程量，电量平衡是核算电源设备年利用小时分析电源是否满足负荷持续需求。

对于配电网系统而言，电力平衡是在负荷预测结果和区域配电网并网的电源装机发展情况的基础上，计算该区域配电网的网供负荷或上送负荷，结合现有变压器容量，以确定该区域需新增的变压器容量。

二、平衡的目的

电力规划的目的之一就是在规划年的电力供需平衡。电力电量平衡是在预测的电力负荷水平和规划的电源装机容量条件下，分析电力需求和供应之间的平衡，通常包含电力平衡、电量平衡和调峰平衡。在配电网规划设计中，一般可不用考虑调峰平衡。通过电力电量平衡，主要达到以下几个方面：

（1）分析各类电厂的技术经济特点及运行特性；

（2）确定配电系统中各类电源建设方案的可能性和合理性；

（3）分析系统内和系统间的电力交换，确定该区域需新增的变压器容量；

（4）分析配电网无功平衡情况，按分层分区配置无功设备容量；

（5）分析配电网运行方式。

第二节　电源的运行特性

一、火电厂的运行特性

火电厂（即火力发电厂），是利用可燃物（例如煤、气等）作为燃料生产电（热）能的工厂。根据目前电力系统发展，接入配电网络的火电厂主要是小容量发电厂，一般包括小型常规燃煤发电厂、燃气发电厂、热电厂、余热发电厂、垃圾发电厂等。

（一）燃煤发电厂

燃煤火电厂是我国最常见的电源之一。燃煤火电厂投资相对较低，建设工期较短，运行也比较经济，除计划检修和事故停机外，电厂基本上都处于运行状态，年最大利用小时数一般约 4000～5500h。燃煤火电厂生产及能量转移过程是：燃料在锅炉中燃烧时加热水生成蒸汽，推动汽轮机旋转带动发电机旋转发电，从而实现化学能—热能—机械能—电能。

燃煤机组参与电力平衡需要机组额定容量和最小技术出力两个指标。最小技术出力是燃煤机组降低出力是锅炉保证稳定燃烧的出力最小限制值，锅炉的不同，最小技术出力占机组额定容量的比例也不一样。

燃煤机组的出力大小直接影响机组的煤耗，也就是直接关系到机组的经济运行，一般在80%额定容量以上出力是比较经济，出力越低煤耗越高。因此从经济运行的角度来看，燃煤机组不宜深度调节。

（二）燃气发电厂

燃气电厂是利用燃气轮机和发电机与余热锅炉、蒸汽轮机共同组成的循环发电系统，它将燃气轮机排出的高温烟气通过余热锅炉回收生成蒸汽，再推动汽轮机旋转带动发电机发电。燃气电厂有两台燃机带一台余热锅炉汽机的多轴布置，也有燃机、汽机、发电机在同一轴上的单轴布置。燃气电厂的装机容量为燃机蒸汽联合循环机组容量之和。燃气电厂一般没有最小技术出力限制，但对于必须带基荷运行的燃气电厂，可以根据实际情况设定一个最小技术出力值。

燃机具有快速启动、可以频繁启停的特点，并且调节范围大，因此燃气电厂通常作为系统调峰电源带峰荷运行或备用电源。当燃气电厂的调峰能力受到设备、环境条件的限制是，也可以带基荷运行。

燃气电厂的燃机具有随时调节出力的能力。在进行电力电量平衡分析时，可根据区域相关政策和需求，设定参与电力平衡的出力比例和电量平衡下的年最大利用小时数。

51

（三）热电厂

热电厂一般也是燃煤电厂，不同的是热电厂在发电的同时还要兼顾为用户供热。与常规发电燃煤机组三大机组（锅炉、汽轮机、发电机）相比，热电厂仅汽轮机与纯发电燃煤机组的汽轮机不同。常规纯发电燃煤机组采用凝汽式汽轮机，汽轮机做功后回收的蒸汽全部进给凝汽器，冷凝成水再回锅炉。热电厂的蒸汽部分用于供热，余下的部分蒸汽回收进入凝汽器。热电厂汽轮机按供热方式可分为背压机组、抽气背压机组和抽凝两用机组。

热带联产的热电厂，其运行特性受到诸多因素影响，例如热负荷需求情况、机组装机型式、外部电网运行情况等。背压机组、抽气背压机组按"以热定电"的运行方式运行，热量和电量是相互影响的，一般是按热负荷需求来调节发电负荷；当热负荷需求发生变化时，发电功率随之变化，没有热负荷时背压机组不能单独运行；背压机组、抽气背压机组没有调节能力。

抽凝两用机组在非供暖期机组按纯凝工况运行，运行特点与常规纯发电燃煤机组相同。当在供暖期时，需要抽气供热，发电出力大幅度降低，因此抽凝两用机组供暖期只有部分发电容量，但热、电生产有一定的调节裕度。另外受低压缸流量限制，使得机组调节能力下降。供暖期抽凝两用热电厂发电出力一般不变或是少量可变。

（四）余热发电厂

余热发电是指对生产过程中产生的多余的热能进行收集利用，通过余热锅炉、低参数汽轮机等设备将热能转换成电能。余热发电不仅可以节省能源，提高能量利用效率，还有利于环境保护。

余热锅炉是余热发电系统的最主要的设备之一，它可以将生产过程中排出的废气、废液等工质中的热能当做热源，生产蒸汽用于推动汽轮机做功发电。由于工质温度不高，故锅炉体积大，耗用金属多。用于发电的余热主要有高温烟气余热，化学反应余热、废气、废液余热、低温余热（低于200℃）等。

因此，余热发电机组的出力不仅与发电机组容量相关，更与生产息息相关，一般情况下具备限制出力运行，但考虑到经济运行，不建议随时调节出力。

二、水电厂的运行特性

水电厂（即水力发电厂），是把水的位能和动能转换成电能的工厂。它的基本生产过程是：从河流高处或其他水库内引水，利用水的压力或流速冲动水轮机旋转，将重力势能和动能转变成机械能，然后水轮机带动发电机旋转，将机械能转变成电能。电站一般主要由挡水建筑物（坝）、泄洪建筑物（溢洪道或闸）、引水建筑物（引水渠或隧洞，包括调压井）及电站厂房（包括尾水渠、升压站）四大部分组成。

（一）常规水电厂

常规水电厂运行最大的特点是发电能力受天然来水控制，水电厂的可发电量是由来水量确定的。另外水电厂的工作出力也与负荷特性的契合度有关，当水电厂装机容量较大但可发电量较小时，可能出现空闲容量。当水电厂装机和可发电量占负荷的比例过大且水电厂调节能力又较差时，就可能产生弃水。

水电厂承担负荷的原则是应尽可能利用水电厂的可发电量。由于水电机组启停和调节速度快，因此也应充分利用水电厂水库的调节能力满足负荷变化的需求（减少火电、核电、气电调节）。在水电不弃水（或少弃水）的情况下也可以适当控制水电厂的工作出力，安排水电机组承担部分负荷备用和事故备用。

水电机组发电出力较低时（一般为 10%～35%）有共振区不能长时间持续运行，实际运行时需协调水电厂机组之间出力避开共振区。一般平衡计算中，可以忽略共振区因素影响，水电厂的工作出力假设在 0～100% 之间可以连续平滑调节。

水电厂的调节能力对平衡的影响很大，调节能力好的水电厂通常承担系统的峰荷，不仅水电厂的可发电量能充分利用，也可以减少系统对其他电源的调峰要求。反之，调节能力差的水电厂在丰水期给系统调峰带来困难，不仅要求其他电源承担更多的调峰，还可能造成系统弃水。

在电力平衡计算中，水电厂需要输入单机容量、装机容量、受阻容量、预想出力、月平均出力、强迫出力、水库调节系数等参数。

水电厂受阻分两种情况：一种情况发生在丰水期，由于水电厂下游水位抬高，导致上下游落差不够，使水电厂所有机组都不能满发，这种现象称为水头受阻；另一种情况发生在枯水期，径流水电没有调节库容，发电出力不能变化，而枯水期来水量减少，导致发电出力下降，使水电厂整体发电能力受阻，这种现象称为水量受阻。

水电厂的预想出力，是水电厂的装机容量与水电厂受阻容量之差。预想出力是水电厂自身具备的出力能力（可发电容量），不同水文年各月水电厂的预想出力也不同。对于无调节（径流）水电厂，预想出力始终等于月平均出力。调节能力在不完全年调节（或季调节）以下的水电厂，丰水期（一般为 6～9 月）预想出力也等于月平均出力，其他月份预想出力大于月平均出力。

水电厂的强迫出力，是为满足下游航运、生态等用水需要，水电厂不能间断发电的最小容量。对于具有调节能力的水电厂，有强迫出力会减少水电厂的可调节发电量，降低水电厂调节能力。

上述预想出力、强迫出力指标不仅一年内各月不同，不同的水文年也不一样，在平衡计算时至少需要枯水年和平水年各月的参数。

水库调节系数即水电厂的月（周）调节系数，在各月最大负荷日电力平衡时，水电厂的日发电量可以按水库调节系数适当提高。根据水电厂调节能力，水库调节系数可在 1.05～1.30 之间取值。

（二）抽水蓄能电站

抽水蓄能电站是很好的调峰电源，抽水蓄能电站在负荷低谷时段将下池的水抽到上池存储时会增加低谷时段的负荷，在负荷高峰时段将上池的水发电又流回到下池时会减少高峰时段的负荷，从而起到填谷削峰的作用。抽水蓄能电站主要是为满足系统的调峰需求设置的，也可以为系统调频或承担少量的备用。

抽水蓄能电站运行在电动机抽水状态消耗的功率基本是固定的，一般为机组额定容量的100%~110%（可变速机组抽水功率为额定容量的70%~100%）但运行在发电状态机组的出力可以根据发电容量、可发电量和负荷特性调节。需要注意抽水蓄能电站的能量转换过程损耗较大，一般发电量为抽水时消耗电量的75%左右。

抽水蓄能电站参与平衡时需要单机容量、装机容量、日抽水（或发电）利用小时、转换效率等指标日抽水（发电）利用小时决定了抽水消耗的电量如果常规电厂（站、场）能够满足系统负荷的调峰要求，在电力平衡时抽水蓄能电站一般承担备用。

如果需要抽水蓄能电站参与调峰运行，必须要考虑抽水和发电两种工况对负荷进行修正。

三、新能源电厂的运行特性

新能源是指传统能源之外的各种能源形式，包括太阳能、风能、生物质能、地热能、水能和海洋能以及由可再生能源衍生出来的生物质燃料和氢所产生的能量。可以说，新能源包括各种可再生能源和核能。相对于传统能源，新能源普遍具有污染少、储量大的特点，对于解决当今世界环境污染问题和资源（特别是化石能源）枯竭问题具有重要意义。

下面就最主要的光伏发电和风电两种新能源电厂的运行特性进行简要介绍。

（一）太阳能电站

太阳能电站按发电原理分为光热发电和光伏发电。光热发电将光能转换成热能蒸汽推动汽轮机发电，一般上午发电出力逐渐上升，中午以后基本能按额定容量发电，傍晚发电出力逐步降低直到停机。光热发电机组出力规律性较强，昼夜发电出力过程相对稳定。

光伏发电是通过太阳能光伏电池将太阳能还换成电能的发电技术，一般主要由太阳能光伏电池、逆变器及跟踪控制部分组成。光伏电池通过光生伏特效应将光能直接转化为电能，是整个光伏发电系统的电能来源，太阳能电池经过串联后进行封装保护可形成大面积的太阳电池组件，再配合上功率控制器等部件就形成了光伏发电装置。光伏并网逆变器是不可或缺的部分，它将光伏电池输出直流电转换为交流电，以供负载利用或接入公共配电网，逆变器的性能直接影响到光伏并网电能质量。

由于太阳能存在波动性和间歇性，使得光伏发电系统的输出功率也存在相应特点。当光照强度达到最强时，发电装置的输出功率随之达到最大；当光照强度减弱或基本没有时，发电装置的输出功率减少或基本为零。除了设备自身故障外，日照时长和强度、温度、天气、季节等因素也影响着发电装置输出功率。图4-1是××某光伏电站一周发电功率变化情况。

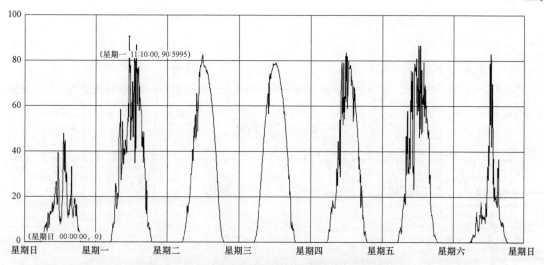

图 4-1　××某光伏电站一周发电功率变化情况

可知，光伏出力具有以下明显特点：

（1）光伏发电出力变化很快，短时间出力变化 60% 以上；

（2）考虑夜间，出力分布＜10% 占大部分；

（3）不考虑夜间，出力范围很广，从 40%～90% 峰值出力的概率都在 10% 以上；

（4）最大出力时间集中在 12 时到 15 时。

光伏发电可信容量是指光伏发电出力累计时间概率为 95% 时的出力最小值。在电力平衡时，通常只计入风电可信容量。

（二）风电场

风电场是由多台独立风力发电机组成的电厂，风电场的装机容量为所有风机容量之和。风力发电机是利用风力带动风车叶片旋转，将风能转换成机械能，再透过增速机将旋转的速度提升来带动发电机发电，将机械能转化为电力动能。根据风力发电的原理，依据风车技术，大约是每秒三米的微风速度（微风的程度），便可以带动发电机旋转发电。

风是一种潜力很大的新能源。据粗略估计，地球上可用来发电的风力资源约有 100 亿千瓦，几乎是全世界水力发电量的 10 倍。全世界每年燃烧煤所获得的能量，只有风力在一年内所提供能量的三分之一。在当前化石能源枯竭和环境保护的背景下，国内外都很重视利用风电开发，风电正逐渐成为最主要的新能源发展之一。

由于风力发电以自然风为原动力，风的速度具有不确定性，并且风能很难大量存储，因此风电机组有功功率规律性差，难以预测。风电出力的不规律性导致难以定量风电在平衡中的出力。图 4-2 是××某陆上风电场一周发电功率变化情况。

在描述风电的特性时，除了风电的年利用小时，还采用风电有效容量和风电可信容量两个指标。风电有效容量是指风电累计电量为 95% 时的最大出力值。在电力平衡时，通常只计入风电可信容量。

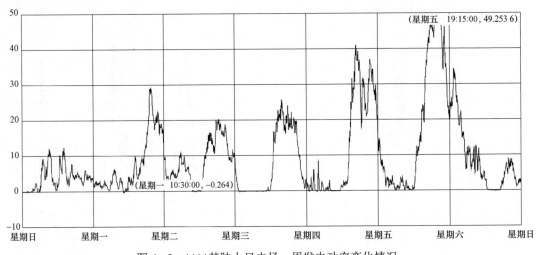

图 4-2 ××某陆上风电场一周发电功率变化情况

第三节　灵活负荷的运行特性

一、可中断负荷

可中断负荷管理是电力市场环境下需求侧管理的重要组成部分，与电力系统安全经济运行密切相关。它是指在电网高峰时段或紧急状况下，用户负荷中心可以中断的负荷部分。通常通过签订经济合同（协议）实现。用电方不再是物理意义上的负荷而是作为消费者的用户，中止这样的服务不是单纯的拉闸限电而需要给予用户一定的补偿。系统运行时需要对用户侧的负荷特性、用电效益、停电意愿等加以考虑，这促使电力系统引入需求侧管理。需求侧管理基本的类型包括削峰、填谷、负荷转移、战略性节电、战略性负荷增长。从对负荷的影响来看，可以分为两个基本类型：削峰和填谷。可中断负荷是削峰的主要手段，对需求侧管理的实施有着重要的作用。

可调负荷资源的重点领域主要包括工业、建筑和交通等。其中工业分连续性工业和非连续性工业；建筑包括公共、商业和居民等，建筑领域中空调负荷最为重要；交通有岸电、公共交通和私家电动车等。可调负荷资源在质和量两个方面都存在较大的差别。在质的方面，可以从调节意愿、调节能力和调节及聚合成本性价比几个维度来评判。总的来说，非连续工业是意愿、能力、可聚合性"三高"的首选优质资源，其次是电动交通和建筑空调。在量的方面，调节、聚合技术的发展和成本的下降都在不断提升可调负荷资源量。

二、电动汽车充换电负荷

电动汽车（BEV）是指以车载电源为动力，用电机驱动车轮行驶，工作原理：蓄电池—电动机—动力传动系统—驱动汽车行驶。电动机的驱动电能来源于车载可充电蓄电池或其他能量储存装置。大部分车辆直接采用电机驱动，有一部分车辆把电动机装在发动机舱内，也有一部分直接以车轮作为四台电动机的转子，其难点在于电力储存技术。

电动汽车的能源供给是驱动行业发展的关键，当前电动汽车的能源供应主要可分为插充和更换电池两种模式，其中插充可分为慢充和快充。在插充模式下，充电花费时间太长，慢充一般要 4～5h，即使快充也需要 0.5h，因此在折中模式下，电动汽车充电负荷具有显著的时空随机性，对电网的运行和规划会带来不利的影响。

更换电池是当电动汽车电池电量不足时，通过更换采用充满电量的电池以达到能源供应的需求。目前基于电池租赁的换电池模式配合大规模集中型充电已经成为当前电动汽车发展具有竞争力的商业技术模式。首先采用电池租赁方式，由电池租赁公司承担电池的初期投资成本，可显著降低用户的初始购车费用，且换电一般可在几分钟内完成换电过程，即使与常规能源汽车相比，其便捷性也毫不逊色；其次租赁公司可以对电池进行集中充电可采取慢充方式，避免快充而引起的电池寿命缩短问题，还可以避免大规模电动汽车随机充电对电网运行带来的不利影响，甚至可以根据电网需要，在统一管理的框架下进行电池充电的优化运行，提高电网经济运行水平。

三、储能

目前，储能主要分为电池储能、电感器储能、电容器储能、机械储能等方式。

电池储能：大功率场合一般采用铅酸蓄电池，主要用于应急电源、电瓶车、电厂富余能量的储存。小功率场合也可以采用可反复充电的干电池：如镍氢电池，锂离子电池等。

电感器储能：电感器本身就是一个储能元件，其储存的电能与自身的电感和流过它本身的电流的平方成正比：$E = LI^2/2$。由于电感在常温下具有电阻，电阻要消耗能量，所以很多储能技术采用超导体。电感储能还不成熟，但也有应用的例子见报。

电容器储能：电容器也是一种储能元件，其储存的电能与自身的电容和端电压的平方成正比：$E = CU^2/2$。电容储能容易保持，不需要超导体。电容储能还有很重要的一点就是能够提供瞬间大功率，非常适合于激光器，闪光灯等应用场合。

储能技术可以说是新能源产业革命的核心。储能产业巨大的发展潜力必将导致这一市场的激烈竞争。如果政策到位，我国储能产业既可快速成长为在全球有重要影响的新兴战略性产业，也将极大促进国内新能源的规模化发展。

第四节　电力电量平衡分析

一、数据收集

电力电量平衡的计算条件包括地区负荷水平、负荷特性、电源方案、电源出力特征、分区交换电力等。

（1）负荷水平包括电力负荷和电量（见表4-1）。

表4-1　　　　　　　　　　××地区（系统）负荷水平

	××年	××年	××年	××年	××年	××年	备注
全社会最高负荷							
全社会用电量							

（2）负荷特性数据，包括年负荷特性和日负荷特性。年负荷特性即全年各月最大负荷的变化规律，日负荷特性表示各月典型日负荷24h的变化规律，典型的年负荷特性和日负荷特性的表示方法见表4-2、表4-3。根据各地区（系统）电网实际情况，一般典型日负荷特性曲线按季节分类选取。

表4-2　　　　　　　　　　××地区（系统）××年负荷特性

月份	1月	2月	3月	4月	5月	6月	7月	8月	9月	10月	11月	12月	备注
最大负荷比													

表4-3　　　　　　　　　　××地区（系统）××日负荷特性

时间	1时	2时	3时	4时	5时	6时	7时	8时	9时	10时	11时	12时	备注
最大负荷比													
时间	13时	14时	15时	16时	17时	18时	19时	20时	21时	22时	23时	24时	备注
最大负荷比													

（3）电源方案，即规划期内各年的电源装机情况（见表4-4）。

表4-4　　　　　　　　　　××地区（系统）电源装机情况表

序号	电源	××年	××年	××年	××年	××年	××年	备注
一	火电							
	其中：火电厂1							
	火电厂2							
	…							
二	水电							
	其中：水电厂1							
	水电厂2							
	…							
三	燃气电厂							
	其中：燃气电厂1							
	燃气电厂2							
	…							

序号	电源	××年	××年	××年	××年	××年	××年	备注
四	太阳能电站							
五	风电场							
六	…							
七	合计							

（4）电源特性。不同电源的出力特性不同，而且同一类型的电厂特性指标也不尽相同。水电装机比例较高的地区，电力平衡应根据其在不同季节的构成比例，分丰水期、枯水期进行平衡分析；光伏发电、风电应根据其置信容量确定参与电力平衡比例，还应考虑不同时段是风光发电出力特性变化。

（5）分区电力交换。根据电网结构和电网运行方式，根据历史数据和负荷预测，确定分区负荷及电量送出、受入情况（见表4-5和表4-6）。

表4-5 ××地区（系统）送、受电情况

年份		××年	××年	××年	××年	××年	××年	备注
地区1	负荷							
	电量							
地区2	负荷							
	电量							
…	负荷							
	电量							
合计	负荷							
	电量							

表4-6 ××地区（系统）年送、受电情况

月份		1月	2月	3月	4月	5月	6月	7月	8月	9月	10月	11月	12月	备注
地区1	负荷													
	电量													
地区2	负荷													
	电量													
…	负荷													
	电量													
合计	负荷													
	电量													

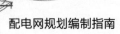

二、电力平衡

（一）电力平衡

电力平衡应分区、分电压等级、分年度进行，并分电压等级电力平衡应考虑需求响应、储能设施、电动汽车充换电设施等灵活性资源的影响，根据其资源库规模和区域负荷特性，确定规划计算负荷与最大负荷的比例关系。

电力平衡采用的电源以收集到的电源装机以及电源对应的出力特性为基础，电力平衡中水电厂一般采用枯水年出力特性参与计算（见表 4-7）。对于水电装机比例较大的地区，电力平衡应根据其在不同季节的构成比例，分丰水期、枯水期进行平衡计算。光伏发电、风电应根据其置信容量确定参与电力平衡比例。

表 4-7 　　　　　　　　　　××地区××kV 电力平衡表

序号	项目	××年	××年	××年	××年	××年	××年	备注
一	最大负荷							
二	规划计算负荷							
三	电源装机总容量							
1	小火电装机容量							
2	小水电装机容量							
3	光伏发电装机容量							
4	风电装机容量							
	...							
四	电源总出力							
1	小水电出力							
2	小火电出力							
3	光伏发电出力							
4	风电出力							
	...							
五	外送/受入电力							
六	电网下载（+）/上送（-）负荷							

配电网电力平衡主要关注的是现有变压器容量是否满足各规划年负荷增长需求。若不满足，根据各电压等级平衡结果，确定各电压等级所需新增的变压器容量。

（二）无功平衡

无功功率平衡是维持和保证电压质量的基础。在配电网规划设计中，进行无功平衡的主要目的是合理确定配电网无功设备配置容量，以满电网无功分层分区平衡需求。

无功负荷预测，一般是根据预测的最大有功负荷来进行估算的。按规划区的自然功率因数，可求得其最大无功负荷：

$$Q_D = KP_D$$

式中　Q_D——电网最大自然无功负荷；

　　　P_D——电网最大有功负荷；

　　　K——电网最大自然无功负荷系数。

电网最大有功负荷，为本网发电机有功功率与主网和相邻电网输入的有功功率代数和的最大值，即该区域全社会最大负荷。

K 值与电网结构、变压级数、负荷组成、负荷水平及负荷电压特性等因素有关，应经过实测和计算确定。表 4-8 给出一般情况参考值。

表 4-8　　　　　　　　220kV 及以下电网的最大自然无功负荷系数

变压级数	电网电压				
	220	110	66	35	10
	最大自然无功负荷系数 K，kvar/kW				
220/110/35/10	1.25～1.40	1.1～1.25		1.0～1.15	0.9～1.05
220/110/35/10	1.15～1.30	1.0～1.15			0.9～1.05
220/110/35/10	1.15～1.30		1.0～1.15		0.9～1.05

注　本网中发电机有功功率比重较大时，宜取较高值；主网和相邻电网输入有功功率比重较大时，宜取较低值。

配电网容性无功补偿设备总容量，可按以下公式计算

$$Q_C = 1.15Q_D - Q_G - Q_R - Q_L$$

式中　Q_C——容性无功补偿设备总容量；

　　　Q_G——本网发电机的无功功率；

　　　Q_R——主网和相邻电网输入的无功功率；

　　　Q_L——架空线路和电缆的充电功率。

××地区××年电力平衡表见表 4-9。

表 4-9　　　　　　　　　　××地区××年电力平衡表

序号	项目	××年	××年	××年	××年	××年	××年	备注
一	最大有功负荷							
二	最大无功负荷							
三	需要无功备用容量							
四	系统无功电源							
	电源无功出力							
	送电线路充电功率							
五	需无功补偿容量							
六	现有无功补偿设备容量							
七	需新增无功补偿容量							

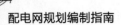

电源所提供的无功出力加上已有无功补偿设备的容量应能满足最大无功负荷加备有容量所需，如果不足即需新增配置无功补偿设备。电网的无功补偿水平用无功补偿度表示，如下式所示

$$W_{\mathrm{B}} = \frac{Q_{\mathrm{C}}}{P_{\mathrm{D}}}$$

三、电量平衡

一般配电网规划可不进行电量平衡分析。但对于光伏等分布式电源和储能比例较多的区域，应当进行电量平衡计算，以分析规划方案的财务可行性。电量平衡分析表可参考表 4－10。

表 4　10　　　　　　　　××地区××年电量平衡分析表

序号	项目	××年	××年	××年	××年	××年	××年	备注
一	全社会用电量							
二	本网总发电量							
1	小火电发电量							
2	小水电发电量							
3	光伏发电量							
4	风电发电量							
	···							
三	相邻配电网外送（受入）电量							
四	电网下载（＋）/上送（－）电量							

第五章 规划目标和原则

第一节 术语与定义

1. 网供负荷

同一规划区域（省、市、县、供电分区、供电网格、供电单元等）、同一电压等级公用变压器同一时刻所供负荷之和。

2. 饱和负荷

规划区域在经济社会水平发展到成熟阶段的最大用电负荷。

当一个区域发展至某一阶段，电力需求保持相对稳定（连续 5 年年最大负荷增速小于 2%，或年电量增速小于 1%），且与该地区国土空间规划中的电力需求预测基本一致，可将该地区该阶段的最大用电负荷视为饱和负荷。

3. 负荷发展曲线

描述一定区域内负荷所处发展阶段（慢速增长初期、快速增长期以及缓慢增长饱和期）的曲线。

4. 供电分区

在地市或县域内部，高压配电网网架结构完整、供电范围相对独立、中压配电网联系较为紧密的区域。

5. 供电网格

在供电分区划分基础上，与国土空间规划相衔接，具有一定数量高压配电网供电电源、中压配电网供电范围明确的独立区域。

6. 供电单元

在供电网格划分基础上，结合城市用地功能定位，综合考虑用地属性、负荷密度、供电特性等因素划分的若干相对独立单元。

7. 容载比

某一规划区域、某一电压等级电网的公用变电设备总容量与对应网供最大负荷的比值。

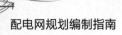
8. 中压主干线

变电站的 10（20、6）kV 出线，并承担主要电力传输的线段。

具备联络功能的线路段是主干线的一部分。

9. 供电半径

中低压配电线路的供电距离是指从变电站（配电变压器）出线到其供电的最远负荷点之间的线路长度。

变电站的供电半径为变电站的 10（20、6）kV 出线供电距离的平均值。配电变压器的供电半径为配电变压器的低压出线供电距离的平均值。

10. 供电可靠性

配电网向用户持续供电的能力。

11. 负荷组

由单个或多个供电点构成的集合。

12. 组负荷

负荷组的最大负荷。

13. 转供能力

某一供电区域内，当电网元件发生停运时电网转移负荷的能力。

第二节　配电网规划目标

坚强智能的配电网是以能源互联网为基础平台、以智慧能源系统为核心枢纽的重要组成部分。因此，规划后的配电网应能为电力客户提供安全可靠、经济高效、公平便捷的服务，并能够实现分布式可调节资源的多类聚合，实现电气冷热各类能源形式的多能互补，实现区域能源管理的多级协同。通过配电网规划，提高社会能源整体利用效率，降低社会用能成本，推动能源绿色低碳转型。

规划后的配电网应具备科学合理的网架结构、一定的转供能力、必要的容量裕度、合理的装备水平和必要的数字化、自动化、智能化水平，不断提高供电保障能力、故障应急处置能力、电力资源配置能力。

合理的配电网规划应当坚持各级电网协调发展。需要把配电网作为一个整体进行系统性考虑，实现各个要素之间的协调配合，空间上实现网架优化布局，时间上实现网架合理过渡。各个电压等级的变电容量需要和电源装机、用电负荷以及上下级变电容量合理匹配。同时，不同电压等级电网之间应具有一定的负荷转移能力，实现上下级电网协调配合和相互支援。

配电网规划应全面实行网格化规划方法，结合国土空间规划、供电范围、负荷特性、用户需求等特点，合理划分供电分区、供电网格和供电单元，细致开展负荷预测工作，统筹变电站出线间隔和走廊资源，科学制定目标网架以及过渡方案，实现配电网从现状到目标网架的平稳过渡。

第三节 配电网规划基本原则

配电网规划设计在遵循电网规划设计的一般原则的同时，也需要兼顾统筹考虑如下因素，包括配电网地区差异性、设备数量、工程规模、建设周期等，与此同时还需要关注地区分布式电源和多元化负荷接入的可观需求。总体上看，配电网规划主要应遵循以下五项基本原则。

一、近细粗远、远近结合、适度超前的原则

近期规划（5年）是根据配电网现存问题和地区经济社会发展目标，提出5年内35kV至110kV电网项目，以及2年内的10kV及以下电压等级电网项目。

中远期规划（10～15年）是根据地区国土空间规划，制定远景年的目标网架及过渡方案，并同步提出电力设施布局和上级电源建设等项目建设建议。

二、安全可靠、运行灵活、经济合理的原则

（1）可靠性：配电网规划应满足电力用户对供电可靠性要求和供电安全水平标准。供电可靠性指的是配电网向电力用户持续供电的能力。供电安全水平标准则一般通过电网中断供电后的恢复容量和供电恢复时间进行计算和评判。

（2）灵活性：配电网规划应能够适应规划过程中的上级电源、负荷、站址廊道资源等因素的变化，能够满足各种正常运行、检修等情况下实现灵活调度的需求，同时满足新能源、分布式电源和多元化负荷灵活接入。

（3）经济性：配电网规划应遵循资产全寿命周期成本最优原则。首先，需要着重分析资产全寿命周期成本，包括投资成本、运行成本、检修维护成本、故障成本和退役处置成本等。然后，通过对多个方案进行经济性比选，达到电网资产在规划、设计、建设、改造、运维、检修等全过程整体成本最优的目标。

三、差异化区分原则

配电网规划应当遵循差异化规划原则。应根据各地区和不同类型供电区域的经济社会发展阶段、实际电力需求和建设承受能力，差异化地制定地区配电网规划目标、技术原则和建设标准，满足区域发展、各类用户和多元主体灵活便捷接入的需要。一般地，可以按照地区行政级别、用电负荷密度以及电力用户重要程度等因素，按照规划标准和原则，将配电网划分为若干类不同等级的供电区域。具体划分原则请详见本章第四节技术原则中的第一部分"供电区域划分"相关内容。

四、协调发展原则

配电网规划应当遵循协调发展原则。配电网是电力系统发、输、配、变、用的中间

枢纽环节，应全面体现输配协调、源网协调、配用协调、城乡协调以及一、二次协调。同时，配电网规划应主动与当地政府规划做好衔接工作，按照当地行政区划和政府的实际需求开展电力设施空间布局规划，并推动将配电网规划成果纳入地方国土空间规划中去，推动变电站、开关站、环网室（箱）、配电室站点，以及线路走廊用地、电缆通道合理预留。

五、智慧化发展原则

配电网规划应面向智慧化发展方向，要注重智能终端的部署和配电通信网的建设。应加快推广应用先进信息网络技术、控制技术和通信技术，推动电网一、二次和信息系统融合发展，有效提升配电网互联互济和智能互动能力和支撑分布式能源开发利用和各种用能设施"即插即用"，实现"源—网—荷—储"协调互动，保障个性化、综合化、数字化服务需求，促进能源新业务、新模式、新业态的健康发展。

第四节　配电网规划技术原则

配电网规划技术原则的基本内容包括供电区域划分、电压序列、供电安全准则、容载比、供电质量、短路电流、中心点运行方式、无功补偿、继电保护及自动装置、设备选型、用户及电源接入要求等。

一、供电区域划分

（一）供电区域

作为配电网差异化规划的重要基础，供电区域划分是确定区域内配电网规划建设标准的重要手段，主要由饱和负荷密度来确定，也可参考包括行政级别、经济发达程度、城市功能定位、用户重要程度、用电水平、GDP 等因素确定，如表 5－1 所示。

表 5－1　　　　　　　　　　　　　供电分区划分表

供电区域	A＋	A	B	C	D	E
饱和负荷密度（MW/km²）	$\sigma \geqslant 30$	$15 \leqslant \sigma < 30$	$6 \leqslant \sigma < 15$	$1 \leqslant \sigma < 6$	$0.1 \leqslant \sigma < 1$	$\sigma < 0.1$
主要分布地区	直辖市市中心城区，或省会城市、计划单列市核心区	地市级及以上城区	县级及以上城区	城镇区域	乡村地区	农牧区

供电分区划分还需符合下列规定：

（1）供电区域面积不宜小于 5km²。

（2）在计算饱和负荷密度时，应当扣除 110（66）kV 及以上电压等级的专线负荷，以及包括高山、戈壁、荒漠、水域、森林等地貌在内的无效供电面积。

（3）表 5－1 中主要分布地区一栏作为参考，实际划分时应综合考虑其他因素。

供电区域划分应在省级公司指导下统一开展，在一个规划周期内（一般五年）供电区域类型应相对稳定。在新规划周期开始时调整的，或有重大边界条件变化需在规划中期调整的，应专题说明。

（二）供电分区

供电分区是开展高压配电网规划的基本单元。供电分区主要用来布局高压配电网电力设施和构建高压配电网的目标网架。供电分区应当尽可能地与城乡规划功能区、组团等区域规划相配合，同时结合当地的行政边界与地理形态等因素来进行划分。

规划期内的高压配电网应实现"网架结构相对完整，供电范围相对独立"的目标。一般情况下，供电分区可以按照县或区的行政区域进行划分。而对于电力需求总量较大的市或县，则可以划分为多个供电分区，但需要遵循每个供电分区负荷不应超过 100 万千瓦的基本原则。

（三）供电网格

供电网格是开展中压配电网目标网架规划的基本单位。在供电网格中，应按照各级协调、全局最优的原则，统筹好上级电源出线间隔以及网格中的宝贵廊道资源，以此来确定中压配电网网架结构。供电网格在划分过程中，应尽量结合道路、铁路、河流、山丘等明显的地理环境和形态等特征，同时与国土空间规划相适应。在城市电网规划中，一般情况下可以将街区或群、地块或组作为供电网格；此外，在乡村电网规划中，可以将乡镇作为供电网格。

（四）供电单元

供电单元是中压配电网规划的最小单元。它是在供电网格基础上进一步的精细划分。供电单元规划可根据地块功能、开发情况、地理条件、负荷分布、现状电网等特点，规划中压网络接线、配电设施布局、用户和分布式电源接入，并制定相应的中压配电网的建设项目。一般地，供电单元是由若干个相邻的、经济开发程度相近的、供电可靠性要求相对统一的地块或用户区块所构成的。在划分供电单元的过程中，应当综合性地考虑供电单元内各类用电负荷互补特性等因素，并兼顾分布式电源的发展需求，提高电气设备的整体利用效率。

二、电压序列

配电网应遵循优化配置电压序列、简化变压层次、避免重复降压的基本原则。

配电网主要电压序列有以下五种：

（1）110/10/0.4kV。

（2）66/10/0.4kV。

（3）35/10/0.4kV。

（4）110/35/10/0.4kV。

（5）35/0.4kV。

配电网电压序列选择应与输电网电压等级相匹配，市或县以上的规划区域的城市电网，以及负荷密度较高的县城电网可选择（1）、（2）、（3）三种电压等级序列，乡村地区可增加（4）电压等级序列，偏远地区经技术经济比较也可采用（5）电压等级序列。此外，在中压配电网中，10kV 与 20kV、6kV 电压等级配电网的供配电范围不得交叉重叠。

三、供电安全准则

A+、A、B、C 类供电区域高压配电网及中压主干线应满足"$N-1$"原则，A+类供电区域按照供电可靠性的需求，可选择性满足"$N-1-1$"原则。"$N-1$"停运后的配电网供电安全水平应当符合电力行业标准 DL/T 256《城市电网供电安全标准》的相关要求，"$N-1-1$"停运后的配电网供电安全水平可因地制宜地制定。配电网供电安全标准的一般原则是：供电线路中所接入的负荷规模越大、造成的停电损失越大，其供电可靠性的要求越高、恢复供电时间的要求越短。根据组负荷范围的大小，配电网的供电安全水平可分为第一级、第二级、第三级共三个等级，如表 5-2 所示。

表 5-2　　　　　　　　　　　　配电网的供电安全水平

供电安全等级	组负荷范围	对应范围	$N-1$ 停运后停电范围及恢复供电时间要求
第一级	≤2MW	低压线路、配电变压器	维修完成后恢复对组负荷的供电
第二级	2～12MW	中压线路	a）3h 内：恢复（组负荷-2MW）。 b）维修完成后：恢复对组负荷的供电
第三级	12～180MW	变电站	a）15min 内：恢复负荷≥最小值（组负荷-12MW，2/3 组负荷）。 b）3h 内：恢复对组负荷的供电

各级供电安全水平要求如下：

（一）第一级供电安全水平要求

（1）当停电组负荷不大于 2MW 时，允许故障修复后恢复其供电，恢复供电时间与故障修复时间相同。

（2）第一级停电故障主要涉及故障范围包括低压线路和配电变压器，或采用特殊安保设计（如分段及联络开关均采用断路器，且全线采用纵差保护等）的中压线段。停电范围仅限于低压线路、配电变压器故障所影响的负荷、或特殊安保设计的中压线路，其他线路不允许停电。

（3）第一级供电安全水平的标准要求单台配电变压器所带的负荷不宜超过 2MW，或者采用特殊安保设计的中压分段上的负荷不宜超过 2MW。

（二）第二级供电安全水平要求

（1）当停电组负荷在 2～12MW 范围内时，其中不小于组负荷减 2MW 的负荷应在 3h 内恢复供电；剩余负荷可允许故障修复后恢复供电，恢复供电时间与故障修复时间相同。

（2）第二级停电故障主要涉及故障为中压线路，停电范围仅限于故障线路所供负荷。不同供电区域非故障段恢复供电时间存在差异，A+类供电区域的故障线路的非故障段应在 5 分钟内恢复供电，A 类供电区域的故障线路的非故障段应在 15min 内恢复供电，B、C 类供电区域的故障线路的非故障段应在 3h 内恢复供电。对于故障段所供负荷小于 2MW 的，可在故障修复后恢复供电。

（3）第二级供电安全水平的标准要求中压线路应具备合理的分段，且每段上的负荷不宜超过 2MW，不同中压线路之间应当建立适当联络。

（三）第三级供电安全水平要求

（1）当停电组负荷在 12～180MW 范围时，其中不小于组负荷减 12MW 的负荷与组负荷的三分之二的两者最小值部分，应在 15min 内恢复供电，剩余的负荷应在 3h 内恢复供电，见表 5−2。

（2）第三级停电故障范围主要涉及变电站的高压进线和主变压器，停电范围仅限于故障变电站所供负荷，其中大部分负荷应在 15min 内恢复供电，其他负荷应在 3 小时内恢复供电。不同供电区域故障变压器所供负荷恢复时间存在差异，对于 A＋、A 类供电区域的故障变电站，其所供负荷应在 15min 内恢复供电；而对于 B、C 类供电区域故障变电站，其所供负荷的大部分负荷（不小于三分之二）应在 15min 内恢复供电，其余负荷应在 3h 内恢复供电。

（3）第三级供电安全水平的标准要求变电站的中压线路之间应建立合理的站间联络，变电站主变压器和高压线路数量可按 $N-1$ 原则配置。

为了满足上述三级供电安全标准要求，配电网规划应综合性地考虑电网网架结构、设备安全裕度、配电自动化水平等各方面因素，为配电运维抢修缩短故障响应时间和抢修时间奠定技术基础。

四、容载比

容载比是 110～35kV 电网规划中衡量供电能力的重要宏观性指标，合理的容载比与电网网架结构相结合，可保障故障时负荷的有序转移和供电可靠性，满足负荷日益增长需求。容载比的确定要考虑多种因素的影响，包括负荷分散系数、平均功率因数、变压器负载率、储备系数、负荷增长率、负荷转移能力等。在配电网规划设计中容载比一般可采用式（5−1）估算

$$R_S = \frac{\sum S_{ei}}{P_{max}} \qquad (5-1)$$

式中　R_S——容载比，MVA/MW；

　　P_{max}——容载比规划区域该电压等级的年网供最大负荷；

　　$\sum S_{ei}$——规划区域该电压等级公用变电站主变压器容量之和。

容载比计算应以行政区县或供电分区作为最小统计分析范围，对于负荷发展水平极不平衡、存在较大差异负荷特性的地区宜按供电分区计算统计。另外，容载比不宜用于单一变电站、电源汇集外送分析。

根据行政区县或供电分区经济增长和社会发展的不同阶段，对应的配电网负荷增长速度可分为饱和增长、较慢增长、中等增长以及较快增长这四种情况，电网容载比总体宜控制在 1.5～2.0 的范围内。不同发展阶段的 110～35kV 电网容载比选择范围如表 5-3 所示，并符合下列规定：

（1）对处于负荷发展初期或负荷快速发展阶段的规划区域、需满足"$N-1-1$"安全准则的规划区域以及负荷分散程度较高的规划区域，可取容载比建议值上限。

（2）变电站内主变压器台数较多，以及中压配电网转移能力较强的区域，容载比可取建议值的下限；反之可取建议值的上限。

表 5-3　　　　　行政区县或供电分区 110～35kV 电网容载比选择范围

负荷增长情况	饱和期	较慢增长	中等增长	较快增长
年负荷平均增长率 K_p	$K_p \leqslant 2\%$	$2\% < K_p \leqslant 4\%$	$4\% < K_p \leqslant 7\%$	$K_p > 7\%$
110～35kV 电网容载比（建议值）	1.5～1.7	1.6～1.8	1.7～1.9	1.8～2.0

五、供电质量

供电质量主要由供电可靠性和电能质量两个方面反映，配电网规划供电质量方面重点考虑的是供电可靠率和综合电压合格率这两项指标。

供电可靠性指标主要由系统平均停电时间、系统平均停电频率等指标构成，宜在成熟地区逐步推广以终端用户为单位的供电可靠性统计。在配电网规划中，应当分析和研究供电可靠性远期目标和现状指标的差距，以此提出改善供电可靠性指标的建设和投资需求，同时进行电网建设投资与改善供电可靠性指标之间的灵敏度分析，并给出供电可靠性的近期目标。

同时，配电网规划要保证电网中各节点满足电压损失及其分配要求，不同电压等级电压质量规定如下：

（1）110～35kV 供电电压正负偏差的绝对值之和不应超过标称电压的 10%。

（2）10kV 及以下三相供电电压允许偏差为标称电压的 ±7%。

（3）220V 单相供电电压允许偏差为标称电压的 +7% 与 −10%。

（4）针对供电节点短路容量较小，供电距离较长，以及对供电电压偏差有特殊要求的用户，可由供、用电双方经协议后确定电压质量。

对电压偏差进行监测是评价配电网电压质量的重要手段。应当在配电网重要节点以及各电压等级用户受电节点设置足够数量的电压监测点，配电网电压监测点设置应执行国家监管机构的相关规定。

配电网还应具有足够的电压调节的能力，能够使节点电压维持在上述所规定的范围之内。以下给出三种主要的电压调整方式：

（1）通过配置无功补偿装置进行电压调节。

（2）选用有载或无载调压变压器，通过改变分接头进行电压调节。

（3）通过线路调压器进行电压调节。

配电网近中期规划的供电质量目标应不低于电网公司所承诺的标准：城市电网平均供电可靠率应达到 99.9%，居民客户端平均电压合格率应达到 98.5%；农村电网平均供电可靠率应达到 99.8%，居民客户端平均电压合格率应达到 97.5%；特殊边远地区电网平均供电可靠率和居民客户端平均电压合格率应符合国家有关监管要求。各类供电区域达到饱和负荷时的规划目标平均值应满足表 5-4 的要求。

表 5-4 饱和期供电质量规划目标

供电区域类型	平均供电可靠率	综合电压合格率
A+	≥99.999%	≥99.99%
A	≥99.990%	≥99.97%
B	≥99.965%	≥99.95%
C	≥99.863%	≥98.79%
D	≥99.726%	≥97.00%
E	不低于向社会承诺的指标	不低于向社会承诺的指标

六、短路电流水平

配电网规划应综合考虑网架结构、电压等级、阻抗选择、运行方式和变压器容量等多种因素，合理控制各电压等级的短路容量，达到各电压等级断路器的开断电流与相关电气设备的动、热稳定电流相配合的目标。变电站内母线正常运行方式下的短路电流水平不应超过表 5-5 中的对应数值，并符合下列两点规定：

（1）主变压器容量较大的 110kV 变电站（40MVA 及以上）、35kV 变电站（20MVA 及以上），变电站低压侧短路电流限定值可以选取表 5-5 中较高值。而主变容量较小的 110~35kV 变电站，其低压侧短路电流限定值可以选取表 5-5 中较低值；

（2）220kV 变电站 10kV 侧无馈出线时，10kV 母线短路电流限定值可适当放大，但不宜超过 25kA。

表 5-5 各电压等级的短路电流限定值

电压等级	短路电流限定值（kA）		
	A+、A、B 类供电区域	C 类供电区域	D、E 类供电区域
110kV	31.5、40	31.5、40	31.5
66kV	31.5	31.5	31.5
35kV	31.5	25、31.5	25、31.5
10kV	20	16、20	16、20

为合理控制配电网的短路容量，可采取以下主要技术措施：

（1）配电网络分片、开环，母线分段，主变分列。

（2）控制单台主变压器容量。

（3）选择合理接线方式（例如采用分裂式的二次绕组），或者采用高阻抗的变压器。

（4）主变压器低压侧加装电抗器等限流装置。

对处于系统末端、短路容量较小的供电区域，可通过适当增大主变压器容量、采用主变并列运行等方式，增加系统短路容量，保障电压合格率。

七、中性点接地方式

中性点接地方式的不同，会对供电可靠性、设备绝缘水平、人身安全以及继电保护方式等产生直接的影响。配电网应综合考虑可靠性与经济性，选择合理的中性点接地方式。中压线路有联络的变电站宜采用相同的中性点接地方式，以利于负荷转供；中性点接地方式不同的配电网应避免互带负荷。

中性点接地方式从接地有效性的角度，可分为有效接地方式和非有效接地方式两大类。其中，非有效接地方式又可分为不接地、消弧线圈接地和阻性接地这三种方式。以下为不同电压等级建议采用的接地方式：

（1）110kV 系统应采用有效接地方式，中性点应经隔离开关接地。

（2）66kV 架空网系统宜采用经消弧线圈接地方式，电缆网系统宜采用低电阻接地方式。

（3）35kV 和 10kV 系统视具体情况，可采用不接地、消弧线圈接地或低电阻接地方式三种接地方式。

八、无功补偿

配电网规划也需要保证有功功率和无功功率的协调配合，电力系统中所配置的无功补偿装置应在系统有功负荷高峰和低谷运行方式下，能够实现分（电压）层和分（供电）区的无功功率平衡。这需要变电站、线路和配电台区的无功设备协调配合。无功补偿配置原则如下：

（1）无功补偿装置需要依据分层分区、就地平衡和便于调整电压的原则进行配置，可采用变电站集中补偿和分散就地补偿相结合，电网补偿与用户补偿相结合，以及高压补偿与低压补偿相结合等方式配置。接近用电端的分散补偿装置主要是用来提高功率因数，实现线路损耗的下降；而集中安装在变电站内的无功补偿装置，主要是起到控制电压水平的作用。

（2）要建立系统思维，考虑系统无功补偿装置的优化配置，以利于全系统无功补偿装置投切优化。

（3）变电站无功补偿配置需要和变压器分接头的选择相配合，以保障电压质量和系统无功平衡。

（4）在电缆化率较高的地区，需配置合理容量的感性无功补偿装置，达到系统无功平衡。

（5）接入中压及以上配电网的用户需依据电力系统相关电力用户功率因数的标准进行无功补偿装置的配置，严禁向电力系统倒送无功。

（6）在配置无功补偿装置时应考虑谐波治理措施。

（7）分布式电源接入电网后，原则上不得从系统吸收无功，否则需配置合理容量的无功补偿装置。

110～35kV 电网应充分考虑网络结构、电缆占比、主变负载率、负荷侧功率因数等条件，经过计算后确定无功补偿配置方案。对于有条件的地区，可开展无功优化计算，寻求满足一定目标条件的最优配置方案，例如以无功补偿设备费用最小或网损最小等作为优化目标。

一般情况下，110～35kV 变电站宜在变压器低压侧配置可自动投切或连续动态调节的无功补偿装置，并使变压器高压侧的功率因数达到在高峰负荷时不低于 0.95，以及在低谷负荷时不高于 0.95 的目标。无功补偿装置总容量应经过计算后确定。此外，对于有感性无功补偿需求的变电站，可配置合理容量的静止无功发生器（SVG）。

配电变压器的无功补偿装置容量应重点考虑两大因素进行配置，一是变压器最大负载率，二是负荷自然功率因数。在电能质量要求高、电缆化率高的区域，配电室低压侧无功补偿方式可采用静止无功发生器（SVG）。在供电距离较远、功率因数较低的中压配电网架空线路上可适当配置无功补偿装置，容量一般可按线路上配电变压器总容量的 7%～10%（或经过计算确定）。但配置后，不应在低谷负荷时，向电网倒送无功。

九、继电保护及自动装置

配电网规划中，应按 GB/T 14285《继电保护和安全自动装置技术规程》的要求配置继电保护和自动装置。配电网设备应装设短路故障和异常运行保护装置。设备短路故障保护应至少具备主保护和后备保护功能，必要时可再增设辅助保护。

110～35kV 变电站应配置低频低压减载装置，主变高、中、低压三侧均应配置备自投装置。单链、单环网串供站应配置远方备投装置。

10kV 配电网故障保护主要采用阶段式电流保护，架空和架空电缆混合线路需配置自动重合闸；低电阻接地系统中的线路应增设零序电流保护；合环运行的配电线路需增设相应的保护装置，以保证能够快速切除故障。全光纤纵差保护应在深入论证的基础上，限定使用范围。

220/380V 配电网应根据用电负荷和线路型号、长度等具体情况，合理配置二级或三级剩余电流动作保护。各级剩余电流动作保护装置的动作电流与动作时间需协调配合，以实现具有选择性的分级保护。

接入 110～10kV 电网的各类电源，当采用专线接入方式时，其接入线路宜配置光纤电流差动保护，必要时，上级设备需配置带联切功能的保护装置。

通常宜采用光纤通信方式来传输变电站保护信息和配电自动化控制信息。若仅需采集遥测、遥信信息时，亦可采用无线、电力载波等通信方式。对于配电网线路的光纤电流差动保护的传输通道，往返信息均需要采用同一信号通道进行传输。

对于分布式光伏发电且以 10kV 电压等级接入配电网的线路，可以不配置光纤纵联差动保护装置。若采用 T 接方式，应在满足可靠性、选择性、灵敏性和速动性"四性"要求时，接入线路可采用电流电压保护。分布式电源接入时，继电保护和安全自动装置配置定值应与电网继电保护和安全自动装置配合整定；接入公共电网的所有线路投入自动重合闸时，应校核重合闸时间。

十、设备选型

配电网设备选型应当遵循资产全寿命周期管理理念，坚持安全可靠、经济实用的原则，尽量使用技术成熟、少（免）维护、节能环保、具备可扩展功能、抗震性能好的设备。所选设备需通过入网检测。

配电网设备应根据供电区域类型差异化选配。在供电可靠性要求较高、自然环境条件较为恶劣（如高海拔、高寒、盐雾、污秽严重等）以及自然灾害频发地区，宜科学合理地提高配电网设备配置标准。

配电网设备应有较强的适应性。变压器容量、开关遮断容量和导线截面需要预留合理的裕度，以满足设备在负荷波动或转供时的运行要求。变电站土建应一次建成，适应主变增容更换、扩建升压等需求。

线路导线截面宜根据规划的饱和负荷、目标网架一次选定；线路廊道（包括架空线路走廊和杆塔、电缆线路的敷设通道）宜根据规划的回路数一步到位，避免大拆大建。

配电网设备选型应实现标准化、序列化。同一市（县）规划区域中，变压器（高压主变、中压配变）的容量和规格，以及线路（架空线、电缆）的导线截面和参数规格，需综合考虑电网结构、负荷发展水平与全寿命周期成本等因素来确定，并构成合理的规格序列。同类设备物资一般不超过三种。

配电线路优先选用架空方式，对于城市核心区及地方政府规划明确要求并给予政策支持的区域可采用电缆方式。电缆的敷设方式应综合考虑电压等级、最终数量、施工条件及投资等因素后确定，主要包括综合管廊、隧道、排管、沟槽、直埋等敷设方式。

配电设备设施宜预留适当接口，便于不停电作业设备快速接入；对于森林草原防火有特殊要求的区域，配电线路宜采取防火隔离带、防火通道与电力线路走廊相结合的模式。

配电网设备选型和配置还应考虑智能化发展需求，提升状态感知能力、信息处理水平和应用灵活程度。

十一、用户及电源接入要求

（一）用户接入

用户接入应符合国家和行业标准，不应影响电网的安全运行及电能质量。用户的供电电压等级应综合性地考虑当地电网条件、供电可靠性要求、供电安全要求、最大用电负荷、用户报装容量等因素，并经过技术经济比较论证后确定。可参考表 5-6 用户接入容量和供电电压等级参考表，另需符合以下规定：

（1）当电能质量不满足要求时，供电距离较长、负荷较大的用户需要采用高一级电压进行供电；

（2）小微企业用电设备容量 160kW 及以下可接入低压电网，具体要求应按照国家能源主管部门和地方政府相关政策执行；

（3）低压用户接入时应考虑三相不平衡影响。

表 5-6　　　　　　　　　用户接入容量和供电电压等级参考表

供电电压等级	用电设备容量	受电变压器总容量
220V	10kW 及以下单相设备	—
380V	100kW 及以下	50kVA 及以下
10kV	—	50kVA～10MVA
35kV	—	5～40MVA
66kV	—	15～40MVA
110kV	—	20～100MVA

注　无 35kV 电压等级的电网，10kV 电压等级受电变压器总容量为 50kVA 至 20MVA。

对于受电变压器总容量在 100kVA 及以上的用户，其高峰负荷时的功率因数不宜低于 0.95；其他用户和大、中型电力排灌站，功率因数不宜低于 0.90；农业用电功率因数不宜低于 0.85。

重要电力用户供电电源应采用多电源、双电源或双回路的方式进行供电。当任何一路或一路以上电源发生线路故障时，至少保证存在一路电源能够满足用户保安负荷的供电要求。特级重要电力用户应采用多电源的方式供电；一级重要电力用户至少应采用双电源的方式供电；二级重要电力用户至少应采用双回路的方式供电。重要电力用户应自备应急电源，配置的电源容量应遵循满足全部保安负荷正常供电的要求的原则进行配置。

若由于用户自身原因，产生了畸变负荷、冲击负荷、波动负荷和不对称负荷，并对公网造成电能质量污染，应遵循"谁污染、谁治理"的原则，用户需提出谐波治理和电能质量监测措施并予以实施。

（二）电源接入

随着国家提出"3060"碳达峰碳中和目标，配电网应充分满足各类电源、分布式新能源以及微电网的接入要求，逐渐形成和完善能源互联互通和综合利用的能源互联网体系。电源并网电压等级可根据装机容量进行初步选择，可参考表 5-7，并网电压等级需考虑当地电网的具体条件，并通过经济技术比较论证后进行确认。在满足电网安全运行及电能质量要求时，接入 110kV 及以下配电网的电源可以采用 T 接方式并网。

表 5-7   电源并网电压等级参考表

电源总容量范围	并网电压等级
8kW 及以下	220V
8~400kW	380V
400kW~6MW	10kV
6~100MW	35kV、66kV、110kV

在分布式电源并网前，应当遵循保障电网安全稳定运行和分布式电源合理消纳的原则，在对接入配电线路载流量、变压器容量进行校核的基础上，对接入的母线、线路、开关等电气设备进行短路电流计算和热稳定校核，如有必要，还可以开展动稳定校核工作。不满足运行要求时，应进行相应电网改造或重新规划分布式电源的接入。

分布式电源并网应符合 GB/T 33593《分布式电源并网技术要求》等相关国家、行业技术标准的规定。分布式电源包括同步发电机、异步发电机、变流器等类型电源。在有功功率控制、无功功率控制及电压调节方面，三类分布式电源的要求存在一定差异。

对于分布式电源运行适应性的要求分为一般要求、低电压穿越和频率运行范围三个方面。

一般要求：根据相关标准，分布式电源的并网点稳态电压需维持在标称电压的85%~110%这一范围内，同时分布式电源应能够正常运行。此外，当分布式电源的并网点频率在 49.5~50.2Hz 这一范围时，分布式电源应能正常运行。

低电压穿越：通过 10（6）kV 电压等级直接接入公网的，和通过 35kV 电压等级并网的分布式电源，应尽可能地具备一定的低电压穿越能力。图 5-1 为分布式电源低电压穿越要求曲线图。当并网点考核电压在图中电压轮廓线及以上的区域内，分布式电源不得脱离电网连续运行；否则，分布式电源可以从电网切出。

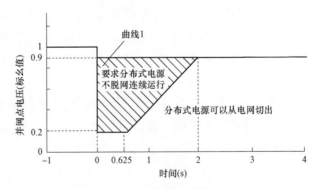

图 5-1   分布式电源低电压穿越要求

频率运行范围：通过 10（6）kV 电压等级直接接入公网的，和通过 35kV 电压等级并网的分布式电源，应尽可能地宜具备一定的耐受系统频率异常扰动的能力。表 5-8 为分布式电源的频率响应时间要求规定，分布式电源应按规定要求对照运行。

表 5-8　　　　　　　　　　分布式电源的频率响应时间要求

频率范围	要　求
$f < 48Hz$	变流器类型分布式电源根据变流器允许运行的最低频率或电网调度机构要求而定；同步发电机类型、异步发电机类型分布式电源每次运行时间不宜少于 60s，有特殊要求时，可在满足电网安全稳定运行的前提下做适当调整
$48Hz ≤ f < 49.5Hz$	每次低于 49.5Hz 时要求至少能运行 10min
$49.5Hz ≤ f ≤ 50.2Hz$	连续运行
$50.2Hz < f ≤ 50.5Hz$	频率高于 50.2Hz 时，分布式电源应具备降低有功输出的能力，实际运行可由电网调度机构决定；此时不允许处于停运状态的分布式电源并入电网
$f > 50.5Hz$	立刻终止向电网线路送电，且不允许处于停运状态的分布式电源并网

（三）电动汽车充换电设施接入

电动汽车充换电设施接入电网时应进行充分论证，分析各种充电方式（如快充或慢充方式）对配电网的影响，合理制定充电策略，实现电动汽车有序充电。根据 GB/T 36278《电动汽车充换电设施接入配电网技术规范》的规定的要求，电动汽车充换电设施的供电电压等级应根据充电设备及辅助设备总容量，综合考虑需用系数、同时系数等因素，经过技术经济比较论证后确定，详见表 5-9。

表 5-9　　　　　　　　　　充换电设施宜采用的供电电压等级

供电电压等级	充电设备及辅助设备总容量	受电变压器总容量
220V	10kW 及以下单相设备	—
380V	100kW 及以下	50kVA 及以下
10kV	—	50kVA～10MVA
20kV	—	50kVA～20MVA
35kV	—	5～40MVA
66kV	—	15～40MVA
110kV	—	20～100MVA

GB/T 29328《重要电力用户供电电源及自备应急电源配置技术规范》规定了电动汽车充换电设施的用户等级。具有重大政治、经济、安全意义的电动汽车充换电设施，或中断供电将对公共交通造成较大影响或影响重要单位正常工作的充换电站可作为二级重要用户，其他充换电站可视为一般用户。

关于电动汽车充换电设施计量点和装置分类要求如下：

（1）电动汽车充换电设施接入电网应明确上网电量计量点，原则上设在产权分界点。

（2）计量点应装设电能计量装置，其设备配置和技术要求应符合 DL/T 448 的相关要求。

（3）充换电设施电能计量装置分类类别参照 DL/T 448 的相关规定，其中Ⅰ类、Ⅱ类、Ⅲ类分类可按充换电设施负荷容量或月平均用电量确定，具体详见表 5-10。

表 5-10 充换电设施电能量计量装置分类

充换电设施负荷/kVA	充换电设施月平均用电量/kWh	电能量计量装置分类
单相设备	—	V类
315kVA 以下	—	IV类
315kVA 及以上	10 万及以上	III类
2000kVA 及以上	100 万及以上	II类
10000kVA 及以上	500 万及以上	I类

（四）电化学储能系统接入

电化学储能系统接入配电网的电压等级应综合考虑储能系统额定功率、当地电网条件确定，可参考 GB/T 36547《电化学储能系统接入电网技术规定》的相关规定。

电化学储能系统中性点接地方式应与所接入电网的接地方式相一致；电化学储能系统接入配电网应进行短路容量校核，电能质量应满足相关标准要求。电化学储能系统并网点应安装易操作、可闭锁、具有明显断开指示的并网断开装置。电化学储能系统接入配电网时，功率控制、频率适应性、故障穿越等方面应符合 GB/T 36547 的相关规定。

第六章　配电网规划方案设计

第一节　高压配电网规划方案设计

高压配电网主要指 35～110kV 电压等级的配电网设备。

一、变电站规划

（一）变电站数量

依托 110（35）kV 电压等级公用电网网供负荷预测结果，依据技术导则，分析规划期末 110（35）kV 电网需达到的变电容量范围，考虑规划起始年容量，分析需新增的变电容量范围。

根据负荷预测结果和规划期网供负荷增长率，计算变电容量增长率，计算规划水平年变电容载比及分年度容载比，确定新增变电站数量。

$$n = \frac{kP - S_\Sigma}{S_n}$$

式中　P——水平年的负荷需求；

　　　k——容载比；

　　　S_Σ——现有变电站容量总和；

　　　S_n——标准变电站容量。

（二）变压器容量

（1）变压器容量应能满足供电区域内用电负荷的需要，即满足全部用电设备总计算负荷的需要，避免变压器长期处于过负荷状态运行。新建变电站变压器容量应满足 5～10 年规划负荷的需要，防止不必要的扩建和增容。

（2）有重要用户的变电站，在一台变压器发生故障或停电检修情况下，另一台变压器应能够保证重要用户的一级和二级负荷。对于无重要用户的变电站，任何一台变压器停运，应能保证 70%～80% 的用电负荷供应不受影响。

（3）虽然大容量变压器单位容量造价低，在高负荷密度供电区域建设大容量变电站能够节省投资，且容量越大，效果就越明显；但为保证供电运行方式灵活，应考虑采用多台变压器。单台变压器容量的选择不宜过大或过小，要预留负荷发展而扩建的可能，实现变电站容量由小到大，变压器的台数由少到多的发展趋势。

（4）变压器容量种类应尽量少，一般不超过两种。在城市供电的一个变电站内最好统一变压器容量等级。

（5）变压器容量的选择，还要考虑在事故和检修状态下，减少因停电引起的经济损失，降低对社会的不利影响。由于供电企业要求城区供电满足"$N-1$"的可靠性准则。变压器容量的选择应满足一台变压器停电后，部分负荷调至周围变电站，不影响对全部用户的正常用电需求。

（三）主变压器台数及进出线规模

110kV 变电站最终规模一般按照 3 台主变规划，最多不超过 4 台。在城市中心区域，负荷密度较大，选址布点困难的区域，可以按 4 台主变规划。变电站一期规模一般按 2 台主变考虑。110kV 进线 2~4 回，一般为 3 回，与变压器台数规模一致；单台主变 10kV 馈线总回路数一般为 12 回，最多不超过 16 回；单台主变 20kV 馈线回路数一般为 10 回，最多不超过 12 回。

（四）变电站主接线

110（35）kV 主接线应根据电网实际情况，采用内桥、线变组等接线方式。3 回电源线、3 台主变的变电站，宜采用内桥加线路变压器组接线。10kV 主接线一般采用单母四分段，20kV 主接线一般采用单母四分段或单母六分段环形。

内桥接线适用于输电线路较长、线路故障概率较高、穿越功率少及不需要经常投切变压器以改变运行方式的场合，如图 6-1 所示。

外桥接线适用于线路较短、故障率较低、主变压器需经常投切（如负荷昼夜变化较大，需经济运行）的场合，如图 6-2 所示。

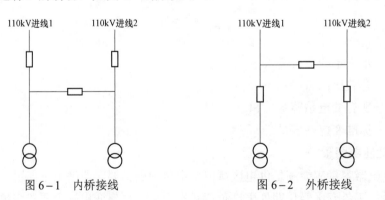

图 6-1　内桥接线　　　　图 6-2　外桥接线

扩大内桥接线进线为 2 回线，正常运行时一个桥开关断开，一个桥开关闭合，利用 2 回线给 3 台主变供电。1 回进线故障时，2 个桥开关均闭合，由另 1 回进线带 3 台主变。

优势：可靠性较高，操作灵活，第 3 路进线距离较长或没有进线通道时可采用扩大内桥接线。

内桥加线变组接线进线为 3 回线，正常运行时利用 3 回线给 3 台主变供电。1 回进线故障时，可通过桥开关闭合或中压侧母联开关闭合转带负荷。

优势：线路负载较为均衡，变电站为 3 回进线，可靠性比扩大内桥更高。

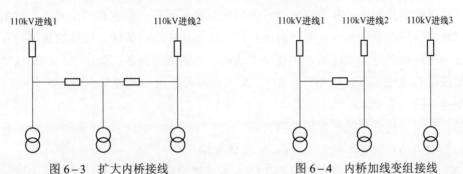

图 6-3　扩大内桥接线　　　　　图 6-4　内桥加线变组接线

单母线分段接线是将母线通过断路器分为两段的电气主接线，适用于具有两回电源线路，1 至多回转送线路和两台变压器的变电站。当某回线路故障时，可以打开分段开关，把故障和检修造成的影响局限在其中一段母线的范围内，从而提高供电可靠性。

优势：① 变电站不同主变可用双回路接于不同母线段，保证不间断供电；② 任意母线或线路关检修，只停该段，其余段保持供电，缩小停电范围。

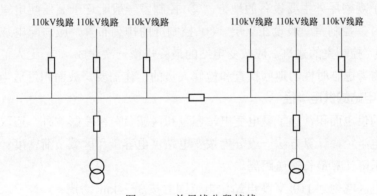

图 6-5　单母线分段接线

城市变电站主接线形式的选择应根据所在城市的经济、政治地位及地理环境综合考虑，不能仅用一个标准，应从电网和用户综合考察各项指标，主要考虑因素如下：① 供电可靠性。发生事故可能性及发生事故后要求停电范围小和恢复供电快。② 适应性和灵活性。能适应未来一段时期内的负荷水平变化的需求，运行方式调整时操作方便，便于变电站扩建。③ 简化接线，有利于实现自动化。配电网自动化是变电站无人化的技术手段，主接线形式要为配电自动化的实施创造条件。④ 经济性。在确保供电可靠、电能质量的前提下，要尽量节省建设投资，降低运行费用。⑤ 占地小。随着经济的发展，城市土地资源越来越宝贵，尤其是城市中心地带，寸土寸金，采用占地面积小的规划方案，有利于变电站的选址落地。⑥ 标准化。同类型变电站应采用相同的主接线形

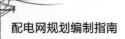
式，使接线规范化、标准化，有利于发展和运行检修。

（五）变电站布置

变电站的布置应因地制宜、紧凑合理，在保证供电设施安全经济运行、维护方便的前提下尽可能节约用地，并为变电站近区供配电设施预留一定位置与空间，布置型式应结合站址实际情况采用户内、半户内或户外。在城市中心负荷区，成熟的规划开发区或其他受站址环境条件限制区域，应选择占地较小的紧凑型设备。新建 110（35）kV 变电站一般采用 GIS 设备半户内布置，A+、A 类供区可采用 GIS 设备全户内布置。

变电站的布置要求：

（1）变电站的总平面布置应紧凑合理。

（2）变电站宜设置不低于 2.2m 高的实体围墙。

（3）变电站内主要道路宽度应为 3.5m，满足消防要求的。根据运输要求确定主要设备运输道路的宽度，并应具备回车条件。

（4）应根据设备布置、土质条件、排水方式和道路纵坡确定设计变电站的场地坡度，宜为 0.5%～2%，最小不应小于 0.3%，局部最大坡度不宜大于 6%。

（5）变电站所区场地宜进行绿化，以改善运行条件和美化环境的目的，但严防绿化物影响电气的安全运行。

（6）变电站控制室的布置设计要求有：① 控制室应位于运行方便、电缆较短、朝向良好和便于观察屋外主要设备的地方。② 控制室一般毗连于高压配电室。当变电站为多层建筑时，控制室一般设在上层。③ 控制屏的排列布置，应与配电装置的排列次序相对应。④ 控制室的建筑，应按变电站的最终规模一次建成。⑤ 无人值班变电站的控制室，仅需考虑临时性的巡回检查和检修人员的工作需要，故面积可适当减少。

（六）变电站的供电半径

变电站的供电面积，除了受电变电站容量和区域负荷密度影响外，还取决于某一电压等级的供电半径，计算方法一般分为按变电站供电容量和区域负荷密度计算、以及按线路最大电压降计算最长输送距离。

A 类供电区域规划 110kV 变电站供电范围宜按 3～4km² 考虑；

B 类宜按 4～6km² 考虑；

C 类宜按 6～9km² 考虑；

D 类宜按 9～16km² 考虑。

二、网架结构

110kV 高压配电网的接线应规范化、标准化，力求简化，运行时一般采用辐射型结构。

110kV 变电站宜采用双侧电源进线，从而在其中一个电源故障发生时，另一个电源系统能够提供负荷转供能力，正常运行时，也可以方便平衡两个电源系统之间的正常供电负荷。对于负荷密度较小、分布较为分散或不具备双电源供电条件的地区，可采用接入同一座 220kV 变电站的不同段母线的方式来进行供电。

在采用双侧电源进线、单台主变规模不大于 50MVA 的 10kV 供电区域，主变规模达到 3 台时采用方式 D（四线六变）的 110kV 电网接线，在城市核心区域采用方式 E（含联络线四线六变）的 110kV 电网接线，对于过渡阶段 110kV 电网可根据现有电网结构采用图 6-6 所示的方式 A、B、C 的 110kV 电网接线进行过渡。典型的 110kV 网络结构见图 6-6 方式 D、E。

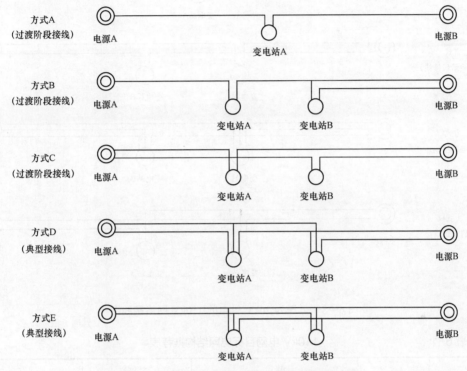

图 6-6　低压为 10kV 供电的 110kV 网络接线图

电网发展的过渡阶段或采用单座 220kV 变电站供电时，可采用双"T"接线方式，详见图 6-7。

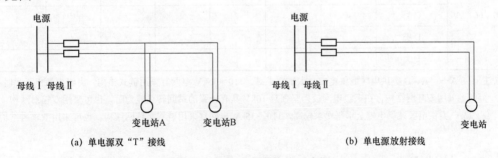

图 6-7　单一电源接线示意图

对于单台主变容量较大的变电站，如规模为 80、100MVA 的 20kV 变电站，可根据负荷分布、电网布点和廊道条件等，选择采用方式 C（六线六变）的 110kV 电网接线，或者选择采用方式 D（四线六变）的 110kV 接线模式，但此时 110kV 架空线路需考虑输送容量满足要求，建议采用分裂导线，电缆线路则应采用大截面的电缆。在电网发展的过程中，可采用方式 A（三线三变）、方式 B（四线四变）的 110kV 电网接线过渡（见图 6-8）。

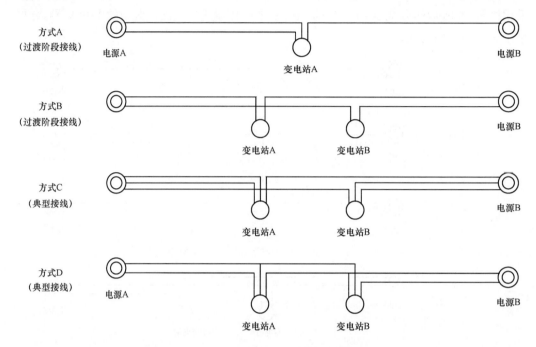

图 6-8 低压为 20kV 供电的 110kV 网络接线图

表 6-1   110kV 电网目标电网结构推荐表

电压等级	供电区域类型	链式			环网		辐射	
		三链	双链	单链	双环网	单环网	双辐射	单辐射
110（66）kV	A+、A 类	√	√	√	√		√	
	B 类	√	√	√	√		√	
	C 类	√	√	√	√	√	√	
	D 类						√	√
	E 类							√

注 1. A+、A、B 类供电区域供电安全水平要求高，110～35kV 电网宜采用链式结构，上级电源点不足时可采用双环网结构，在上级电网较为坚强且 10kV 具有较强的站间转供能力时，也可采用双辐射结构。
    2. C 类供电区域供电安全水平要求较高，110～35kV 电网宜采用链式、环网结构，也可采用双辐射结构。

三、接地方式

我国的 110kV 及以上电压等级的电网一般中性点都采用直接接地方式。在中性点直接接地系统中，由于中性点电位固定为地电位，发生单相接地故障时，非故障相的工频电压升高不会超过 1.4 倍运行相电压；暂态过电压水平也相对较低；继电保护装置能迅速断开故障线路，避免设备承受长时间过电压，这样就可以降低电网中设备的绝缘水平，从而降低电网的造价。直接接地系统在配电网应用中的优点：① 内部过电压较低，可采用较低绝缘水平，投资少；② 大接地电流，故障定位容易，可以正确迅速切除接地故障线路。

四、高压线路规划

（一）架空线路

架设方式：新建线路一般采用同塔双回路架设。在线路廊道紧张地区，可采用同塔多回路架设。

导线类型：在平原地区一般选用钢芯铝绞线，在沿海腐蚀较严重地区用宜采用铝包钢芯铝绞线。

导线截面：在同地区电网内可选用 2～3 种规格，一般采用 $300mm^2$、$400mm^2$。当配电电压采用 20kV、变电站单台主变容量采用 80MVA 或 100MVA 时，可考虑采用双分裂导线，优先推荐 $2 \times 300mm^2$ 导线。

（二）电缆线路

敷设方式：电缆敷设方式应结合电压等级，最终回路数，施工条件及初期投资等因素确定，可按不同情况采取相应的敷设方式。市辖供电区电缆线路路径应与城市其他地下管线统一安排，通道的宽度、深度应考虑远期发展的要求。

导线类型：110kV 电力电缆应采用铜芯电缆，一般采用单芯结构，优先选用交联聚乙烯绝缘电缆。

导线截面：电缆截面应根据线路的远景极限输送能力进行选择。当 110kV 变电站单台主变采用 50MVA 时，110kV 电缆的截面可选用 $630mm^2$ 或 $800mm^2$。

五、设备选择

高压配电装置有三种型式：第一种是常规配电装置，空气绝缘的，简称 AIS，其母线裸露直接与空气接触。第二种是混合式配电装置，简称 H–GIS。母线采用开敞式，其他均为 SF_6 气体绝缘开关装置。第三种是 SF_6 气体绝缘全封闭配电装置。它将一座变电站中除变压器以外的一次设备，包括母线、电压互感器、电流互感器、断路器、隔离开关、接地开关、避雷器、进出线套管、电缆终端等，全部封闭在金属接地的外壳中，在其内部充有一定压力的 SF_6 绝缘气体，故也称 SF_6 全封闭组合电器。其英文全称 GAS–INSTULATED SWITCHGEAR，简称 GIS。

GIS 具有以下特点：

（1）小型化：采用 SF_6 气体的作绝缘和灭弧介质，可以大幅度缩小变电站的体积。

（2）可靠性高：由于带电部分全部密封于惰性 SF_6 气体中，大大提高了可靠性。

（3）安全性好：带电部分密封于接地的金属壳体内，因而没有触电危险。SF_6 气体为不燃烧气体，所以无火灾危险。

（4）安装周期短。设备都集中在一起，工厂组装好后，现场模块化安装，方便快捷。

（5）运维方便，但检修周期长。GIS 设备安装运行后，运行可靠性高，基本不需要运行维护，但是一旦发生故障，检修周期就会比较长。

随着 GIS 设备成本的降低，新建变电站高压配电设备已广泛采用 GIS 设备，因此配电网规划中也建议按 GIS 选取设备。

六、高压配电网项目规划

（一）高压配电网主要问题

高压配电网面临的主要问题有：区域容载比不平衡，主变负载率高，主变、线路 $N-1$ 校验不通过，网架结构薄弱等。

（二）高压配电网项目制定原则

1. 提前谋划

由于变电站的审批、建设周期较长，如果不能提前谋划，一旦某一区域负荷发展迅速，电网建设跟不上，可能会影响到该区域负荷的送出，进而影响经济发展。因此，一定要结合政府规划，跟踪热点区域负荷发展，提前规划变电站布点。

2. 适度超前

高压配电网的建设，可根据高压目标网架规划，适度超前建设。只有高压站点布置好了，中压低压用户用电需求才能更好的满足，中压网架结构才能更好地朝目标网架建设。

第二节　中压配电网规划方案设计

一、网架结构

中压配电网线路分为架空线路和电缆线路，其中架空网主要联络方式有多分段单联络和多分段适度联络，电缆网主要联络方式有单环网和双环网。

（一）架空网

（1）多分段单联络（见图 6-9）。

特点：通过一个联络开关，将两条中压线路连接起来，该两条中压线路可以来自不同变电站或者相同变电站中不同变压器母线下。任何一个区段故障时，可以先通过分段开关隔离故障，然后合上联络开关，将非故障段负荷转供到对侧联络线路，完成转供。该运行方式满足"$N-1$"要求，但主干线正常运行时的负载率仅为 50%。该接线方式的可靠性比辐射式接线方式有很大的提高，接线清晰、运行比较灵活。当线路故障或电源故障时，通过调整联络开关状态，将线路部分或全部负荷切换至联络线路，从而恢复供电。由于考虑了线路的备用容量，线路投资将比辐射式接线有所增加。

适用范围：单联络是架空线路中最为基本的形式，适用于电网建设初期较为重要的负荷区域，能保证一定的供电可靠性。

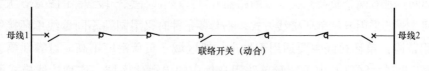

图6-9 多分段单联络结构

（2）多分段适度联络（见图6-10）。

特点：架空线路采用环网接线开环运行方式，一般将线路分为3段、建立2~3个联络。线路分段点的设置根据网络接线及负荷位置进行相应调整优化，优先采取线路尾端联络。该接线模式由于每一段线路具有与其相联络的电源，任何一段线路出现故障时，均不影响其他线路段正常供电，这样使每条线路的故障范围缩小，提高了供电可靠性。另外，由于联络较多，也提高了线路的利用率，两联络和三联络接线模式的负载率可分别达到67%和75%。

适用范围：适用于负荷密度较大，可靠性要求较高的区域。

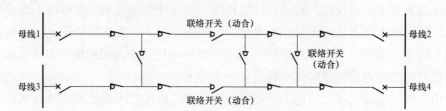

图6-10 多分段适度联络结构

（3）辐射式接线（见图6-11）。

特点：辐射式接线简单清晰、运行方便、建设投资低。当线路或设备故障、检修时，停电范围大，可通过将主干线可分为若干（一般2~3）段，以缩小事故和检修停电范围；当电源故障时，整条线路将停电，供电可靠性差，由于不考虑故障备用，主干线正常运行时的负载率可达到100%。

适用范围：辐射式接线是架空网中最原始的形式，一般仅适用于负荷密度较低、用户负荷重要性一般、缺少变电站布点的地区。

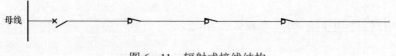

图6-11 辐射式接线结构

（二）电缆网

（1）单环网（见图6-12）。

特点：自同一供电区域的两个变电站的中压母线，或一个变电站的不同中压母线馈出单回线路构成单环网,开环运行。任何一个区段故障,闭合联络开关,将负荷转供到相邻馈线,完成转供,在满足"N−1"的前提下,主干线正常运行时的负载率仅为50%。由于各个环网点都有两个负荷开关(或断路器),可以隔离任意一段线路的故障,大大缩短了停电时间。一般采用异站单环接线方式,不具备条件时采用同站不同母线单环接线方式。

适用范围:单环接线主要适用于城市一般区域(负荷密度不高、可靠性要求一般的区域),工业开发区以及中小容量单路用户集中的电缆化区域。这种接线模式类似与架空线路多分段单联络接线模式。

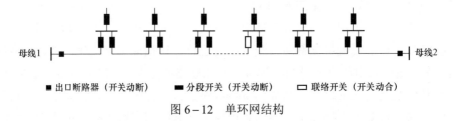

图6−12 单环网结构

(2)双环网(见图6−13)。

特点:自同一供电区域的两个变电站的不同段母线各引出一回线路或同一变电站的不同段母线各引出一回线路,构成双环式接线。如果环网单元采用双母线不设分段开关的模式,双环网本质上是两个独立的单环网。在满足"N−1"的前提下,主干线正常运行时的负载率仅为50%。与电缆单环网相比,双环网更易于为用户提供双路电源供电,一条电缆故障时,用户配变可切换到另一条电缆上。

适用范围:双环式接线适用于负荷密度大,对可靠性要求高的城市核心区,如高层住宅区、多电源用户集中区的配电网。

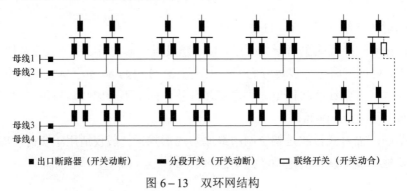

图6−13 双环网结构

10kV电网目标电网结构推荐表见表6−2。

表6−2　　　　　　　　　　10kV电网目标电网结构推荐表

供电区域类型	推荐电网结构
A+、A类	电缆网:双环式、单环式
	架空网:多分段适度联络

续表

供电区域类型	推荐电网结构
B 类	架空网：多分段适度联络
	电缆网：单环式
C 类	架空网：多分段适度联络
	电缆网：单环式
D 类	架空网：多分段适度联络、辐射状
E 类	架空网：辐射状

二、网格化规划

（一）网格化规划相关概念

配电网网格化规划：以地块用电需求为基础、目标网架为导向，将配电网供电区域划分为若干供电网格，并进一步细化为供电单元，分层分级开展配电网规划。

供电分区：按照行政区域边界和相对独立的配电网规划、建设、运维、抢修、服务管理边界，将市区、县域配电网在地理上划分的网架结构相对独立、具有一定"自治自愈"能力的供电区域。

供电网格：以城乡控制性详细规划为基准，结合道路、河流、山丘等地理特征，综合考虑变电站供电范围、10kV 网架结构、线路分布情况、供电可靠性要求等因素，将供电分区在地理上划分为较小范围的供电区域。

供电单元：以近期规划目标年接线方式为基准，结合饱和年变电站布点位置、容量大小、间隔资源等因素，将供电网格划分为更小范围的供电区域。供电单元是网架分析、规划项目方案编制的最小单元。

（二）供电分区

供电分区划分的基本原则要求为：

（1）市区一般按一个供电营业部或供电营业部下辖一个供电所的管辖地域范围作为一个供电分区，县域一般按一个供电所的管辖地域范围作为一个供电分区。

（2）供电所无 10（20）kV 线路运维管理权限的，应参照基本划分原则，按有利于本单位配电网规划、建设、运维、抢修、服务全过程贯通的方式，进行合理划分，确保工作协调统一、高效衔接。

（3）供电分区划分应保持一定的稳定性，现状年、过渡年、目标年供电分区划分应基本保持一致。

供电分区一般在负荷量上达到高压配电网主供电源点级别，重点对应变电站电力平衡，进行供电分区负荷预测有助于确定规划分区中变电站的总需求，包括变电站容量、数量，确定 110kV 变电站的供区范围，优化变电站站址。

（三）供电网格

供电网格一般结合城乡控制性详细规划中的功能分区，由若干相邻的、供电区域类型相同的、用电性质或供电可靠性要求基本一致的地块（或用户区块）组成。

供电网格一般包含 2～4 个相互之间具备一定转供能力的主供电源，10（20）kV 线路数量宜按近期规划目标年 2～8 组接线或 4～32 条线路规模，供电网格内线路接线应相对完整，规划、建设、运维、抢修、服务管理能落实到独立班组。

对于偏远农村、山区、海岛等地区，近期规划目标年未形成不同电源间联络的，可按主供电源的供电范围划分供电网格。

供电网格在负荷量级上对应中压线路级，重点对应中压网架结构，进行用电网格负荷预测，有助于指导线路电力平衡，确定片区中中压馈线数量和供电方案，明确中压线路廊道、路径，开关站站址位置。

（四）供电单元

供电单元是体现供电可靠性差异化要求的最小单元，其线路接线方式为影响用户供电可靠性的主要因素，是进行网架分析、编制项目方案的最小单元。供电单元划分的基本原则要求为：

（1）供电单元一般与市政规划分区分片相协调，由若干个相邻的、开发程度相近的、供电可靠性要求基本一致的地块（或用户区块）组成，不宜超过城乡控制性详细规划边界，控规未覆盖的区域，可按主供电源的供电范围划分。

（2）供电单元一般应包含 2 个或以上主供电源，一般包含一组 10（20）kV 接线，并随着 10（20）kV 网架结构的优化不断完善，由现状年逐步过渡至目标年，并形成典型接线。

供电单元在负荷量级上对应配电变压器级别，重点对应开关站、环网柜布点和中压线路建设方案，体现项目有序化的特点。进行地块负荷预测，有助于确定配变容量和台数，确定开关站布点、制定用户接入方案。

三、接地方式

（一）中性点不接地系统

中性点不接地系统实际上是经容抗接地的系统，该容抗是由电网中的架空线路、电缆线路、电动机和变压器绕组等对地耦合电容所组成，发生单相接地时，接地相对地电容被短接，破坏了原先电容电流的对称性，中性点 N 出现零序分量。

中性点不接地系统的优点是发生接地故障后不会立刻中断供电，缺点是带故障运行，非故障相对地电压升高容易发展为相间短路；当发生弧光接地时，还会出现弧光接地过电压，影响电气设备绝缘。

（二）中性点经消弧线圈接地

在中性点与地之间接入可调节电感电流的消弧线圈，由于电感电流与电容电流在相位上差 180°，因此发生单相接地故障时，如电感电流等于电容电流，称为全补偿；电感电流大于电容电流，称为过补偿；电感电流小于电容电流，称为欠补偿。采用消弧线圈接地时，不能将消弧线圈调节在全补偿或欠补偿方式运行。

在正常运行时，全补偿会使消弧线圈电感和对地电容组成 L–C 的串联回路，将会产生串联谐振过电压，而欠补偿则在中性点位移压比较高时，会使消弧线圈铁心趋于饱和并使电感值降低，产生铁磁谐振。因此，消弧线圈必须在过补偿状态下运行。

消弧线圈接地系统的优点是流过故障点的残余电流很小，使接地电弧不能持续而立即熄弧，使电网迅速恢复正常，缺点是运行维护复杂，因实际电网参数往往随改变接线方式或改变运行方式而改变，为保证过补偿运行，就需要维护人员及时调节补偿电流或采用自动调节分接头以改善操作条件。

（三）中性点经低电阻接地

在中性点与地之间接入一电阻，当发生单相接地时，由于人为地增加了一个较电容电流大而相位相差 90° 的有功电流，使流过故障点的电流比不接地电网增加 $\sqrt{2}$ 倍以上。

中性点经低电阻接地的优点是能抑制单相接地时的异常过电压，这对具有大量高压电动机的工业企业来说是非常有利的。因为电动机的绝缘是最薄弱的，由于接地故障电流比较大，继电保护可采用简单的零序电流保护，在电网参数发生变化时不必调节电阻值，电缆也可采用相对地绝缘比较低的一种以节省投资。缺点是接地故障时要保护跳闸，中断供电。

（四）各种中性点接地方式的比较

中性点接地方式的比较见表 6–3。

表 6–3　　　　　　　　　　　　中性点接地方式的比较

比较项目不接地	不接地	经消弧线圈接地	经低电阻接地	直接接地
单项接地电流	较小，仅对地电容	最小，等于残流	较大，等于对地电容电流和有功电流的相量和	最大，有时比三相短路电流还大
一相接地时非故障相工频电压升高	最高，等于或略大于 $\sqrt{3}$ 倍	过补偿时升到 $\sqrt{3}$ 倍，欠补偿时会升到危险电压	升到 $\sqrt{3}$ 倍	最小，几乎和正常一样，不变化
弧光接地过电压	最高，一般为相电压 3 倍，最高为 3.5 倍	低，能抑制在 3.2 倍相电压以下	低，能抑制在 2.5 倍相电压以下	最低
操作过电压	最高	可控制	最低	最低
变压器采用分级绝缘的可能性	不可	一般不可	一般可以	可以
高压电器绝缘（如断路器、互感器、电缆等）	全绝缘	全绝缘	一般全绝缘但允许电缆对地绝缘水平降低	可降低 20%
重复故障可能性	大	小	更小	最小
对通信的感应危害	最小	小	小	最大
接地故障继电保护	采用微机信号装置	自动消弧，但当出现永久性故障时，接入并联电阻进行选择性切断或采用微机信号装置	采用简单的零序电流保护，如不满足要求时可用零序方向保护	采用接地保护继电器

比较项目不接地	不接地	经消弧线圈接地	经低电阻接地	直接接地
运行维护	简单	最复杂，要经常根据电网的变化来调节，但可采用自动调节分接头来改善操作条件	简单	简单
接地装置投资	最小	最大	中等	小
单相接地后果	接地时异常过电压高，可能损害设备	仅过补偿时过电压小，不损坏设备，大部分故障能自动消除但全补偿和欠补偿时会损坏设备	接地时过电压小，不会损坏设备，当接地电流大时需切除故障线路，对防止电缆火灾有利	能损坏设备，要尽快切除故障

四、中压配电线路

架空线路和电缆线路是应用最普遍的两大类室外供电线路。

（一）架空线路

架空线路在城区外部应用的较为广泛。它的优点：成本低、投资少、安装容易、维护和检修方便，易于发现和排除故障；缺点：架空线路会占用较多的土地和空间，影响环境美观，故障率较电缆线路高，可能会影响交通等。

架空线路的结构：主要由导线、电杆、横担、绝缘子和线路金具等组成。为了加强电杆的稳定性，有的电杆还要安装拉线或撑杆。

中压架空线路主干线截面宜采用 240、185mm^2，分支线截面宜采用 150、70mm^2。主干线铜芯电缆截面一般宜为 300mm^2，高负荷密度区电缆截面可为 400mm^2。分支线铜芯电缆截面宜为 185、70mm^2。根据规划有可能成为干线的导线宜一次敷设到位。

中压架空线路运行电流一般宜控制在长期允许载流量的 2/3 以下，预留转移负荷裕度，超过时应采取分流措施。中压架空配电线路宜绝缘化。

（二）电缆线路

电缆线路在城市中应用广泛。它的优点有：占地少，整齐美观，并且受气候条件和周围环境的影响小，传输性能稳定，故障少，安全可靠，维护工作量小。缺点：电缆线路投资大，线路不易变动，寻测故障困难，检修费用大，电缆终端的制作工艺要求也很复杂等。

电缆线路的结构：主要包括电缆线、支撑物和保护层等。不同的敷设方法和环境，对于支撑物和防护方式的要求也不同。

中压电缆线路主干线宜采用铜芯电缆，截面宜采用 400、300mm^2，分支线铜芯电缆截面宜采用 185、150、70mm^2。

（三）供电半径

中压线路供电半径应满足末端电压质量的要求。A、B 类供电区域供电半径不宜超过 2km；C 类供电区域供电半径不宜超过 4km；D 类供电区域供电半径不宜超过 15km。

五、配电设备

（一）变电设备

1. 柱上变压器

柱上变压器台宜设置在负荷中心。变压器容量宜为 400kVA 及以下，宜选用节能型。柱上变压器容量一般为 100、200、400kVA。

2. 配电室

（1）配电室一般配置双路电源，10kV 侧一般采用环网开关，220/380V 侧为单母线分段接线。变压器接线组别一般采用 Dyn11，单台容量不宜超过 800kVA。

（2）配电室一般独立建设。受条件所限必须进楼时，可设置在地下一层，但不应设置在最底层。其配电变压器宜选用干式变压器，并采取屏蔽、减振、降噪、防潮措施，并满足防火、防水和防小动物等要求。易涝区域配电室不应设置在地下。

3. 箱式变电站

箱式变电站又称组合式变电站，由高压配电室、变压器室和低压配电室组合而成。箱式变电站占地小，施工方便，维护工作量小。

箱式变电站仅限用于配电室建设改造困难的情况，如架空线路入地改造地区、配电室无法扩容改造的场所，以及施工用电、临时用电等，一般配置单台变压器，变压器绕组联结组别应采用 Dyn11，变压器容量不宜超过 630kVA，设备可以选择美式箱变或欧式箱变。

（二）开关设备

开关设备包括负荷开关、断路器、隔离开关、熔断器等。

（1）负荷开关：负荷开关具备开断和关合正常负荷电流、线路之间环流、线路或设备的充电电流能力，用来开断正常情况下的线路及设备，但不能开断短路电流，多与熔断器配合使用。

（2）断路器：能够开断正常工作电流，并在额定范围内开断故障短路电流的电器，用来控制电气设备投入或退出运行；在发生故障时，可将故障部分从电网中迅速切除。断路器种类主要有 SF_6 断路器、真空断路器等。

（3）隔离开关：只能在没有负荷电流情况下，分、合电路的开关设备，用来隔离电源，形成明显可见的断开点。

（三）其他设备

配电设备还有：重合器、电容器、互感器、避雷器等。

（1）重合器：具有控制及保护功能的高压开关设备，故障时自动开断故障电流，并依照预定的延时和顺序进行重合，以排除非永久性故障。

（2）跌落式熔断器：用于配电线路的一种短路和过载保护开关，线路发生短路故障时，熔丝熔断跌落，形成明显的可视断开点。熔断器具有安/秒特性，可作为一次性短路保护。

（3）避雷器：用于保护电气设备免受雷击时危害，并限制电流续流时间，从而保护

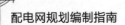

电气设备的一种电器，用于配电系统中线路或设备的过电压保护。

（4）并联电力电容器：在交流电源的作用下，交替进行充放电，形成交变电流的电容器，用来提高配电系统功率因数、降低线损、改善电压质量、提高线路和供电设备的安全运行。

（5）互感器：将高电压变成低电压、大电流变成小电流的仪用变压器，用来隔离高电压系统，保护人身和设备的安全，便于表计测量、保护及自动控制设备标准化接入等。

六、中压配电网项目规划

中压配电网供电半径小，线路回数多，布线工作量大且烦琐，线路和配变规划与土地使用现状和规划、用户类型密切相关。因为负荷地理分布要求的信息量大、不确定因素多，一般中压配电网项目重点是 3～5 年近期规划，且应不断滚动修编。

（一）中压配电网主要问题

1. 网架结构类问题

主要表现为线路负载不均衡，比如某些线路超重载，某些线路轻载；可靠性较低，$N-1$ 校验不通过，比如某些线路为单辐射线路，线路故障时，线路负荷无法转供，或某些线路虽然有对侧线路联络，但是仅能转供部分线路负荷。

2. 电能质量问题

主要表现为线路低电压问题，比如某些线路路径较长，造成末端低电压。

3. 设备故障问题

主要表现为设备老旧老化，比如某些开关设备，运行年限较长，设备操作机构卡涩，故障较多；某些架空线路为裸导线，容易因鸟害发生跳闸事故；雷击易发地区，因线路未架设避雷线，容易出现雷击断线事故。

（二）中压配电网项目制定原则

1. 划分问题等级

根据配电网现状分析，针对现状存在的一些问题以及面临的一些新增规划负荷需求，根据问题的严重性，划分出问题的等级，一级问题为严重问题，需尽快安排项目，实施解决。二级问题为较严重问题，需安排年度计划，逐步解决。三级问题为一般问题，根据年度资金计划，看情况安排解决。

2. 按年度安排规划项目

根据项目的建设目的，主要可分为网架完善、老旧设备线路改造、台区增容补点等。

1）网架完善类工程，通过新 JZ 压配电线路，或者调整现有中压线路接线方式，使中压配电线路建成目标网架或朝目标网架接线方式过渡，主要解决现有线路 $N-1$ 不满足，变电站全停转供或半停转供等较为重要的可靠性问题。

2）老旧线路改造工程，主要对现状线路中线径较小的导线更换为大截面导线，提高线路输送容量，解决卡脖子问题；将裸导线更换为绝缘导线，提高线路的供电可靠性等。老旧设备改造工程，主要将运行中故障率较高的设备，如开关、闸刀等设备进行更换，提高设备安全运行水平。

3）增容补点工程，主要解决配变最高负载率问题，通过将现状高负载率变压器更换为容量更大的变压器，或者补点新台区，从而解决低压负荷增长，防止变压器过载损坏。

3. 以最终网架为建设目标

配电网工程往往不能一步到位，建设成最终目标网架。在项目规划设计中，应使项目尽量向目标网架发展，避免项目在后期发生大量改造或调整。

第三节　低压配电网规划方案设计

一、网架结构

低压配电网一般按分区供电，低压配电网主干线不宜越区供电。

低压配电网应结构简单、安全可靠，一般采用树干型、放射型结构。

（一）放射型结构

（1）放射Ⅰ型：主要适用于高层建筑区及使用密集绝缘插接母线槽的小高层建筑区。采用变压器组模式供电，导线采用密集绝缘插接母线槽与电缆（含预分支电缆）相结合。采用三相供电，经封闭母线，分层装表，其结构示意图如图6-14所示。

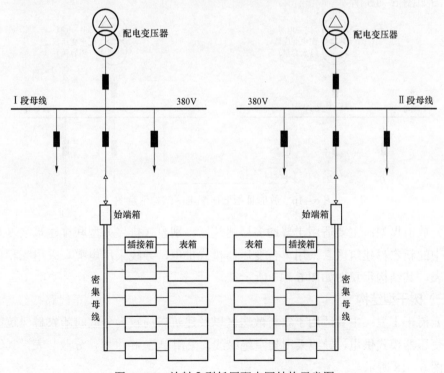

图6-14　放射Ⅰ型低压配电网结构示意图

（2）放射Ⅱ型：主要适用于普通小高层建筑区及存在消防、电梯等二级负荷的多层建筑区。采用变压器组模式供电，导线采用电缆。采用三相供电，底层集中装表，其结构示意图如图 6-15 所示。

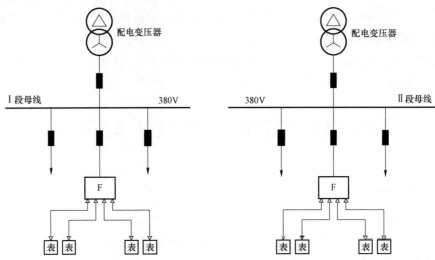

图 6-15 放射Ⅱ型低压配电网结构示意图

（3）放射Ⅲ型：主要适用于因季节性负荷变化或其他原因，采用两台容量不同的变压器供电，且上级电源来自同一电源点的场合。配变低压侧可加装母线互联装置，其结构示意图如图 6-16 所示。

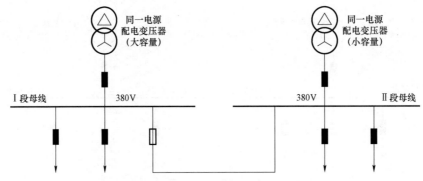

图 6-16 放射Ⅲ型低压配电网结构示意图

（4）放射Ⅳ型：主要适用于普通多层建筑区、别墅（排屋）型联排建筑区以及建筑布局集中的新农村建筑区。采用单台变压器模式供电，导线采用电缆。采用三相供电，集中装表，其结构示意图如图 6-17 所示。

（二）树干型结构

（1）树干Ⅰ型：主要适用于农村散居区以及建筑布局较为分散的新农村建筑区。采用单台变压器模式供电，导线采用架空绝缘线。采用单/三相供电，分散装表，其结构示意图如图 6-18 所示。

（2）树干Ⅱ型：主要适用于散居别墅区以及建筑布局较为分散的新农村建筑区。采用单台变压器模式供电，导线采用电缆。采用三相供电，分散装表，其结构示意图如图 6-19 所示。

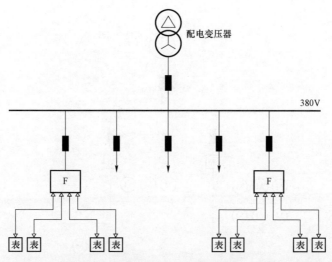

图 6-17　放射Ⅳ型低压配电网结构示意图

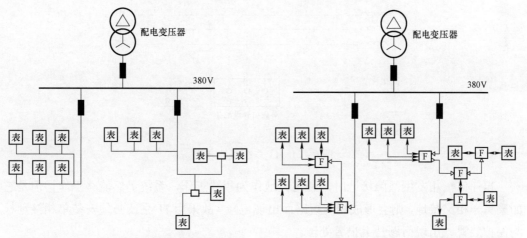

图 6-18　树干Ⅰ型低压配电网结构示意图　　图 6-19　树干Ⅱ型低压配电网结构示意图

（3）树干Ⅲ型：主要适用于农业排灌。采用单台变压器模式供电，导线采用架空绝缘线。采用三相供电，低压出线侧装表，其结构示意图如图 6-20 所示。

二、接地方式

低压配电系统的接地方式有 IT、TT、TN 接地系统，其中 TN 接地系统又分为 TN-S、TN-C、TN-C-S 接地系统。

（一）IT 系统接地方式

IT 系统接地方式。见图 6-21。

其电力系统中性点不接地或经过高阻抗接地，用电设备的外露可导电部分经过各自的 PE 线接地。这种系统多在停电少的厂矿用电系统，它的优点是各自设备的 PE 线是分开的，所以相互之间无干扰，电磁适应性比较好。

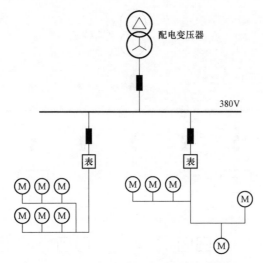

图 6-20　树干Ⅲ型低压配电网结构示意图

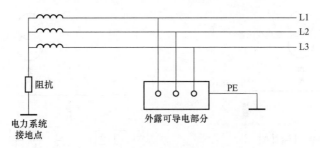

图 6-21　IT 系统接地方式

当任何一相发生故障接地时，利用大地作为相线工作，系统仍然能够工作。但是它如果另一相又接地，则会形成相间短路而出现危险。故采用 IT 系统必须安装单相接地检测保护装置，出现问题马上报警处理。

（二）TT 系统接地方式

TT 系统接地方式（见图 6-22），其电力系统中性点直接接地，用电设备的外露可导电部分采用各自的 PE 线接地。这种接地方式多用于低压公共电网及农村集体小负荷电网等，由于各自的 PE 线互不相关，因此电磁适应性较好。它的这种系统中，故障电流取决于电力的电阻和 PE 线的电阻，从而可以减轻电击的危险程度。

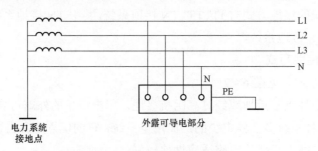

图 6-22　TT 系统接地方式

（三）TN-S 系统的接地方式

这种接地方式，其电力系统中性点直接接地，中性线与保护线是分开的，通常称为三相五线制系统（见图 6-23）。这种系统安全可靠，多用于环境条件比较差的场所及高压用户在低压电网中采用保护接零的系统中。

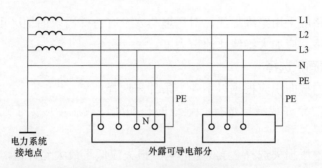

图 6-23　TN-S 系统接地方式

（四）TN-C 系统接地方式

这种接地方式的电力系统中性点直接接地，它的中性线 N 线与保护线 PE 线合并成一根 PEN 线（见图 6-24）。当三相负载不平衡时，PEN 线上有电流通过。

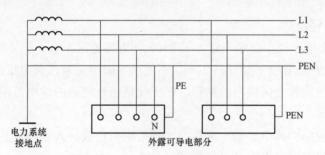

图 6-24　TN-C 系统接地方式

（五）TN-C-S 系统

这种系统的电力系统中性点直接接地，在电源侧将保护线 PE 和中性线 N 合并，而负荷侧又将其保护线 PE 和零线 N 分开设置（见图 6-25）。这种系统接地比较安全可靠，多用于末端环境条件比较差的场所及高压用户在低压电网中采用保护接零的系统中。

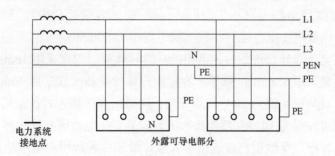

图 6-25　TN-C-S 系统接地方式

三、低压线路

（一）线路选型

导线和电缆的型号应根据电压和使用的环境条件、敷设方式及用电负荷的特殊要求等因素选择。

新建架空线路应采用绝缘导线，对环境与安全有特殊需求的地区可选用电缆线路。对原有裸导线线路，应加大绝缘化改造力度。

（二）导线截面积选择

导线和电缆的截面积应根据以下 4 个条件来选择：

（1）按导线的允许载流量选择。导线的长期允许载流量应大于通过导线的最大负荷电流。

（2）按允许电压损失选择。导线上的电压损失应低于最大允许值，以保证供电质量。

（3）按机械强度条件选择。在导线应有足够的机械强度，即导线截面要大于按机械强度要求的导线最小允许截面。

（4）与线路保护设备（装置）配合选择。导线和电缆的允许持续电流与保护装置的整定值应互相，避免线路截面过大，但由于保护的限制，不能发挥相应输送能力，从而造成浪费。

（三）供电半径

0.4kV 线路供电半径在市区不宜大于 250m，近郊地区不宜大于 400m，农村地区不宜大于 500m。接户线长度不宜超过 20m，不能满足时应采取改善电压质量的技术措施。

低压配电网应实行分区供电的原则，低压线路应有明确的供电范围，一般不宜跨街区供电。

低压配电网应结构简单、安全可靠，一般采用树枝放射式结构。必要时相邻低压电源之间可装设联络开关，以提高运行灵活性。

低压架空导线应采用绝缘导线或集束型导线，主干线路截面应采用 120mm²，分支线路应采用70mm²，低压电缆主干线路应采用240mm²，分支线路应采用150mm²、95mm²。

（四）接户线选型

接户线导线截面积的选取应符合下述要求：

（1）采用低压铜芯电缆进线时，单相接户电缆导线截面积不宜小于 10mm²；三相小容量接户电缆导线截面积不宜小于 16mm²；三相大容量接户电缆导线截面积宜采用 35mm²；多表位计量箱接户电缆导线截面积不宜小于 50mm²。

（2）采用架空绝缘导线进线时，单相接户线导线截面积宜采用 16mm²；三相小容量接户线导线截面宜采用 35mm²；三相大容量接户线导线截面宜采用 70mm²。

（3）三相用户负荷电流为 60A 及以下时，应采用直接接入式计量箱；三相用户负荷电流为 60A 以上时，应采用经互感器接入式计量箱。住宅小区宜选用多表位计量箱，表位数不应超过 12 户；零散用户宜选用单表位计量箱；零散用电集中装表时，计量箱表位数最多不宜超过 6 户。

四、低压设备

（一）低压开关柜

低压开关柜母线规格宜按终期变压器容量配置选用，一次到位，按功能分为进线柜、母联柜、馈线柜、无功补偿柜 4 类。

（二）低压电缆分支箱

低压电缆分支箱结构宜采用元件模块拼装、框架组装结构，母线及馈出均绝缘封闭。

（三）综合配电箱

综合配电箱型号应与配变容量和低压系统接地方式相适应，满足一定的负荷发展。

五、低压配电项目规划

（一）低压配电网主要问题

（1）低电压问题。供电质量的好坏直接影响用户对用电的体验。而低压配电网中，最突出的供电质量问题就是低电压问题，农村电网以及老城区电网广泛存在着不同程度的低电压问题。低电压台区产生的原因主要有：供电半径过长、线路线径小、变压器容量小等。改善低电压问题，要根据具体情况，采取针对性的措施，才能有效解决低电压问题。比如供电半径过长的区域采取新增布点，将低压线路改接至新增布点，从而缩短供电半径；对容量较小的变压器进行增容；对截面较小的低压线路更换大截面导线等。

（2）线损问题。低压线损在电网线损中占比较高，如何降低低压配电网损耗，提高能源利用效率，是供电公司的一大任务。低压配电网一般都存在一定程度的低压线损较高问题。降低低压线损，主要的解决措施有 3 类，分别为经济运行，使变压器负载率处在一个较好的水平；提高线路输送能力，对小截面导线进行更换；无功功率的就地补偿，提高末端设备功率因数等。

（3）重载问题。重载或过载问题是低压配电网较为普遍和严重的问题。对于该类问题，需将台区低压线路进行调整，合理分配台区供电线路及负荷，根据台区负荷增长情况，及时开展台区增容改造或新增布点。

（4）三相负荷不平衡。低压电网三相负荷不平衡，主要原因有各相负荷分配不均或三相负荷的性质相差较大，可通过对三相负荷的调整优化来解决。

（二）低压配电项目制定原则

（1）有的放矢。建立问题清单，以问题和需求为导向。统筹考虑，抓住问题根源，避免"头痛医头，脚痛医脚"，造成重复建设、重复投资。

（2）有序推进。对问题进行分析梳理，明确问题严重等级，安装轻重缓急排序，合理安排改造建设时序，有序推进工程实施。

（3）重点提升供电质量。供电质量关系到末端用户的最终用电体验，低压电网改造，重点要改善供电末端电能质量，尤其是低电压问题。要有针对性地进行配电网改造建设，缩短供电半径，提高末端电能质量。

第七章 配电网智能化规划

第一节 配电自动化规划

配电自动化是利用现代的电子技术、通信技术和计算机与网络技术对配电网的各种电力设备进行远方检测、控制、调整的一种实时系统。主要由配电网实时监控、馈线自动化、变电站自动化及电网状态分析等功能组成。实现配电系统正常运行及事故情况下的远方监测、保护、控制、故障隔离、网络重构等功能。

实施配电自动化是提高精细化管理水平、提高工程质量、提升对分布式光伏等新能源的消纳能力、提高供电企业劳动生产率和服务质量、提高配电网供电可靠性的重要手段，是配电网现代化、智能化发展的必然趋势。

实施配电自动化应遵循"同步设计、同步施工、同步投运、因地制宜，信息共享"的原则。必须以城市电网建设为基础，从主设备、站内装置、通道、调度系统等几个方面考虑并与调度自动化系统统一协调，避免在实施过程中的重复投资。

配电自动化系统应遵循分层、分布式体系结构的设计思想，即在系统层次上分为调度主站层、变配电站子站层、配电终端设备层；每一层均应优先采用分布式的系统结构，配电环网的馈线自动化功能可采用智能分布式与集中式两种方式进行，应优先采用智能分布式体系结构，各层次系统设计应具备相应扩展能力。

一、简述

（一）配电自动化系统的组成

为了保障电力系统的安全与经济运行，需要从发电厂、输电网、变电站、配电网等各个环节对电力系统运行状态进行实时监视并加以控制，使得电力系统始终处于正常状态运行。现代配电自动化系统是信息技术、计算机技术及自动控制技术在电力系统中的应用。针对电力系统发电、输电、变电、配电、用电五个有机联系的环节，配电自动化系统分别有对应的自动化系统进行监控。其中，在发电环节有电厂自动化系统，在输电环节有电网调度自动化系统，在变电环节有变电站自动化系统，在配电、用电环节有配电自动化系统。

电网调度自动化系统连接发电、输电、变电环节，通过发电厂和变电站的远动终端RTU采集电网运行时的实时信息，通过信道传输到调度中心的主站系统，调度自动化主站系统可以通过远动终端对输电网进行数据采集和实行远程控制，根据收集到的全网信息，实施能量管理系统功能，对电网的运行状态进行安全性分析、负荷预测以及自动发电控制、经济调度控制、调度员模拟培训系统等。

配电自动化系统完成的功能有配电网数据采集和监控、馈线自动化、配电站自动化、配电管理系统等。

（二）配电自动化系统规划的意义

配电自动化系统规划是电力自动化系统设计和实施的前提和依据，在进行电力自动化系统建设之前需做好自动化系统的规划工作，使系统具有较高的投入产出比和性能价格比。反之，电力自动化系统如果没有良好的规划指导，直接进行电力自动化系统的设计和实施，则具有较大的技术风险性和经济风险性，很难保证自动化系统实施的效果。

（三）配电自动化系统规划的原则

电力自动化系统规划应该以电力公司的发展战略目标为指导方针，以电力部门的应用要求，业务流程和部门管理任务实际需求为基础，依据电力系统监控和信息化方面的技术发展趋势，从当前实际状况出发，兼顾技术先进性和经济实用性，提出电力自动化系统的发展目标、技术原则和系统配置，全面系统地指导电力自动化系统的实施过程。

配电自动化建设应纳入配电网整体规划，依据本地区经济发展、配电网网架结构、设备现状、负荷水平以及供电可靠性实际需求进行规划设计，综合进行技术经济比较，合理投资，分区域、分阶段实施，力求功能实用、技术先进、运行可靠。

配电自动化建设应满足相关国际、行业、企业标准及相关技术规范要求。

配电自动化系统应满足电力二次系统安全防护有关规定。

配电自动化系统相关设备与装置应通过国家级或行业级检定机构的技术检测。

二、主站系统规划

配电自动化主站首要是面向智能配电网，是配电网体系的重要组成部分。在对主站网络系统进行设计与实施过程中，应遵守安全、可靠性、扩充功能、可维护性等基本原则，主要目的是更好地实现网络的信息交互、配电网数据的采集与监控、数据共享等基本功能，同时更好地支撑配电网智能化管理及其应用。

主站系统应建立在软件和硬件相结合的基础平台上，具备可靠性、安全性和可延展性。主站的监视主要包括：为变电站的中压母线和进出线、馈线开关的监视和控制，环网室（箱）的中压母线和进出线、馈线开关的监视和控制，中压线路及其他设备的监视和控制，以及分布式电源等其他设备的监视和控制。

（一）配电自动化主站系统的配置

（1）配电自动化系统由主站（地理位置位于大型城市的调度中心）、子站（地理位置位于 35kV 等级的变电站）、远方终端（DTU、FTU、TTU 等）及其通信网络构成，见图 7－1。

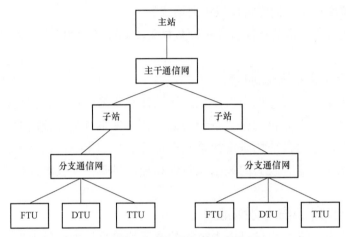

图 7－1　配电自动化系统示意图

图 7－1 表示为配电自动化系统管理系统的三层整体设计框架，该配电系统整体设计思路采用"主站＋配电终端"的两层架构。第一层主要是用来作为数据采集层，主要功能是用来作为馈线柜的终端控制单元（FTU），环网室（箱）、环网柜的终端控制单元（DTU）；第二层则是主站层。配电主站采用新建独立配电网主站的模式，满足大容量、多站点的接入。

（2）配电自动化主站需对配电网所有设备的正常维护运行工作状态情况进行实时监测，并为配电网设备的调度指挥与配电企业日常生产业务经营等各项配电业务日常工作管理提供一套相应的管理技术支撑。

（二）配电自动化主站功能配置

（1）主站系统具备的基本功能包括：网络数据信息搜集、数据处理、数据记载、网络拓扑状态着色、历史/事故反演、信息的实时分流及分区、系统的时钟和对时、打印。

（2）主站系统具备的可扩展功能包含：电网剖析和智能化功效，完成对电网运行状况的有效剖析，实现配电网的优化运行。具备了基于馈线的网络故障分析处理、网络拓扑特性分析、状态网络评价和性能估计、潮流的网络计算、解合环网络环境的剖析、负荷自动转供、网络的系统可靠性优化预测、网络的功能重构、配电网的系统运行与网络操作系统仿真、配电网调度运行、系统的电网互联、分布式电源、电网储能的网络接入与输出控制、配电网的自愈。配电主站功能应用见表 7－1。

表7-1 配 电 主 站 功 能 应 用

软件	基本功能	扩展功能	软件	基本功能	扩展功能
支撑软件	√		数据处理	√	
数据库管理	√		系统互联		√
数据备份与恢复	√		分布式电源/储能/微网接入与控制		√
系统建模	√		潮流计算		√
多态多应用		√	网络拓扑分析		√
馈线故障处理		√	网络拓扑着色	√	
信息分流及分区	√		状态估计		√
解合环分析		√	系统时钟和对时	√	
权限管理	√		配电网调度运行支持应用		√
负荷预测		√	告警服务	√	
数据采集	√		配电网自愈		√
配电网运行与操作仿真		√	负荷转供		√
数据记录	√		全息历史/事故反演	√	

三、终端布点规划

配电自动化终端是一种主要用于控制中压配电网系统中的各个环网室（箱）、配电变压器、柱上分段开关等设备，与配电自动化主站系统进行无线通信，提供配电网运行控制及管理所必要的数据，并同时负责执行配电自动化主站对各个配电网设备进行自动化的调节控制的指令。

（一）分类

配电自动化终端可分为三类，分别是：FTU（馈线自动化终端）、DTU（站所终端）、TTU（配电变压器终端）。

馈线自动化终端和站所终端又可分为三类，分别是："一遥"终端、"二遥"终端和"三遥"终端。

（1）"一遥终端"是一种泛指在对线路故障检查同时向遥信设备上报的故障指示器。

（2）"二遥终端"是一种泛指遥信、遥测功能，也就是一种能够在电缆线路中实现对故障和开关位置进行遥信，并将其上传至运行电流的电缆线路的故障指示器。

（3）"三遥终端"是一种具备遥信、遥测和遥控等功能的通信设备。

FTU（馈线自动化终端）：是一种安装在配电网的馈线自动化回路上的柱上开关、分支线开关、环网柜等的一种配电自动终端，按照其使用功能可以分为"三遥"终端和"二遥"终端，其中"二遥"终端又可将其分为基本型、标准型和动作型三种终端。"三遥"具有"遥信、遥测、遥控"功能。

DTU（站所终端）：是指放置在有配电网馈线回路的环网室（箱）、配电室及箱式变电站等的配电站所终端。依照功能又可将其分为"三遥"终端和"二遥"终端，其中"二遥"终端又可分为标准型和动作型两种功能终端。

TTU（配电变压器终端）：是指安装于配电变压器，对各种运行的参数进行监控，测量的终端设备。

配电自动化终端分类如图7-2所示。

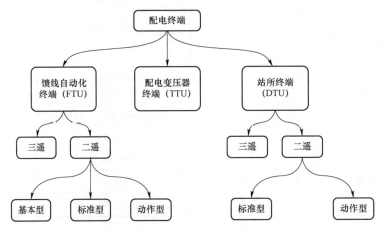

图7-2 配电自动化终端分类

（二）终端配置

配电终端应满足安全性、可靠性、易安装等原则，以节省建设投资，降低运维要求，提高经济效益为主。

按照供电区类别、线路种类、开关设备和设施，通信及监测的需求，灵活地选择各种配电线路故障诊断和处理模式，合理地配置各种配电终端设备（见表7-2）。

对供电可靠性技术要求较高的各种主干线路上的联络开关、进出线数量较多的环网室（箱）、配电室宜选择"三遥"终端，其主要作用是为了减少故障停电所影响的区域，实现快速地自主隔离故障并自动地恢复非故障区域的供电。对分支开关、末端的环网室（箱）、配电室、箱式变电站宜配置"二遥"终端，其主要功能是为了实现故障的快速定位和故障的远传功能。

表7-2　　　　　　　　　　　配电终端设备选型表

供电区域	应用场景	配电终端类型
A+		"三遥"型馈线终端
A	主干线路	"三遥"型馈线终端
	重要分支以及用户分界点	"二遥"动作型馈线终端
B	联络开关和特别重要的分段开关	"三遥"型馈线终端
	重要分支以及用户分界点	"二遥"动作型馈线终端
	普通分段开关	"二遥"标准型馈线终端

供电区域	应用场景	配电终端类型
C、D	重要分支以及用户分界点	"二遥"动作型馈线终端
	柱上开关	"二遥"标准型馈线终端
		"一遥"标准型馈线终端
E		"二遥"标准型馈线终端
		"一遥"标准型馈线终端

四、馈线自动化规划

馈线自动化是一种利用自动化装置、体系来监控配电网的运行状况，并能及时地发现配电网运行故障，进而对其中的一个故障进行定位、隔离，同时恢复对非故障地区的供电，达成这个目的有不同的技术路线和实现模式。馈线自动化可以分为集中式（故障处理策略由主站决定）和就地式馈线自动化（故障处理策略不由主站决定）两种。

集中型馈线自动化根据故障处理策略实施方式的不同可分为全自动型、半自动型和交互型。

（1）全自动型：智能配电网主站系统可以通过自动采集各个配电区域内所有配电终端的故障数据，判定各个区域配电网的正常运行状况，集中对其区域进行故障隔离，并能自动完成对配电故障区域的自动隔离和对非故障区域的及时恢复供电。

（2）半自动型：地区配电服务主站人员可以通过手机接收发送到所辖区域内所有地区配电服务终端的功能故障诊断信息，判定整个地区配电网的功能运行异常情况，集中对其功能进行故障实时诊断和智能识别，通过远程故障遥控系统实现配电故障的高分辨率实时隔离及非故障区域及时恢复正常供电。

（3）交互型：地区配电服务主站人员可以通过监控智能配电网主站系统实时采集的各个配电区域内所有配电终端的数据，判定整个地区配电网的功能运行异常情况，进行故障实时诊断和定位，主站人员通过远程遥控实现配电故障的快速隔离及非故障区域恢复供电。

就地型馈线自动化按照原理的不同，可以分为重合器式就地馈线自动化及智能分布式馈线自动化。

（一）集中型馈线自动化

集中型馈线自动化是一种通信手段，将配电终端和主站相结合，在配电系统发生故障时依靠主站来及时发现所有配电网故障地点，并且可以通过远程遥控或人工的手段对其进行故障区域的隔离，恢复非故障区域的正常供电。

集中型馈线自动化是一种特别适用于电缆线路或以混合式电缆为基础的网架上使用。网架结构一般分为单环网、双环网等形式的线路。

（二）集中型馈线自动化布点原则

集中型馈线自动化是针对配电线路的关键节点，例如主干线路的联络开关、分段开关和进出线路等数量较多的重要节点，需配置三遥配电终端。对于非关键性的配电节点，例如分支开关、无联络的末端配电室，可不配置三遥配电终端。出线开关需配置断路器，具备故障跳闸功能。

（三）架空线路集中型馈线自动化典型案例

（1）技术特性。集中型馈线自动化对架空线路网架结构的要求较低，一般可适应绝大多数情况。

（2）特点。

1）灵活性高，适应性强。可以适用于各种配电网网架结构以及运行方式，可灵活处理各种异常情况。

2）信息丰富，功能全面。可实现故障定位、隔离和恢复全面的故障处理功能，方便事故追忆和过程管控。

3）可一次性确定故障处理方案，并关操作次数相对较少。

（3）缺点。

1）对通信可靠性、实时性要求高。

2）通过远方遥控来实现对故障区域的隔离以及对非故障区域快速恢复供电。但是需要通过光纤或专网进行敷设。

（4）处理指标。从收集到处理完成相应的故障信号，故障的处理方案时间为分钟级；全自动模式下故障处理时间＜3min；单相接地故障定位结果推送时间＜5min。

1）改造前配电网网架情况。以图7-3架空线路环网图为例，涉及以下开关设备：

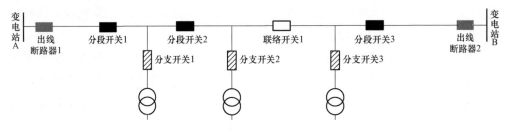

模型说明：■变电站出线开关-合位　■分段开关-合位　▨分支开关-合位　□联络开关-分位

图7-3　架空线路集中型FA模式改造前示意图

a. 分段开关：分段开关1、分段开关2、分段开关3。

b. 分支开关：分支开关1、分支开关2、分支开关3。

c. 联络开关：联络开关1。

2）改造实例（见图7-4）。改造方式：

a. 分段开关。分段开关1、分段开关2、分段开关3：进行三遥改造，更换具备电动操作机构、满足TA、TV采样，TV供电、标准二次接口的柱上开关以及具备遥控功能的FTU。

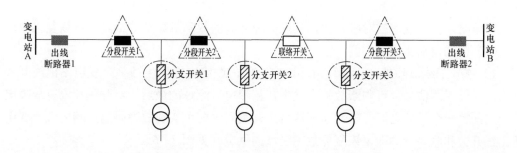

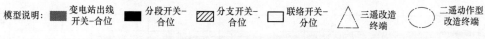

图 7-4 架空线路集中型馈线自动化模式改造后示意图

b. 分支开关。分支开关 1、分支开关 2、分支开关 3：进行二遥改造，更换具备电动操作机构、满足 TA、TV 采样，TV 供电、标准二次接口的柱上断路器以及具备故障检测、就地保护及信息远传的二遥动作型 FTU，以就地隔离支线短路故障。

c. 联络开关。进行三遥改造，更换具备电动操作机构、满足 TA、TV 采样，TV 供电、标准二次接口的柱上开关以及具备遥控功能的 FTU。

（四）电缆线路集中型馈线自动化典型案例（双环网）

电缆线路集中型馈线自动化模式适用于负荷密度大、重要的工业园区或其他对供电可靠性要求较高的区域，在线路故障时，要求相应的信息能快速上传到主站，主站能迅速的根据上传信息推送故障处理策略，实现故障隔离和非故障区域恢复供电。

（1）配电网网架情况。图 7-5 所示为手拉手双环网，A019 和 A029 为联络开关，第二个环网室 I 段母线和 II 段母线之间形成联络。

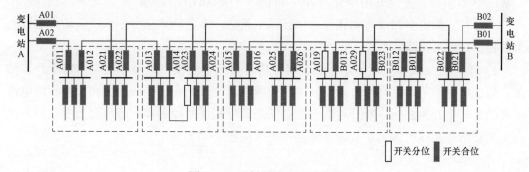

图 7-5 手拉手双环网示意图

（2）改造方案选择。以图 7-5 为例，环网室配置二段母线，每段母线配置两条 10kV 进线，配置数量不等的 10kV 出线与配电变压器联络，所有开关间隔接入三遥功能，依据实际情况选择不同的 DTU 类型。

配电自动化主站系统根据终端设备发来的故障（单相或三相）电流信息、开关运行状态（合闸或分闸）信息，及变电所自动化系统上传的变电站的开关状态、保护动作、重合闸或备自投动作信息、母线零序电压信息等进行智能故障定位，进而进一步推送故障处理策略，自动或遥控对应开关，实现故障区域的故障隔离和非故障区域恢复供电。

（3）馈线自动化实现实例。

1）单一干线故障处理。如任意环网室之间的联络电缆发生故障，变电站出线开关动作，通过遥测信号，可判断故障点发生在故障电流流过的最后一级开关和没有故障电流流过的第一个开关之间，随后断开这两个开关间隔即可实现故障隔离，随之合上变电所出线开关和联络开关即可恢复非故障区域的供电（见图7-6）。

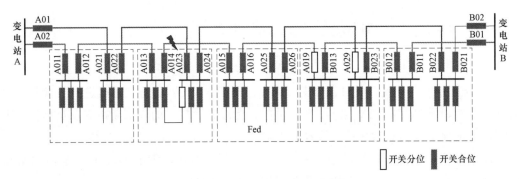

图7-6　单一干线故障处理示意图

例：假设A014开关和A105开关间发生永久性电缆故障，变电站A出线开关A01故障动作，配电主站系统根据A01、A011、A012、A013、A014开关过流信号，通过故障在过流信号末端的原理，判断故障发生在A104和A105之间，系统根据故障定位结果生成可操作的故障隔离与恢复方案：

a. 故障隔离：故障两侧A104、A105开关应断开。

b. 恢复供电：变电站出现开关A01和联络开关A019应合闸。

全自动式集中型馈线自动化自动执行以上策略，半自动式集中型馈线自动化通过人工遥控执行以上策略。

2）单一母线故障处理。如任意环网室内的母线电缆发生故障，变电站出线开关动作，通过遥测信号，可判断故障点发生在故障电流流过的最后一级开关和没有故障电流流过的第一个开关之间，断开这两个开关间隔即可实现故障隔离，随后合上变电站出线开关和联络开关便可恢复非故障区域的供电（见图7-7）。

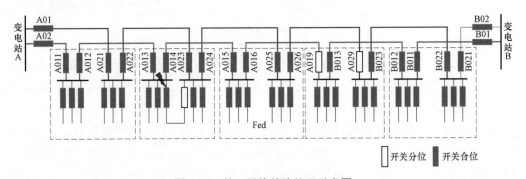

图7-7　单一母线故障处理示意图

例：假设第二个环网室Ⅰ段母线发生故障，变电站出线开关 A01 故障动作，配电主站系统根据 A01、A011、A012、A013 开关过流信号，通过故障在过流信号末端的原理，判断故障发生在 A103 和 A104 之间的开关站母线，系统根据故障定位结果生成可操作的故障隔离与恢复方案：

a. 故障隔离：故障两侧 A103、A104 开关应断开。

b. 恢复供电：变电站出线开关 A01 和联络开关 A019 应合闸。

随后自动或人工遥控执行故障处理策略。

3）单一馈线故障处理。如任意环网室馈线故障，变电站出线开关动作，通过遥测信号，可判断故障点发生在故障电流流过的最后一级开关和没有故障电流流过的第一个开关之间的开关站，通过馈线遥测值判断故障在相应的馈线上，断开相应馈线开关即可实现故障隔离，随后合上变电站出线开关和联络开关便可恢复非故障区域的供电（见图 7-8）。

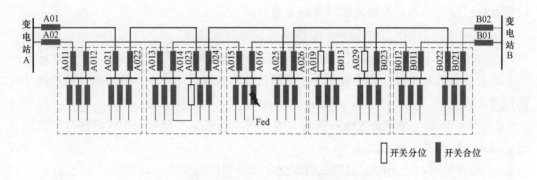

图 7-8　单一馈线故障处理示意图

例：假设第三个环网室馈线发生故障，变电站出线开关 A01 故障动作，配电主站系统根据开关 A01、A011、A012、A013、A014、A015 及馈线开关 Fed 的过流信号，通过故障在过流信号末端的原理，判断故障发生在馈线 Fed 上，系统根据故障定位结果生成可操作的故障隔离与恢复方案：

a. 故障隔离：馈线开关 Fed 应断开。

b. 恢复供电：变电站出线开关 A01 应合闸。

随后自动或人工遥控执行故障处理策略。

（五）就地型馈线自动化

就地型馈线自动化本身不需要依赖主站，在配电网发生故障时，可通过配电终端自身的故障判断逻辑以及重合闸时间的配合或者整个配电网的终端之间的相互通信，来实现故障区域的定位与隔离，并恢复非故障区块的正常供电，见表 7-3。

表 7-3   就 地 型 馈 线 自 动 化

馈线自动化类型	是否依赖主站	基本原理	应用场合
重合器式馈线自动化	否	通过线路上不同开关延时合闸的时间配合以及设备自身的判断逻辑，与变电站出线开关的重合闸配合，实现故障隔离及负荷转供	负荷密度小，郊区的配电线路，典型应用为电压时间型馈线自动化
智能分布式馈线自动化	否	依赖 DTU/FTU 的相互通信，判断故障区域，实现故障隔离及负荷转供	对供电可靠性有特殊需求的场合，应用不广

重合器式就地型馈线自动化模式在实现方式上又可以分为电压时序型、电压电流型、自适应综合型三种。

（1）电压时序型。

1）适用范围。

a. 适用于供电可靠性要求不高于 99.99% 的城市（城郊）电网、农村电网的架空线路，变电站出口需配置至少 1 次重合闸（若只配置一次重合闸，首个开关的来电合闸时间需要躲过变电站出口断路器的重合闸充电时间）。

b. 适用于网架结构为单辐射、单联络等简单网架线路。

c. 适用于大电流接地方式的配电线路或小电流接地方式且站内安装了接地选线跳闸和重合装置的配电线路，不适用于小电流接地方式并且站内不具备接地选线跳闸功能的线路。

2）布点原则。大分支线路需安装一级开关，开关型号需与主干线路保持一致。一条干线的分段开关不宜超过 3 个。

3）技术原理。电压时间型馈线自动化主要是利用开关"失压分闸、来电延时合闸"相关功能，以电压时间为判断依据，并配合变电站出线开关重合闸功能，依靠设备自身的逻辑判断功能，自动进行故障隔离，同时恢复非故障区域的供电。变电站跳闸后，开关失压分闸，变电站重合后，开关来电延时合闸，根据合闸前后的电压保持时间，确定故障位置并进行隔离，同时恢复故障点电源方向非故障区间的供电。

4）性能指标。故障的定位和隔离不需依赖于通信和主站，可以实行就地完成，故障定位及隔离时间比较短。

典型三开关四分段的拉手线路，故障隔离时间最长 $3 \times X + t1$，X 为来电延时合闸时间，$t1$ 为变电站一次重合闸延时时间。

配电线路运行方式改变后，为确保馈线自动化正确动作，需对终端定值进行重新调整。

5）改造案例。

1）改造前配电网网架情况（见图 7-9）。

a. 变电所出线开关：CB1。

b. 主干线分段开关：F001、F002、F003。

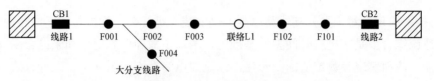

图7-9　重合器式就地型馈线自动化模式改造前实例

c. 联络开关：L1。

d. 大分支线路开关：F004。

2）改造后情况（见图7-10）。

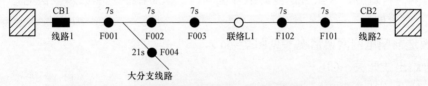

图7-10　重合器式就地型馈线自动化模式改造后实例

a. 主干线分段开关：F001、F002、F003，改造具备失电分闸、来电延时合闸功能的一二次融合开关，配置二遥动作型FTU。

b. 联络开关：L1，改造具备单侧失压长延时合闸功能的一二次融合开关，配置二遥动作型FTU。

c. 大分支线路开关：F004，改造具备失电分闸、来电延时合闸功能的一二次融合开关，配置二遥动作型FTU。

关键参数配置按照主干线优先恢复供电的原则进行。

a. 变电站出线开关：CB1投入二次重合闸，参考一次重合2s、二次重合15s，以调度下发的定值单为准。

b. 主干线分段开关（F001、F002、F003）：启动分段模式，参数参考 X 时间7s、Y 时间5s、Z 时间3.5s，失电分闸时间0.3s，以调度下发的定值单为准。

c. 联络开关L1：启用联络模式，参数参考 X 时间45s、Y 时间5s，Z 时间3.5s，以调度下发的定值单为准。

d. 大分支线路开关：F004启动分段模式，参数参考 X 时间以主干线最长恢复供电时间整定21s、Y 时间5s、Z 时间3.5s，失电分闸时间0.3s，以调度下发的定值单为准。

（2）自适应综合型。

1）适用范围。适用于供电可靠性要求不高于99.99%的城市（城郊）电网、农村电网的架空线路、架混线路或电缆线路，变电站出口需配置2次重合闸。

网架结构为单辐射、单联络或多联络的复杂线路，变电站需配置至少一次重合闸功能。

适用于大电流或小电流接地方式的配电线路，可完成单相接地故障就地处理。

2）布点原则。变电站出线开关到联络位置的干线分段开关及联络开关，均可采用自适应综合型开关作为分段开关，一条干线的分段开关不宜超过3个。

3）技术原理。对于大分支线路原则上仅安装一级开关，配置与主干线相同开关。

自适应综合型是在电压时间型的基础上，增加了故障信息记忆和来电合闸延时自动选择功能，从而实现参数定值的归一化，满足配电终端不会因网架、运行方式下调整带来的参数调整。

自适应综合型馈线自动化需选用具备单相接地故障暂态特征量检出功能的新型配电终端，通过"无压分闸、来电延时合闸"方式、结合短路/接地故障检测技术与故障路径优先处理控制策略，配合变电站出线开关二次合闸，实现多分支多联络配电网架的故障定位与隔离自适应，一次合闸隔离故障区间，二次合闸恢复非故障段供电。

4）改造案例。

a. 改造前配电网网架情况（见图7-11）。

变电站出线开关：CB。

主干线分段开关：FS1、FS2、FS3。

联络开关：LSW1、LSW2。

大分支线路开关：FS4、FS5、FS6。

b. 改造后情况（见图7-12）。

变电站出线开关：CB 配置二次重合闸。

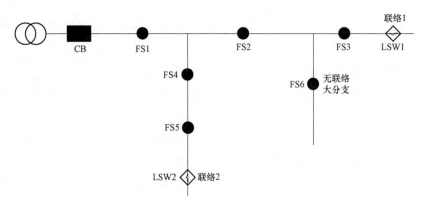

图7-11 自适应综合型馈线自动化模式改造前实例

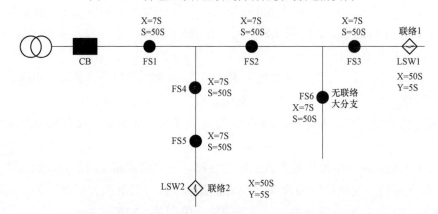

图7-12 自适应综合型馈线自动化模式改造后实例

主干线分段开关：FS1、FS2、FS3 改造具备失电分闸、来电延时合闸功能的一二次融合开关，配置二遥动作型 FTU。

联络开关：LSW1、LSW2 改造具备单侧失压延时合闸功能的一二次融合开关，配置二遥动作型 FTU。

大分支线路开关：FS4、FS5、FS6 改造具备失电分闸、来电延时合闸功能的一二次融合开关，配置二遥动作型 FTU。

关键参数配置按照主干线优先恢复供电的原则进行。

变电站出线开关：CB 投入二次重合闸，参考一次重合 2s、二次重合 15s，以调度下发的定值单为准。

主干线及大分支分段开关（FS1、FS2、FS3、FS4、FS5、FS6）：启动分段模式，参数参考 X 时间 7s、Y 时间 5s、Z 时间 3.5s、S（非故障长延时时间 50s），失电分闸时间 0.3s，以调度下发的定值单为准。

联络开关（LSW1、LSW2）：启用联络模式，参数参考 X 时间 50s、Y 时间 5s、Z 时间 3.5s，以调度下发的定值单为准。

第二节　配电通信网规划

一、总体原则

（1）配电通信网规划应符合国家发展战略和规划，强调信息网络可靠性、安全性、实时性的要求，充分利用电力通信网中现有的通信网络资源，完善配电网络通信基础设施全面覆盖的要求。当前配电设备在全域内分布广泛，立足于通信网络大量通信节点和广泛分布节点等现状，充分调研全网配电自动化业务现状和市场预期之间的差距，结合当前通信网络技术的变革方向，最大程度调用当前通信网络资源，详尽地考虑综合业务应用需求，进行统筹全局、全面安排、立足长期、目标长远的配电通信网规划。

（2）配电通信接入网分类标准之一是按照组网模式，依照此标准分为无线和有线两种模式。为了取消中间层级，加强基层网络基本职能，降低系统时延，简化运营维护成本，配电通信网提出扁平化组网架构的革新要求。无线组网模式可以进一步进行分类，按照使用的网络类型，可分为无线公网和无线专网两种方式。应根据配电通信接入网实际建设情况以及本地区无线网络覆盖情况，灵活采用无线通信与光纤通信相结合、无线公网与无线专网相结合的多元融合组网模式，保证电力通信网的安全性、可靠性、可扩展性的特性。

（3）配电通信网的安全可靠持续运行是通信网建设的底线，电力监控系统的安全防护要求提到了新的高度，所有的配电通信网都必须采取必要的措施实现安全防护。遵循《电力监控系统安全防护规定》（电监会 14 号令）、《关于加强配电网自动化系统安全防护工作的通知》（国家电网调〔2011〕168 号）等标准和技术文件，在遥控操作中使用认证加密技术是必需的，并且必须使用经过认证的加密技术，设置必要的防火墙设施以加

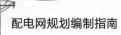

强系统安全性。

（4）配电通信网应采用成熟、稳定、高可信、广兼容的通信设备进行组网布置，通信设备应采用综合管理的方式，统一的接入方式、接口标准和接口管理规范可以实现更科学、更可靠的配电通信组网。配电通信设备的电源与配电终端电源应考虑一体化配置，根据电源系统配置和电压等级选择合适的后备电源。

二、组网方式

随着通信技术的不断变革进步，应用于配电网通信系统的通信方式得到了长足的发展，有线通信技术发展出了包括光纤通信和电力线载波通信在内的通信方式，无线通信技术发展出了包括 GPRS（General Packet Radio Service，通用分组无线业务）、微波通信等新技术，得益于发展出的新技术所具备的优良特性，这些多种多样的通信组网方式开始广泛应用于配电网通信系统。

（1）有线通信方式。在配电网通信系统中的有线通信方式主要是以光纤通信为主，光纤通信具有诸多优势特性，传输速度快、传输带宽大、通信容量大、传输可靠性高、传输损耗小、电磁耐受性高都是其他通信方式无法兼得的优点，可以满足高速以太网的通信要求，因而逐渐成为高速以太网的主要通信方式。为了满足配电网运行对实时响应的高需求，能够自动进行故障隔离成为配电网自动化通信过程的必备功能，因此对实时响应要求更高的区域宜采用光纤专网通信方式。光纤通信网包含 EPON（Ethernet Passive Optical Network，以太网方式无源光网络）、GPON（Giigabit–Capable Passive Optical Network，吉比特无源光网络）、工业以太网。光纤通信的缺点是灵活性较差、施工复杂、价格较高等。

电力线载波通信方式是另一个使用较为广泛的配电网有线通信方式。电力线载波通信方式依赖于电力系统广泛的电力线架构网络，凭借电力系统其独特且广泛的基础设施架构，可以高效地通过高频载波的方式，以电力传输线路为媒介，将信号进行传输，在信号接收端采用电容耦合方式来获取传输的高频信号并解码得到传递的信息。电力线载波可用于架空线路或电缆线路，应用于电缆线路时可选择电缆屏蔽层载波等技术。电力线载波通信的缺点是易受电力传输线路短路及断线故障的影响，不宜传输保护信息，可靠性和安全性得不到保障，故需因地制宜选择合适的通信方式。

（2）无线通信方式。电磁波可以在空间中进行无线信息传输，无线通信正是利用这一特性开发的一种通信方式，根据适用范围可以分为无线公网和无线专网通信。

目前无线公网通信主要以 GPRS 公网通信为主（数据量小、延时要求低的业务），随着业务需求日趋多元化，逐步推进 4G、5G 公网通信。GPRS 是基于现有 GSM 网络开发的一种新型的分组交换、数据传输技术。GPRS 相较于以往的无线通信方式在传输速率和使用灵活性上具有较大的优势，给系统的运行控制带来极大的便利。但对于高要求的业务需要则显得有心无力，安全性、私密性也缺乏保障。

受限于无线专网的特殊使用场景的通信方式，无线专网通信宜选择符合国际标准、适用性强、多厂家提供支持的网络宽带技术。目前无线专网通信方式有电力 230MHz 无线专网以及逐步成熟的 5G 切片电力专网，5G 技术在配电网中的应用将越来越丰富。可将覆盖区域内的配电网通信、自动化等信息接入系统，形成通信专用通道，具备高度的安全性和可靠性。

无线公网通信和无线专网通信均应遵守国家和行业的文件规范技术要求，采取经过认证的加密技术，通过电网企业安全接入平台接入企业信息内网。采用无线公网通信方式时，应优先选择 APN（Access Point Name，接入点）或者 VPN（Virtual Private Network，虚拟专网）技术进行访问和控制操作，规避可能的网络攻击风险，提高安全性；采用无线专网通信方式时，由于已经处于较为封闭隔离的网络中，组网过程采用特定的无线频率，确保双向鉴权认证、安全性激活即可保证无线专网通信的安全性。

三、通信方式选择

目前，在配电通信网中通信方式百花齐放，配电自动化业务也日益多样化，但是单一的通信方式难以保障所有的业务都能实现。因此电力部门在规划和建设通信专网的过程中，应充分考虑配电网系统结构，结合配电自动化现状和新的业务需求，强调通信方式选择时对实用和拓展的要求，合理搭配根据需要融合多种通信方式，使用不同通信方式的技术优势进行优势互补，组建一个稳定、高效、可靠的配电通信网。

根据不同线路电压等级和方式，选择合适的光缆通信方式，110kV 及以上架空线路光缆宜采用 OPGW 光缆，线路采用双地线架设的宜设计 2 根 OPGW 光缆；35kV 架空线路光缆可采用 OPGW 或 ADSS 光缆，线路采用单地线架设的宜设计 1 根 OPGW 光缆，110kV 及以上或 35kV 线路电缆敷设，则电缆管道考虑通信专用孔，敷设普通光缆。10kV 配电网线路光缆宜采用 ADSS 光缆或普通光缆，根据实际情况灵活使用架空、沟（管）道或直埋敷设方式。特别需要注意的是在配电网一次网架规划和建设的同时，10、20kV 和 6kV 等线路光缆应同步规划和建设，或者为相应等级下线路光缆提供预留位置。配电网通信系统光缆选型建议见表 7-4。

表 7-4　　　　　　　　　　配电网通信系统光缆选型建议

电压等级（kV）	光缆主要敷设形式	光缆型号	纤芯型号
110（66）	架空	应采用 OPGW 光缆	
35	架空、沟（管）道或直埋	可采用 OPGW、ADSS 光缆或普通光缆	ITU-T G.652
10	架空、沟（管）道或直埋	可采用 ADSS 光缆或普通光缆	

根据实施工程项目配电自动化所在区域的具体情况规划设计时选择合适有效的通信方式。A+ 类供电区域主要是在市中心区域配电自动化设备布置较集中，有利于光缆建设，故以光纤通信方式为主。A、B、C 类供电区域应根据三遥、二遥的配置方式综合考虑采用光纤、无线或载波通信方式。D、E 类供电区域主要是城镇和农村区域配电自动化设备布置较分散，光缆建设困难、成本大，故以无线或载波通信方式为主。配电终端通信方式推荐见表 7-5。

表7-5　　　　　　　　　　　配电终端通信方式推荐表

供电区域	通信方式
A+	光纤通信为主
A、B、C	根据三遥、二遥的配置方式确定采用光纤、无线或载波通信
D、E	无线或载波通信

四、通信网络总体结构

配电自动化通信系统在不同场景一般具有不同的规模和模式，因地制宜合理地选择拓扑结构，往往因为系统应用和业务的多样性需求，采用多种拓扑结构并存的混合模式。通信网络总体结构如图7-13所示。通信系统的拓扑结构包括总线型结构、星型结构和环型结构等。

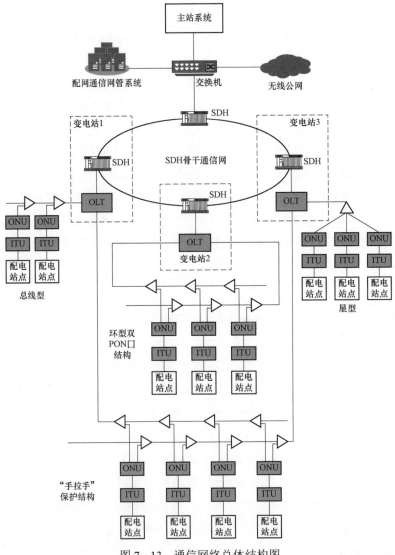

图7-13　通信网络总体结构图

各网络节点的变电站和调度大楼现存大量的 SDH 设备和通信光纤网络资源，因此各主站至变电站的通信网络建设应充分利用这些资源，地县级骨干通信网建设原则是应接收来自 10kV 变电站内的配电自动化数据信息。

PON 是一个无源光纤网络，经过多年的发展和应用，PON 技术种类已涵盖 TPON、APON、EPON、GPON 等，各项技术和产品广泛应用于配电通信网络。目前 PON 通信技术已经在实践中得到检验，广泛应用于大多数变电站和配电终端之间的通信过程，在 10kV 配电通信网中，变电站收集到的配电站点数据信息以光纤通信的方式汇集和传输。和传统光通信技术的点对点通信方式不同，PON 通信技术是一种点对多点的通信方式。

五、配电通信接入网

（1）配电通信接入网组网应根据配电自动化实际采集的数据和现有通信网络资源，选择可靠、安全、稳定、高效的组网方式。

（2）在配电自动化终端站中，通信终端设备普遍采用体积小、集成度高、功耗低的终端设备，要求电源与配电终端的电源进行集成。配电自动化"三遥"终端宜采用光纤通信方式；"二遥"终端宜采用无线通信方式；既有光缆通过的"二遥"终端宜选择光纤通信方式；在不能敷设光缆的地段，可采用电力线载波和无线通信混合通信方式进行补充完善。电力线载波不宜进行独立设置组网。

（3）在光缆覆盖的区域，用电信息采集系统运行时的远程通信方式大多选用光纤方式；在光缆未完全覆盖的其他区域则以实际情况为准，且多以无线通信方式为主。

（4）配电通信接入网光纤接入方式从技术上可分为有源光网络（Active Optical Network，AON）和无源光网络（Passive Optical Network，PON），区别在于有源电子设备是否存在于光分配电网络 ODN 中，光信号传输过程是否存在光电有源转换。

无源光网络技术中应用最广泛、技术最成熟的是基于以太网技术的 PON 技术，即 EPON 技术。EPON 技术作为以太网技术和 PON 技术的融合，进行优势互补，实现高带宽、灵活组网、高扩展性等要求，凭借其日益成熟的组网技术和推广价值，成为得到广泛应用的一种 PON 技术。

典型 EPON 系统由 OLT（光链路终端）、ONU（光网络单元）及 ODN（光分配电网）组成。由于 OLT 部署在骨干层通信子站，因此接入层通信网主要由 ONU 和 ODN 两部分组成。ONU 设备一般部署在 10kV 开关站、户外真空断路器、环网柜、配电室、配电变压器等位置，对于室外站点可安装在配电终端的机柜内。

ODN 是连接 OLT 和 ONU 的无源光网络，由主干光缆、分支光缆和 POS 无源分光器组成。ODN 为 OLT 和 ONU 之间的可靠通信提供更高级别的保障，因此 ODN 的合理配置成为 EPON 组网的关键。ODN 设计的重点应关注光缆选型与敷设方式、ODN 分光方式、光链路拓扑结构等关键因素。

EPON 拥有较多的光链路保护结构类型，可根据业务需求和低压配电线路特点，实现不同的光链路保护效果，实际应用较多的主要是双向链路保护结构和环形链路保护结构。双向链路保护结构如图 7-14 所示，其结构与 10kV 配电线路"手拉手"接线方式类似。

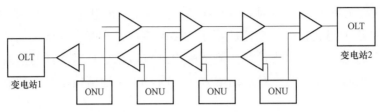

图 7-14　双向链路保护结构示意图

对双向链路保护的拓扑结构进行拆分可以发现，手拉手型保护环网是由位于两个变电站的各一台 OLT 设备，各敷设一条主干光缆向下延伸构成的。配电终端处的 ONU 设备，其双 PON 口配置分别连接两条来自不同变电站 OLT 设备延伸出来的主干光缆，ONU 设备的双 PON 口互为热备用，在出现故障时可实现快速倒换，倒换时间小于 50ms。双向链路保护结构保护方向与工作方向相反，在工作原理上能够保证 ODN 网的全保护。

单辐射型网络拓扑结构是一种典型的总线型结构，可以采用链型 ODN 组网。单辐射型网络多用于单电源辐射接线方式。单辐射型组网结构简单，组网方式多变灵活，可根据配电节点实际分布情况采用"总线型＋星型"或"总线型＋树型"等混合拓扑结构。但由于单辐射型组网结构缺乏必要的链路保护体系，通信可靠性难以得到有效的保障。

环网型网络拓扑具备环型冗余保护机制，可实现主干光缆、分支光缆、PON 端口 1＋1 冗余保护，具备抗单点以及多点失效的能力，大大提升环网型拓扑结构的安全性和可靠性，保护倒换时间小于 50ms，可为实时监控管理重点线路的配电设备和运行情况提供保障。

环形链路保护结构如图 7-15 所示，一个变电站内的一台 OLT 设备馈出的两条光缆链路，向下串接具备双 PON 口配置的 ONU 设备。OLT 设备的双 PON 口均处于工作状态，ONU 设备经双 PON 口将信息连接至两条链路，在 OLT 设备处汇聚。与双向链路保护结构相比较，两者的重要区别之一就是保护方向和工作方向是否相同，环型链路保护结构的保护方向与工作方向是一致的。

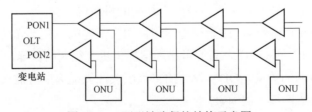

图 7-15　环形链路保护结构示意图

六、配电网通信网管系统

配电通信网网络管理系统通常布置在配电主站处，实现对配电网通信设备、通信通道和重要通信站工作状态的统一监控和管理，包括拓扑管理、故障管理、性能管理、配置管理和安全管理等。配电主站按统一接口规范接入配电网通信网管系统，配电网通信网络管理系统一般采用分层体系结构，有利于配电通信系统的管理与维护。

第八章 电力设施布局规划

第一节 配 电 站 房

配电站房一般为两路电源，是上级变电站电源输入、馈线配有带断路器、对功率进行再分配的配电成套设备及土建配套设施的总称。其中环网设备为环进环出及分接馈线负载的配电装置。环网柜按结构一般分为共箱型和间隔型，一个配电间隔或者一个配电开关称为一面环网柜。配电设备是将 20kV（10kV）电压转换为 380V/220V，并分配电力电源的户内配电及土建配套设施，配电室内一般设中压开关柜、配电变压器、低压开关柜等装置。配电室按中压配电功能可分为终端型和环网型。终端型结构配电室主要为低压电力用户分配电力电能；环网型结构配电室除了为电力用户分配电力电能外，还常常用于电缆线路的环进环出以及工业用电或居民用电等分接负荷。

配电网中的配电站房是配电网电力系统供电级层的中枢，并且随着电力系统的发展而发展。分层是指按照配电网络或者同等电压等级的用电负荷再分配为原则，根据配电网络的传输能力大小，将配电网电力系统划分成为有层次结构的配电设备群。为了充分发挥各级电压网络的电力传输效率，常常将不同的配电站房按照负荷的大小分别接到与之相适应的等级的电压网络上。电力系统的分区是以供电区域为主体进行概念化，是对电力系统各组成部分的一种认知，在地理上层面的行政区划是有区别的，但两者一定的关联。一个区域配电网系统是以受端系统为核心需求，以配电线路为主要网络所构建的局部系统，它是以其配电站房为中心，将附近的源网荷储相互连接在一起，成为一个完全独立的配电网系统。

一、变电站

（一）变电站的概念

变电站是电力系统中转换电压、接受电源和分配电能、控制电力负荷流向和调整电压的电力设施，它通过配电变压器将各级电压的电网联系起来。目前配电网应用最为广泛的主要是降压站，主要组成为变压器和成套开关设备等。

（二）一般原则

区域负荷预测确定以后，需要进行电力电量平衡，也就是根据某一时期的实际负荷确定所需的电力和电量，并安排相应的电力电源接入。在电力系统规划中，电源是指各种形式的发电厂；在配电网规划中，电源主要指各级变电站。本章分析配电网规划的问题，所指电源主要指各级变电站。因为各级变电站是电网正常供电的基本保障，所以其位置、容量、供电区域、数量、分布等问题都必须经过详细的论证和规划。

（三）变电站布置

变电站的布置应因地制宜、紧凑合理，确保供电设施安全、设备运行经济平稳、维护方便的前提下尽可能节约用地，并为变电站近区供配电设施预留一定位置与空间，变电站布置形式应结合所选站址实际情况采用户内、半户内或户外。在已有规划成熟的经济开发区，中心城市负荷区，高污秽等级区域或其他受站址环境条件限制或约束区域，应选择占地较小的紧凑型设备。新建 110kV 变电站一般采用 GIS 设备半户内布置，A+、A 类供区可采用 GIS 设备全户内布置。

（四）变电站站址选择

变电站站址应符合下列要求。

（1）接近或靠近负荷中心。在选择站址方案时，提前整理本变电站的供电负荷对象、负荷分布、供电要求、变电站本期和远景在系统中的地位和作用。选择比较接近负荷中心的位置作为变电站的站址，以便减少配电网的所需投资和线路网损。

（2）使区域供电电源布置合理。应考虑区域内原有电源、新建电源以及规划建设电源情况，使区域内电源和变电站不集中在一侧，以便电源布局分散，从而既减少二次电网的投资和网损，又达到安全可靠供电的目的。

（3）各期进出线方便，各级电压出线的规划有序，不仅要使送电线路能有进有出，而且要使送电线路减少交叉跨越和转角。

（4）在选择站址时，避免使用菜地良田等优质用地，增加荒地利用的可能性，应不占或少占农用地，最好哪年用哪年征，但需留有发展空间。

（5）确定站址时，如飞机场、导航台、收发信台、地台、铁路信号等设施，对无线电干扰有一定要求，站址距上述设施距离应满足有关规定，以便保证变电站对附近原有设施无影响。站址附近不应有火药库、弹药库、打靶场等设施。当站址附近工厂排出腐蚀性气体时，布置时应根据风向避开有害气体。

（6）交通运输方便。选择站址时不仅要考虑施工时设备材料及变压器等大型设备的运输，还要考虑运行、检修时的交通运输方便。一般情况下站址要靠近公路或铁路，引接公路要短，以便减少投资。

（7）变电站选址不应设置在低洼易涝地区，有严寒冻土区域应考虑季节冻土地基，变电站还应考虑海拔高度、环境温度、污秽条件、日照强度和地震烈度等相关水文地质条件的要求。

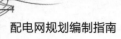

（8）所选站址应具有可靠水源，排水方便，并且应满足施工条件方便等。

二、环网室（箱）

（一）环网设备的概念

用于电缆线路环进环出及分接负荷的配电装置。进出线开关一般选用负荷开关或断路器，用于分接负荷的开关采用断路器为主，按结构可分为共箱型和间隔型，一般按每个间隔或每个开关称为一面环网柜，多个环网柜组成环网室（箱）。

（二）一般原则

环网室宜应靠近市政道路，便于电力线路进出；新建两座及以上环网室时，各环网室应分散布置，各环网室不得使用同一进出线廊道与市政电力管线连接。各环网室宜设置独立的电力管线与市政电力管线连接。

环网室设备运输通道应满日常运行维护、消防等要求，门口设置内嵌式消防箱，内置灭火器。

环网室应设置在地上一层，站址标高（设备层）应高于当地 50 年一遇洪水位以上，以及历史最高内涝水位，不应设在地势低洼和可能积水的场所。

环网室宜单独设置，当条件受限时，可与公建设施结合，严禁与居民住宅直接相邻。设置在高层民用建设内的环网室应设置自动灭火系统，并宜采用气体灭火系统。

与电气设备无关的管道和线路严禁在环网室内通过；环网室上一层严禁设置厕所、浴室、厨房或其他用水场所，且不应与上述场所相邻近，环网室的上一层和下一层不应为居民住宅。

环网室电缆夹层应采取有效的防水和排水措施，与室外连接电缆管道需采用专业封堵材料进行封堵。

设备层灯具采用 LED 光源，电缆层照明采用 LED 防爆日光灯，单管光源，视情况接入监控系统。

环网室内不应设置立柱及影响整体层高的梁结构，电缆层采用整体现浇结构，应尽量减少承重结构立柱，与公建结合的环网室电缆层结构应由小区建设方综合考虑建筑结构，且应符合电力标准。

开关柜应按相关国家标准进行选型，通过型式试验，"五防"功能完备，能满足现场停电检修和维护等运行使用要求。开关柜母线、进线柜、母联柜的额定容量，同一环网室内应选用技术参数匹配、结构一致的开关柜。

环网室均应采用负荷开关柜和断路器柜。环网室宜采用气体绝缘柜，防护等级宜在 IP3X 及以上。

环网室通风必须满足设备散热的要求，应装设空调，保持设备在平稳的环境中运行，应增加专门的通风装置。环网室应分别在设备层和电缆层设置低位强排风系统和排水系统，内有六氟化硫（SF_6）配电装置的设备的环网室应安装六氟化硫浓度报警仪和氧量仪。

新建环网室及设备宜具备环境监测、智能门禁、电缆终端测温、电缆仓灭火、母线温度监测、环境温湿度监测等功能。环网室内应设置空调和除湿机，配置应符合相关暖通等相关标准。

三、配电室、箱式变电站、配电变台

（一）基本概念

配电设备将 20kV（10kV）变换为 220V/380V，并分配电力的户内配电设备及土建设施，配电室内一般设有开关、配电变压器、低压开关等装置。按类型可分为户内配电室、户外箱式变电站以及户外杆上配电变压器台（主要用于乡村配电）。

（二）一般原则

（1）配电室、箱式变电站、配电变压器台应布置在区域所带负荷中心，应和人员密集的公共场所、住宅等保持相应距离，满足消防等规范要求。

（2）如配电站房馈线为单相时，合理选择单相负荷的相位，三相尽量平衡。最大相负荷不应超过三相负荷平均值的 115%，最小相负荷不应小于三相负荷平均值的 85%。

（3）配电站房馈线低压供电半径不宜大于 250m，且低压供电距离不应大于 300m，超过 300m 时应采取增大线路截面等措施满足电能质量要求。

（4）配电室应设在地上一层，并应配建有永久性的电气设备运输和检修通道，电气设备运输和检修通道不得经过小区绿化带或公用建筑。当配电室与公建相结合时，必须采用隔音、避震措施。

（5）配电室设备层不宜设置立柱，电缆层应尽量减少承重结构立柱，与公建结合的配电室底板应由小区建设方综合考虑建筑结构，且必须符合电力标准。

（6）箱式变电站和配电变压器台安装位置应满足吊装要求，便于日常巡视和检修。

四、低压分支箱

（一）基本概念

电缆分支箱仅作为电缆分支使用，电缆分支箱的主要作用是将电缆分接或转接，主要起电缆分接作用和电缆转接作用。

（1）电缆分接作用。在一条距离比较长的线路上有多根小面积电缆往往会造成电缆使用浪费，于是在出线到用电负荷中，往往使用主干大电缆出线，然后在接近负荷的时候，使用电缆分支箱将主干电缆分成若干小面积电缆，由小面积电缆接入负荷。这样的接线方式广泛用于城市电网中的路灯等供电、小用户供电。

（2）电缆转接作用。在一条比较长的线路上，电缆的长度无法满足线路的要求，那就必须使用电缆接头或者电缆转接箱，通常短距离时候采用电缆中间接头，但线路比较长的时候，根据经验在 1000m 以上的电缆线路上，如果电缆中间有多中间接头，为了确保安全，会在其中考虑电缆分支箱进行转接。

（二）一般原则

随着配电网电缆化进程的发展，当容量不大的独立负荷分布较集中时，可使用电缆分支箱进行电缆多分支的连接，因为分支箱不能直接对每路进行操作。

电缆分支箱广泛用于居民生活用电系统，随着技术的进步，现在带开关的电缆分支箱也不断增加，而城市电缆往往都采用双回路供电方式，这也使得电缆分支箱和环网柜的界限开始模糊了。

第二节 电力廊道

一、架空线路

（一）架空线路的概念

架空线路主要指架空明线，架设在地面之上，是用绝缘子将输电导线固定在直立于地面的杆塔上以传输电能的输电线路。架设及维修比较方便，成本较低，但容易受到气象和环境（如大风、雷击、污秽、冰雪等）的影响而引起故障，同时整个输电走廊占用土地面积较多，易对周边环境造成电磁干扰。

架空线路的主要部件有：导线和避雷线（架空地线）、杆塔、绝缘子、金具、杆塔基础、拉线和接地装置等。

10/20kV 架空配电线路（含同杆架设的 380/220V 线路）的气象条件、10kV（含同杆架设的 380/220V 线路）导线型号的选取和导线应力弧垂表、多样化杆头布置、直线水泥单杆、无拉线转角水泥单杆及拉线转角水泥单杆的选用、拉线直线水泥双杆及拉线转角水泥双杆的选用、直线钢管杆及耐张钢管杆的选用、窄基塔的选用、金具和绝缘子选用及防雷与接地、柱上设备、柱上配电自动化终端及配套装置、耐张及分支杆引线布置、线路标识及警示装置等。

（二）架空线路路径选择的一般原则

（1）从供电点到用电点，要尽可能走近路、走直路，转角尽可能少，以避免交叉跨越或曲折迂回。

（2）地势越平坦越好，尽量避开积水或水淹地区，避开山洪或雨水冲刷地带，避开有爆炸物、腐蚀物体的工厂，以及易燃物、储存粮棉的仓库等场所。

（3）选择线路路径时应遵守我国有关法律和法令。

（4）选择线路路径时，应认真做好调查研究，少占农田，综合考虑运行、施工、交通运输条件和路径长度等因素，与有关单位或部门协商，本着统筹兼顾，全面安排的原则进行方案比较，做到技术经济合理，安全适用。

（5）线路应尽可能避开森林、绿化区、果木林、防护林带、公园等，必须穿越时也应从最窄处通过，尽量减少砍伐树木。

（6）路径选择应尽量避免拆迁和拆除其他建筑物。同时，线路应尽量避开重冰区和强风区等不良地段，以减少基础施工量。

（7）有大跨越线路，其路径方案应结合大跨越的情况，通过综合技术经济比较确定。

跨越点应尽量避开河道不稳定、地质不良、土地易流失等影响安全运行的地带，否则应采取可靠措施。

二、电缆管沟

（一）电缆管沟的概念

采用电缆保护管和电缆工井进线电力电缆敷设的方式，主要以地埋方式进行电力电缆线路输送，可采用非开挖及开挖型电力电缆管道类型，主要应用于城市或人员密集的乡村区域。

（二）电缆管沟路径选择的一般原则

（1）电缆线路应与城镇总体规划相结合，应与各种管线和其他市政设施统一安排，且应征得规划部门认可。根据发展趋势及统一规划，有条件的地区可考虑政府主导的地下综合管廊。

（2）电缆敷设路径应综合考虑路径长度、施工、运行和维护方便等因素，统筹兼顾，做到经济合理、安全适用。

（3）应避开可能挖掘施工的地方，避免电缆遭受机械性外力、过热、腐蚀等危害。

（4）应便于敷设与维修、应有利于电缆接头及终端的布置与施工。

（5）在符合安全性要求下，电缆敷设路径应有利于降低电缆及其构筑物的综合投资。

（6）供敷设电缆用的土建设施宜按电网远期规划并预留适当裕度一次建成。

（7）电缆在任何敷设方式及其全部路径条件的上下左右改变部位，均应满足电缆允许弯曲半径要求。本典型设计电缆允许最小弯曲半径采用 15 倍电缆外径。如遇湿陷性黄土、淤泥、冻土等特殊地质应进行相应的地基处理。

（8）对于 1000m＜海拔≤4000m 的高海拔地区，由于温度过低，会使电气设备内某些材料变硬变脆，影响设备的正常运行。同时由于昼夜温差过大，易产生凝露，使零部件变形、开裂等。因而，高原地区电缆设备选型应结合地区的运行经验提出相应的特殊要求，需要校验其电气参数或选用高原型的电气设备产品，交联聚乙烯绝缘电力电缆的最低长期使用温度为−40℃。

三、综合管廊

（一）综合管廊的概念

综合管廊就是地下城市管道综合走廊。即在城市地下建造一个隧道空间，将电力、通信，燃气、供热、给排水等各种工程管线集于一体，设有专门的检修口、吊装口和监测系统，实施统一规划、统一设计、统一建设和管理，是保障城市运行的重要基础设施和"生命线"。

综合管廊宜分为干线综合管廊、支线综合管廊及缆线管廊。线缆管廊包括电力廊道，通信廊道等干线综合管廊：用于容纳城市主干工程管线采用独立分舱方式建设的综合管廊。支线综合管廊：用于容纳城市配给工程管线采用单舱或双舱方式建设的综合管廊。

缆线管廊：采用浅埋沟道方式建设，设有可开启盖板但其内部空间不能满足人员正常通行要求，用于容纳电力电缆和通信线缆的管廊。GB 50838—2012《城市综合管廊工程技术规范》进行了较大的修改和完善，对中国综合管廊建设的推动起到了积极的作用，本版规范强调原则上所有管线必须入廊，但也扩充了综合管廊的分类，新增了缆线管廊。

（二）综合管廊建设原则

（1）布局原则。新城区重点规划及高强度开发区、建成区内成片改造高强度开发区域可建设综合管廊。

管廊选线宜选择主干管网较为集中的道路。沿道路绿化带建设，便于管廊通风口、投料口等宜结合区域用地规划、立体交通体系和地下空间开发规划统筹考虑，管底通风风投料口可以结合地下空间间及公共建建筑设置。

（2）综合管廊规划原则。遵循整体开发、体化设计的思路，综合管廊选线布局时与区域用地规划、道路交通规划和地下空间规划相结合。

（3）收容管线原则。综合管廊在建设原则上应尽量收容各种管线，充分利用综合管廊的空间，以体现其性能。但纳入的管线越多，其技术要求越高，造价也就越高，因此，仍需根据项目具体特点及当地经济实力而收容管线的种类，同时还应考虑因城市的发展而增加的管道，电力、电信线缆设置自由度和弹性较大，且较不受空间变化（管线可弯曲）的限制，一般应纳入。给水管线由于自来水属压力流管线，无须考虑管管廊纵坡变化，一般可纳入综合管廊。对于雨污水等重力流管线，由于管线所要求的纵坡很难与综合管底协调，很容易引起综合管廊的埋深增加，从而导致造价上升，因此对此类管线是否纳入管廊之中应仔细研究，综合考虑技术、经济以及维护管理等因素。

（4）管廊断面分舱原则。

1）综合管廊内相互无干扰的工程管线可同舱设置。

2）相互有干扰的工程管线应分别设在管廊的不同空间。

3）在满足规范要求前提下，各类管线宜同舱敷设，以集约断面，节约投资。

（5）管廊断面布置原则。综合管廊的断面设计是管廊设计的前提和核心，综合管廊断面的大小直接关系到管廊所容纳的管线数量以及综合管廊工程造价和运行成本，管廊内的空间有满足各管线平行敷设的间距要求行人通行的净高和净宽要求，同时需要对各种公用管线预留发展扩容的余地。

综合管廊是 21 世纪新型城市市政基础设施建设现代化的重要标志之一，它避免了路面重复开挖的麻烦，避免了土壤对管线的腐蚀，它还为规划发展需要预留了宝贵的地下空间。同时也是积极响应"一流的规划、一流的设计、一流的建设、一流的质量"的建设要求。综合管廊建设规划应在城市总体规划控制下，借鉴国内外的有关建设经验并与本地区的实际情况结合起来，促进城市建设的发展。

（三）管廊规划

从统筹规划、有序建设、严格管理和支持政策等四方面，提出了 10 项具体措施。

（1）编制专项规划。建立建设项目储备制度，明确五年项目滚动规划和年度建设计划。

（2）完善标准规范。抓紧制定和完善地下综合管廊建设和抗震防灾等方面的国家标准。

（3）划定建设区域。城市新区、各类园区、成片开发区域的新建道路要根据功能需求，同步建设地下综合管廊；老城区要结合旧城更新、道路改造、河道治理、地下空间开发等，因地制宜、统筹安排地下综合管廊建设。

（4）明确实施主体。鼓励由企业投资建设和运营管理地下综合管廊。

（5）确保质量安全。严格履行法定的项目建设程序，落实工程建设各方质量安全主体责任。

（6）明确入廊要求。已建设地下综合管廊的区域，该区域内的所有管线必须入廊，既有管线应根据实际情况逐步有序迁移至地下综合管廊。

（7）实行有偿使用。入廊管线单位应向地下综合管廊建设运营单位交纳入廊费和日常维护费。

（8）提高管理水平。管廊建设运营单位与入廊管线单位要分工明确，各司其职，相互配合，做好突发事件处置和应急管理等工作。

（9）加大政府投入。中央财政要积极引导地下综合管廊建设，地方各级人民政府要进一步加大地下综合管廊建设资金投入。

（10）完善融资支持。鼓励相关金融机构积极加大对地下综合管廊建设的信贷支持力度，将地下综合管廊建设列入专项金融债支持范围，支持符合条件的地下综合管廊建设运营企业发行企业债券和项目收益票据。

第三节　电动汽车充换电设施

电动汽车替代燃油车已是不可逆转的趋势，一是从国家战略层面来看，电动汽车替代燃油车可以解决我国石油对外依存度过高的问题，同时可以帮助我国通过更换赛道的方式后来居上赶超发达国家；二是随着电动汽车软硬件技术的逐渐成熟，电动汽车的加速性能等相对于燃油汽车有碾压性优势；三是从造车成本上考虑，由于不需要复杂的机械传动，电动汽车的结构比传统燃油车简单得多，造车成本更低。随着电池技术的发展成熟，电动汽车的成本将低于燃油车；四是因为电动汽车没有汽油滤芯、空气滤芯等传统的维护项目，只需要针对电池进行定期的维护检查，保养成本也比燃油车要低。

电动汽车作为我国发展转型的重要战略版块，未来将迎来快速发展。根据国务院办公厅 2020 年印发的《新能源汽车产业发展规划（2021—2035 年）》（国办发〔2020〕39 号），到 2025 年，我国新能源汽车新车销量将达新车总销量的 1/5；到 2030 年，新能源汽车新车销量有望达新车总销量的一半以上；到 2035 年，我国新能源汽车保有量将超过 1 亿辆。

但是，电动汽车的发展目前仍受到电池成本和充换电方式的阻碍，电池的成本占到了整车的四成左右，而我国的电动汽车充换电站布点还不足。特斯拉在 2020 年的电池会议上宣称采用无极耳结构优化后的 4680 电池后续航里程将增加 54%，成本将下降

56%；中国工程院院士陈立泉表示液态锂电 300Wh/kg 是极限，全固态锂电是趋势，能量密度可达 500Wh/kg，5～10 年后即可批量应用。如果电池问题有了突破，就只剩下如何规划满足大规模大功率充电需求了。

目前我国的电动汽车充换电设施布点数量偏少，充电设施以慢充桩为主，换电方式和设施还处发展研究阶段，随着未来电动汽车的快速发展，充换电需求和应用场景将越来越多，充换电设施的布局规划尤为重要。

一、电动汽车和充换电设施发展现状

截至 2021 年第一季度，我国的机动车保有量超过 3.5 亿辆，其中汽车 2.87 亿辆；机动车驾驶人 4.63 亿人，其中汽车驾驶人 4.25 亿人。全国新能源汽车保有量达 551 万辆。其中纯电动汽车约有 450 万辆，占新能源汽车总量的 81.53%。1～3 月新注册登记的新能源汽车超 45 万辆，与去年同期相比增加了约 35 万辆，增幅惊人；与 2019 年一季度相比增加 21.6 万辆，增长 86.76%。新能源汽车新注册登记量占汽车新注册登记量的 6.21%。

电动汽车充换电设施方面，至 2021 年第一季度，我国公共充电桩共有约 85.1 万台，其中直流桩约为 35.5 万台、交流桩约为 49.5 万台、一体式桩约有 481 台。具体到各省市区运行情况，广东省的电动汽车充电基础设施占比最大，其次是上海、北京等省市，前十名省市建设的公共充电基础设施占总量的七成以上，可见国内的充换电设施分布较为集中，还无法满足消费者多场景的使用需求。截至 2021 年 3 月，全国的充电总电量达到约 7.37 亿 kWh，比上月增加 0.55 亿 kWh，同比增长 154.8%，环比增长 8.1%。

在充电设施运营厂家方面，全国充电厂家运营的充电桩总数较多的厂家有特来电、国家电网等企业，在运营商方面也存在头部集中的现象，截至 2021 年一季度，排名前十的运营商所运营的充电桩占总数的 9 成以上。

二、充换电设施布局规划原则

（一）基本原则

统筹规划，科学布局。从电动汽车发展全局的高度，加强充电基础设施发展顶层设计，加大交通、市政、电力等公共资源协同力度，紧密结合规划区域不同领域、不同层次的充电需求，按照"因地制宜、快慢互济、经济合理"的要求，做好充电基础设施建设整体规划，科学确定建设规模和空间布局，并积极与上级充电智能服务平台对接，形成较为完善的充电基础设施体系。

适度超前，系统推进。根据电动汽车应用特点与技术迭代趋势，紧扣电动汽车推广应用需求，建立政府有关部门与相关企业各司其职、各尽所能、群策群力、合作共赢的系统推进机制，按照"标准先行、桩站先行"的建设原则，适度超前建设电动汽车充电基础设施，站在更高的起点上推进规划区域充电基础设施发展，充分保障电动汽车的充电需求。

统一标准，规范建设。坚持按照国家及省市的标准建设充电基础设施，严格按照工程建设标准建设改造充电基础设施，规范充电基础设施运营服务流程，建立健全充电基础设施管理机制，提高充电服务的规范性和通用性。

桩网物联、智慧管理。以物联网、大数据、云计算和人工智能为技术依托，完善车－桩、桩群接口通信标准和数据标准，扩展充电桩智慧感知功能与智慧交通、智慧能源、无人驾驶、无线充电等技术的集成，实现"互联网＋充电基础设施"深度融合。优化充电基础设施智能服务平台，完善充电导航、状态查询、充电预约、费用结算等便捷服务，引导用户有序充电，实现车－桩交流互动，提升运营效率和用户体验。

（二）选址原则

（1）在电动汽车发展的不同阶段宜采用不同的选址原则。在发展起步阶段，目标是优先建立起涵盖电动汽车使用范围的设施网络，所以应该以充换电公共基础设施的最大服务范围作为选址规划依据。在发展完善阶段，目标是保障用户对充换电基础设施多场景的使用需求和市场运营的成本，可依据使用需求、使用频次、场景重合度等方面开展规划选址。

（2）公共基础充换电设施的选址还需要考虑与地区城市规划、配电网规划布局、区域供电保障能力等的匹配程度，综合考虑建设使用过程中的便民程度和总体成本。

（3）公共基础充换电设施宜设置在靠近城乡主干道的位置，并且需尽量减少对地区通行的影响。

（4）公共基础充换电设施可利用现有的停车场地，包括公共建筑、住宅小区及企事业单位的停车场等。

（5）公共基础充换电设施的布局应考虑安全因素，包括消防、电力、水灾、雷电等。

三、规划配置依据

为满足不同发展阶段、不同区域的电动汽车充电需求，电动汽车充电基础设施需要分区域、分车型、分场所进行规划配置。电动汽车充换电设施规划一般以"专（自）用为主、公用为辅、快充（充换电）站为补充"的原则，构建以用户停车位、单位停车场、公交及出租车场站、环卫及物流车站点等配建的专用充换电基础设施为主体，以城市公共建筑物停车场、社会公共停车场、临时停车位、加油站等配建的公共充电基础设施为辅助，以城市建成区充换电站和公路沿线充换电站为补充的完整充电体系。

（一）分区域配置依据

结合规划区域经济发展水平，考虑其人口、建成区面积、地理位置和区域产业发展水平等因素，以充电基础设施布局合理化与便利性为原则，对规划区域进行分区，对不同的区域按照不同的配置原则。例如可将规划区域划分为三类区域推广充电基础设施：Ⅰ类为重点发展区域、Ⅱ类为优先发展区域、Ⅲ类为积极促进区域。

Ⅰ、Ⅱ、Ⅲ类区域至不同的规划水平年设定不同的电动汽车与配建公共充电桩比例、公共充电服务半径。

（二）分场所配置原则

（1）对于公交、环卫、出租、物流、租赁等公共服务领域电动汽车，应根据该领域电动汽车推广应用目标，首先考虑结合自身停车场站建设充电基础设施，以单位内部停车场配建充电基础设施为主，以城市公共充电基础设施建设作为补充，并可根据实际情况酌情建设一定数量独立占地的快充站与换电站。公共服务领域电动汽车总体上按照车桩比 2:1 建设。

（2）对于城市公共充电基础设施，大型公共建筑物配建停车场、社会公共停车场建设充电基础设施或预留建设安装条件的车位比例不低于 10%。城市核心区公共充电服务半径需小于 2km。

（3）对于城市公共充电站，原则上考虑不得低于每 2000 辆电动汽车配套建设一座公共充电站的比例。同时，结合规划区域地理分布实际情况，考虑公共充电站的地理分布，以满足规划区域整体的充用电需求。

（4）对于城市分散式公共充电桩，原则上考虑分散式公共充电桩与电动汽车的比例不低于 1:12。

（5）对于用户专用充电桩，原则上考虑专用充电桩与公务、私家等电动汽车按 1:1 配置。新建住宅配建停车位应按 10%比例建设充电基础设施，100%预留建设安装条件。

（6）对于城际快充站，可考虑在规划区域已有及规划的高速服务区全部布局城际快充站。

第九章 规划成效分析

第一节 规划可靠性评价分析

配电网规划的可靠性包含两部分内容：一是配电网容量的充裕度，其中配电网容量包含发电容量和输电容量；二是配电网网架的安全性，其中安全性指的是配电网发生事故时减少损失的能力。

一、可靠性评价准则

配电网可靠性准则指的是配电网全过程可靠，包括在规划阶段、设计阶段以及运行阶段的安全可靠性，为使发输配环节的可靠性指标满足规程要求，因此其可靠性评价范围也包括了发输配阶段。

（一）概率性准则和确定性准则

概率性准则是一种定量的算法，通过计算可靠性的阈值，如停电次数的期望值。概率性准则是配电网可靠性评价的基础。确定性准则通过采用配电网运行中损失最严重的情况作为条件，以此判断配电网系统能否承受。该过程需要假设：倘若在最严重情况下的事故时，电网依然能保持安全运行，那么在其他程度的事故，电网同样能保障安全稳定运行。因此确定性准则也被称为检验性准则。确定性偶发事件的基础是检验准则。

（二）静态准则和暂态准则

充裕度准则指的是在长时间段内，不同电力系统静态条件下，配电网系统供电可靠性指标。安全性准则指的是在短时间内，电力系统发生事故时，配电网系统应急处理保持安全稳定运行的能力。

（三）技术性准则和经济性准则

技术性准则是指在配电网系统在供电质量可靠安全下，配电系统需要承受的检验条件。

经济性准则是指配电网系统在发生电网事故时，包括停电损失值、电网修复总费用的优化指导。

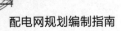

二、可靠性评价方法

配电网常用的可靠性评估方法有解析法和蒙特卡洛法，其中解析法方法在国内外配电网可靠性评估中较常使用，通过计算负荷点和系统的平均性能指标判断配电网可靠性程度；而蒙特卡洛法是将概率问题作为研究对象的数值模拟方法，通过抽样调查获取统计值以求得所要求的特征量的一种方法。

1. 最小路径法

最小路径法是解析法的一种，其核心思想是：计算每一个负荷点的最小路，根据网络实际情况将非最小路上的元件故障对负荷点的影响，折算到相应的最小路节点上，仅对其最小路上元件与节点进行计算，即可得到负荷点相应的可靠性指标。

2. 最小割集法

最小割集法是配电网可靠性统计的基础方法之一，是故障树分析中定性分析的一种方法。所谓割集指的是触发顶上事件发生的基本事件的集合，而能引起顶上事件发生的最低限度的事件集合叫做最小割集。

3. 网络等值法

网络等值法是一种化繁为简的配电网系统可靠性评估方法，在保留原来潮流分布的情况，对配电网系统进行离线计算，简化复杂的配电网系统，大大减少了计算的工作量。该方法的核心思想是：通过在确保配电网系统正常运行的情况下消除配电网系统中部分节点电压，以达到等价的变化，方便计算。

4. 故障遍历算法

故障遍历算法顾名思义就是通过枚举的思想，将配电网系统所有可能影响可靠性的故障一一列举，随着现代技术的发展，该方法计算效率越来越高。通过计算节点故障时间差异，将故障点分为不受影响、隔离时间、切换操作以及修复 b 四类，通过遍历所有可能的故障发生时间，计算配电网系统的可靠性。

5. 递归算法

递归算法是一种常用的数学算法，通过从属、嵌套、因果等关系去表示配电网系统中不同电压等级之间的逻辑关系和层级关系，通过与其他算法的结合，如马尔科夫理论的结合，可以有效地计算出配电网系统可靠性指标。

第二节　规划经济效益评价分析

经济效益评价是工程项目或方案评价的一个组成部分，经济效益评价方法大致可以分为静态评价法、动态评价法以及不确定性评价法，其中动态评价方法应用较多，本章主要介绍动态评价方法，经济效益分析作为配电网规划成效分析的一部分，对配电网规划决策和分析起到了重要作用。配电网规划的成效是电网公司决策部门是否推行规划方案的重要参考，倘若在配电网规划成效上因投资过大，经济效益严重不及预期，那么该方案至少在经济上是不合理的，只有在经济和技术两方面双提升的基础上，才能真正保证方案可实施性，进而能够最大程度避免决策失误，提高电网投资的收益率。

一、经济效益评价原则

配电网规划中经济效益评价的原则是：电网技术方案可行；符合我国发展整体利益；符合国家能源和电力建设方针政策；符合市场经济规律。

二、经济效益评价方法

（一）费用现值比较法

费用现值比较法简称现值比较法，该方法将各个方案基本建设期和生产期的全部支出费用，通过一定的折现系数，折算到计算期，通过比较不同方案的现值，在其他条件相同的情况下，取现值较低的方案作为可行方案。通用表达式为

$$P_w = \sum_{t=1}^{n} (I + C' - S_v - W)_t (1+t)^{-t} \qquad (9-1)$$

式中　$(1+t)^{-t}$ ——折现系数；

　　　P_w ——费用现值；

　　　I ——全部投资（包括固定资产投资和流动资金）；

　　　C' ——年经营总成本；

　　　S_v ——计算期末回收固定资产余值；

　　　W ——计算期末回收流动资金；

　　　n ——计算期。

在实际的应用过程中，通过将现值系数转换为终值系数可以将式（9-1）转换为终值费用。工程建成年费用是将建设期的投资和生产运行期的费用通过终值系数折算到建成年。一般我们认为终值费用法计算结果数据量大，而工程建成年费用计算过程复杂，现值费用法计算最为简易。在配电网规划成效分析过程中，如果参加比较的方案的计算期存在差异，那么不能直接通过式（9-1）进行方案比较，一般可以通过式（9-2）和式（9-3）进行计算。

$$P_{w1} = \sum_{t=1}^{n} (I_1 + C_1' - S_{v1} - W_1)_t (1+i)^{-t} \qquad (9-2)$$

$$P_{w2} = \left[\sum_{t=1}^{n_2} (I_2 + C_2' - S_{v2} - W_2) \right]_t (1+t)^{-t} \frac{i(1+i)^{n_2}}{(1+i)^{n_2}-1} \cdot \frac{(1+i)^{n_1}-1}{i(1+i)^{n_1}} \qquad (9-3)$$

式中　$\dfrac{i(1+i)^{n_2}}{(1+i)^{n_2}-1}$ ——第二方案的资金回收系数；

　　　$\dfrac{(1+i)^{n_1}-1}{i(1+i)^{n_1}}$ ——第一方案的年金现值系数；

　　　I_1、I_2 ——分别为第一、二方案的投资；

C_1'、C_2' ——分别为第一、二方案的年运营总成本；

S_{v1}、S_{v2} ——分别为第一、二方案回收的固定资产余值；

W_1、W_2 ——分别为第一、二方案回收的流动资金；

n_1、n_2 ——分别为第一、二方案的计算期（$n_2 > n_1$）。

（二）年费用比较法

年费用比较法是将参加比较的诸多方案计算期的全部支出费用折算成等额年费用后进行比较，年费用低的方案为经济上优越方案。计算期不同的方案宜采用年费用法。计算方法只是将式（9-1）的费用现值再乘以资金回收系数，通用的年费用表达式为

$$AC = \left[\sum_{t=1}^{n} (I + C' - S_v - W)_t (1+t)^{-t} \right] \cdot \frac{i(1+i)^n}{(1+i)^n - 1} \qquad (9-4)$$

式中 $\dfrac{i(1+i)^n}{(1+i)^n - 1}$ ——资金回收系数。

式（9-4）为国家计委颁布。原电力工业部颁发的《电力工程经济分析暂行条例》的年费用计算法为

$$AC_m = I_m \left[\frac{i(1+i)^n}{(1+i)^n - 1} \right] + C_m' \qquad (9-5)$$

式中 AC_m ——折算到工程建成年的年费用；

I_m ——折算到工程建成年的总投资；

C_m' ——折算到工程建成年的运营成本。

（三）内部收益率法和差额投资内部收益率法

内部收益率是一种动态经济效益评价方法，是反映配电网规划项目对社会经济的影响程度的相对指标，通过计算财务或经济净现值为零时的折现率可得，这里我们主要介绍内部收益率法和差额投资内部收益率法两种。

1. 内部收益率法

内部收益率法顾名思义就是比较当财务或经济净现值为零时的折现率的大小，计算出的折现率越大，所对应的方案的经济效益更好，当然在实际的应用过程中，所计算出的内部收益率应不小于行业内部的基准收益率，当内部收益率小于行业内部基准收益率时，其方案在经济上本身就是不合理的。计算公式可以表示为

$$\sum_{t=1}^{n} (C_1 + C_o)_t (1+i)^{-t} = 0 \qquad (9-6)$$

2. 差额投资内部收益率法

差额投资内部收益率法是内部收益率法的转换，可以表示为

$$\sum_{t=1}^{n} [(C_1 - C_o)_2 - (C_1 - C_o)_1](1 + \Delta IRR)^{-t} = 0 \qquad (9-7)$$

式中 $(C_1 - C_o)_2$ ——投资大的方案净现金流量；

$(C_1 - C_o)_1$ ——投资小的方案净现金流量；

ΔIRR ——差额投资内部收益率。

一般采用时差法求得差额投资内部收益率，同样的，我们要求方案所计算出的差额投资内部收益率也要不小于行业内部的基准收益率，否则依然在方案的经济性上不可取。

（四）折返年限法

折返年限法是静态经济效益评价的一种方法，该方法在计算过程中，不考虑资金的时间价值，因此计算简单，而且所需要的计算参数较少。另外该方法仅仅计算投资的回收期，投资比例，固定资产残值都未考虑，在实际应用时，只能对简单的方案进行比较，这也是静态经济效益评价方法应用相对较少的一个原因。折返年限法计算方法如下

$$P_a = \frac{I_2 - I_1}{C_1' - C_2'} \qquad (9-8)$$

式中 P_a ——静态差额投资回收期（折返年限）；

I_1、I_2 ——分别为两个比较方案的投资；

$C_1' - C_2'$ ——分别为两个比较方案的运行费。

（五）不确定性的评价方法

不确定性的评价方法是为了解决某些参数不确定或者不准确的解决方法，在配电网系统规划过程中，这些不确定的因素可能来自原电力电量平衡的误差，电气一次设备的价差等。本书简单介绍盈亏平衡分析法、灵敏性分析法以及概率分析法三种方法。

（1）盈亏平衡分析。由于某些不确定因素，如配电网初始投资，运营成本、设备价格等，这些不确定因素的变化势必会影响配电网规划经济成效，通过盈亏平衡分析法，能够确定某一不确定因素可取的临界值。

（2）灵敏性分析。在进行配电网规划经济成效分析时，不能确定各个因素对于经济效益影响程度时，可以采用灵敏性分析进行比较，通过控制各个因素的变化比例，判断项目经济性变化的程度，可以确定不同因素对经济性的灵敏程度。

（3）概率分析。概率分析通过计算某些不确定因素的概率分布判断项目经济成效的概率分布情况，其关键是计算不确定因素的概率分布，因此需要详细的原始参数和操作人员丰富的经验，一般只在特殊的工程中使用。

第三节　规划环境效益评价分析

配电网规划相较于主网规划而言，更加贴近公众，更加靠近负荷区域，如居民生活区，城市运动中心等。而随着不断提高的环保意识和精神生活标准，公众对于配电网规划建设所带来的环境污染越来越重视，环境保护措施越来越严格，对于环境所带来的影响也越来越关切。

那么到底配电网规划建设后对环境有什么影响？如何将这些环境影响定量化？这些问题是本章需要解决的。而在实际的配电网规划建设中，由于电网系统的复杂性与公

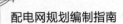

众认知的片面性的矛盾，导致了这两者之间经常会出现误解和纠纷，有时甚至影响配电网规划建设与运行，因此解决上述的问题，也同样能够化解电网与公众之间的矛盾。因此，配电网规划环境效益评价在电网规划、建设及运行中起到了举足轻重的作用。

一、环境效益评价原则

在配电网规划环境效益评价的组织实施中，同样需要遵循可持续发展的理念，强调经济可循环的方针，严格遵守相关法律法规，秉承科学、工作、实用的原则，与此同时，还需要遵循以下环境效益评价的基础技术原则。

（1）配电网规划与上一级规划相结合；

（2）符合国家的产业政策、环保政策和法规；

（3）符合区域、产业园区发展总体规划布局；

（4）符合清洁生产的原则；

（5）符合有关生物多样性等生态环保政策和法规。

二、环境效益评价方法

（一）传统市场法

传统市场法指的是将环境资源当作一种生产要素，通过采用货币价格来反映环境资源变化所带来的环境价值的波动的一种方法。该方法常常用于评价环境对生产力的影响，而对这种影响程度常常用一个市场价值进行判断。

传统市场评价法是应用最广、最容易理解的一种价值评估法。具有直观、易于计算、易于调整等优点。但该方法也存在一定的局限性。首先，由于该方法是基于可观测的市场行为，由于市场具有外部性特征，当市场发育不良或市场环境发生变化时，对其采用的价格会产生较大影响。其次由于部分造成环境影响的活动主体与受体间并非简单联系，经常需要依靠假设来确定它们关系，过量的假设会导致误差的产生。同时在假设主体对受体的影响时，通常难以将环境因素从其他方面的因素中分离出来，导致重复性论证计算。

本书将直接市场评价法分成生产函数法、人力资本法、重置成本法和机会成本法并进行简要介绍。

（1）生产函数法。生产函数法是将环境资源当作一种生产要素，通过投入产出水平的变化导致产品销量的变化来衡量环境资源的影响价值程度。这种变化包含资金、劳动力、土地和资源（环境）的变化。此方法主要用于纵向技术进步的分析和生产预测。

（2）人力资本法。环境的变化对于社会的影响很大，居民的健康就是其中之一。人力资本法将人当作生产要素，观察环境污染造成的健康损害而导致的货币收入损失，包括医药费、误工费，疾病导致的早逝等，或防止有害环境影响所得到的效益。这种方法之所以常用，因为简化了一个复杂的过程，而且工资、医疗费用都是直接可得的信息，常用于评价环境的污染程度。

（3）机会成本法。机会成本指是为了得到一样东西价值而必须放弃另一样东西价值。同理，机会成本法指非市场性使用资源的机会成本能以同样资源的其他使用途径的预期收益作为替代予以估算。此方法通常用于多备选方案效益择优及自然资源价值评估。

（4）重置成本法。重置成本法，顾名思义就是对受到损坏的自然环境修复如初，把修复过程中所需要的一切费用，去衡量环境资源的价值的一种方法。通过能够采用货币衡量的修复代价（人财物）去判断无法直接衡量的环境价值，即等同于环境价值。此方法主要用于对没有收益、交易市场上又很难找到替代物或者参照物的评估对象。

（二）替代市场法

替代市场法有别于直接市场法，因此也被称为间接市场评价法。当环境资源没有可以参照的市场价值或者缺少信息价格时，通过某些替代品的价值作为该环境资源的价值的一种评价方法。这种方法往往通过人的偏好去反映环境资源变化所带来的经济价值，一般会通过物品的市场交易的价格估算衡量某种环境资源的内在价值。使用间接评价法的关键是确定哪些可交易的市场制品是环境物品的可接受替代物。

替代市场法的优点是能够利用直接市场评价法所无法利用的信息来进行评估；但它通常要求所处于一个稳定成熟的市场化境中，并且它需要大量的数据。

替代市场法主要可分为旅行费用法、房产价格法、工资差额法和防护费用法，其中后三种方法经常被应用于环境污染评价中。

（1）旅行费用法。旅行费用法是指旅行者对为旅游地区支付的费用，这体现了旅行者对该地区环境质量的满意程度，旅游者对环境的支付意愿可以作为旅游地区环境的价值量。

旅行费用法是一种对无直接价格的客体进行评价的方法。它将消费者愿意支付的旅行费，包括门票费、车费、时间的机会成本等作为无直接价格的评价客体的环境价值，多用来进行对某地区环境质量的评价模型中。

（2）工资差额法。因为工作场所环境的不同，使用劳动者因环境的舒适度等差异可以接受的不同工资额来衡量该环境的环境价值。此方法多用于对不同区域环境差异及环境风险价值差距进行评估。

（3）防护费用法。当某种生产活动将会导致环境变化时，人们采取相应的措施来保护自己免受其害，为了达到对环境污染进行预防、治理、恢复及补偿的目的，人们为一些物品或服务等支付的费用，可以用来衡量该活动的环境价值。此方法相对于其他评估方法更加直接，多用于估算那些可以获取足够信息，并且会对环境造成危害的活动的环境价值。

（三）假想市场法

假想市场法又称为权变评价法，它是通过调查问卷的方式，通过询问人们对于环境质量改善的支付意愿或忍受环境损失的受偿意愿来推导出环境物品的价格，又称为意愿调查评估法、条件价值法和或然估计法。评估对象通常为缺乏市场价格的物品或服务。它主要的适用于环境变化对于市场产出没有直接的影响；难以直接通过市场获取人们对

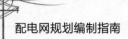

物品或服务的偏好和信息；样本人群具有代表性，对所调查的问题感兴趣并且有相当程度的了解；有充足的时间和人力进行调查等情况。

权变评价法是一种有助于政府决策的工具，针对"公共物品"属性的资源的一种评价方法，尤其是那些受个人偏好影响较大的自然景观或是文化古迹，该方法能起到较好的评价作用。当然该方法在信息不对称或个人偏好受到较大影响时，评价结果往往会不准确。

第四节　规划社会效益评价分析

对于社会效益评价的确切定义，由于主观性和客观发展的不同，至今还未有完全一致的定义，本书将社会效益评价视为与经济效益评价并列的内容，评价的内容主要是针对配电网规划建设对地区、层级的影响。目前配电网规划建设往往对地区、国家的社会发展起到了重大作用，已经不仅仅是电网问题，更是社会民生问题，因此有效的社会效益评价方法，能够科学的反映配电网规划建设的社会效益。

一、社会效益评价原则

在配电网规划社会效益评价的组织实施中，同样需要遵循可持续发展的理念，强调使用现代科学技术，符合我国的国情，严格遵守相关法律法规，秉承科学、工作、实用的原则，与此同时，还需要遵循以下社会效益评价的基础技术原则。

（1）全面考虑标准化社会效益发生的环节；
（2）着眼于生产领域和非生产领域的社会效益；
（3）数据可靠，避免重复计算；
（4）社会效益评价有侧重点，着重分析社会效益显著项目，重视标准化评价。

二、社会效益评价方法

目前，学术界对于社会效益的分析主要包括基本的集中，如定性与定量分析、有无对比法、综合评价法等。

（一）定量与定性分析

定量分析与定性分析有本质的区别，这种区别核心在于前者重在数据，而后者重在经验。定量分析往往通过一定的数理模型，输出对应的评价要素及其指标；而定性分析往往通过专家经验进行结果的判断，这些专家经验一般是来自知识积累和掌握，而不是建立在数据上，这种经验判断源于对于知识的掌握和对过去知识的积累。

不难理解，定量分析法更为客观真实，原因在于数理模型的输入数据往往是通过调研或者历史数据，这些资料本身带有客观性；反观定性分析法，通过专家对于知识的积累和掌握之后，根据事物的发展，产生一定的看法，这种方法的过程本身具有人大脑的主观性，需要人根据经验去弥补可能缺少的资料，因此该方法一般适用于资料不完整或有缺失的情况。虽然客观与主观之间有着矛盾对立，但是不代表我们只能使用定量分析或定性分析的一种，当在对实际事件进行社会效益分析时，往往将这两种方法组合使用，取两种方法各自的优点，提升评价的准确性和科学性。

在进行社会评价时，应该根据所评价对象的特点，综合考虑使用定量分析和定性分析。

（二）有无对比法

有无对比法是指将实施情况和不实施的情况进行对比分析，是建设项目经济评价和社会效益评价平时常用的方法之一。

（三）综合评价法

综合评价法是以社会效益为基础，对社会效益的次级指标进行综合分析的一种方法，该评价方法能对社会效益进行整体的、系统的评价。通过综合评价方法，能够支撑项目的决策和选择。综合评价法的核心在于建立社会效益进行合理、有效的关联指标。一般采用的研究方法包括：模糊综合评估、主成分分析以及数据包络。

第五节　配电网规划成效综合效益评价

一、配电网规划评价指标选取原则

配电网规划应满足电网高质量发展的需要，需全力贯彻创新、协调、绿色、开放、共享的发展理念，结合经济、安全、清洁的发展特色，着力打造高质量发展的配电网。长久以来，电网安全可靠为评价的重点，而在新电改新形势下，市场参与主体不断增加，除了电网安全可靠要夯实外，电网企业投资经济效益也被不断重视。而随着"3060"双碳目标的不断推进，有关电网清洁发展的需求与日俱增，因此本书对配电网规划评价指标体系的构建，将结合安全可靠、经济效益、环境效益以及社会效益等多角度、全方位考虑，具体的构建原则如下：

（1）层次性原则。配电网规划综合效益指标体系应该由上至下逐一分解，层次结构清晰，指标体系覆盖面广，为更好地分析配电网规划综合效益提供必要的条件。

（2）目的性原则。配电网规划综合效益指标体系的应该紧紧围绕配电网高质量发展这一关键问题，而与该关键问题背离或者关系不大的指标和因素应不考虑，确保最终的结果能直接反映省、市、县局高质量发展概况这一目的。

（3）全面性原则。配电网规划综合效益指标体系的建立将充分考虑其内容的内涵与外延，在有所侧重的前提下保证结论的完整性和全面性。

（4）可操作性及易收集性原则。配电网规划综合效益指标体系在实际应用过程中，应具备可操作性，指标的数据基础获取简易，指标的计算公式通俗易懂。

二、评价方法

（一）层次分析法

层次分析法是解决定性问题的一种有效方法，是对主观问题客观判断的常用手段，层次分析法是通过定量分析与定性结合解决复杂、综合的决策问题，该方法以其灵活、便捷的优点，被广泛应用于解决各个方面的领域，逻辑清晰的层次分析法简化了复杂问题，在此基础上，通过确定不同指标之间的权重反映其重要性程度，也为丰富了层次分析法的应用领域。

层次分析法的核心在于分解顶上指标为更具体、更详细的指标，由此可以将复杂问题分解为几个较为简单的问题，该方法能够处理同一层相互独立的指标之间的关系，并通过一定的方法进行指标量化，其灵活性和综合性较强。

配电网规划成效综合效益属于多属性且复杂的问题，需要考虑电网安全性、经济性、社会性以及环保问题，每方面的指标都相对独立，再对上层指标进行分解，直至能通过下层指标描述清楚上层指标的属性即可。应用层次分析法可以有效解决这类复杂的问题。

（二）德尔菲法

德尔菲法也成为专家打分法，其本质是反馈匿名函询法，以各个领域专家的知识和经验作为基础，为对某一事件进行预测，需要征询专家背靠背的意见，然后整理归纳，再匿名发放给专家，再一次进行背靠背匿名意见征求，直至得到一致的意见。该方法的特点就是匿名性、多次反复性。

（三）聚类分析法

聚类分析法是理想的多变量统计技术，是研究多要素事物分类问题的数量方法。聚类分析的核心思想认为，在所研究的样本之间，存在着一定程度的共性，通过将这些共性用度量模型确定，把共性程度较大的样本或者指标视作一大类，进而可以通过一定的度量模型，确定更小的一些聚类单位，直至将所有的样本或指标都聚类完成，形成一个有序的分类系统。

（四）模糊评价

模糊理论是由 L.A.Zadeh 于 1965 年率先提出的，模糊理论将原来的经典集合理论进行了补充，将"非此即彼"的判别状态延伸到了"模棱两可"不确切状态的描述。模糊理论的核心在于采用精准数学语言—隶属函数，去表述模糊信息，以此来判断模糊信息状态的一种分析方法。评价指标体系中的指标有时候很难描述清楚，并用定量公式表达，通过模糊评价法，能够很好地解决这个问题。

三、配电网规划成效综合效益评价指标体系

配电网规划项目成效综合效益指标体系构建，以实现综合效益最优为目标，包括了可靠性效益、经济效益、环境效益以及社会效益四部分。

（一）可靠性效益指标体系

（1）设备优良。配电网设备水平对配电网的建设和发展起着决定性的作用。指标体系拟从设备可用性和设备可靠性，具体指标包括配电网设备运行年限、线路运行年限、配电网设备强迫停运率、线路设备强迫停运率。

配电网设备运行年限。该指标是反映 10～110kV 电力变压器运行年限 20 年以上的比例，在一定程度上能够反映出设备故障概率的趋势，从而明确配电网设备改造的方向。计算公式为

变压器运行 20 年以上比例 ＝ 变压器运行 20 年以上台数/变压器总台数 × 100%

线路运行年限。该指标与主变压器运行年限类似，反映 10～110kV 线路运行年限 20 年以上的比例。计算公式为

线路运行 20 年以上比例 ＝ 线路运行 20 年以上条数/线路总条数 × 100%

配电网设备强迫停运率。该指标反映变压器在计划停运计划外的故障停机概率，进而体现设备的可靠性。

电网设备强迫停运率 ＝ 考核期非计划停运变压器/变压器总台数 × 100%

线路设备强迫停运率。该指标反映线路在计划停运计划外的故障停机概率，进而体现设备的可靠性。

线路强迫停运率 ＝ 考核期非计划停运线路/线路总条数 × 100%

（2）技术先进。根据当前配电网智能化的建设和发展水平，目前配电网中信息化、自动化设备越来越多，获取电网各环节的运行情况数据，以此监控、控制、运维电网。智能化设备可以提高电网的供电安全可靠性，减少人为操作失误所造成的损失。从智能化、技术应用情况两个角度，具体指标包括：智能化变电站占比、配电自动化覆盖率、变电站综合自动化率、高损配变情况、中压架空线路绝缘率。

智能化变电站占比。智能变电站是指符合相关技术标准的变电站。本指标体系主要考虑 110kV 及以上智能变电站座数比例。计算公式为

智能化变电站占比 ＝ 智能变电站座数/变电站总座数 × 100%

配电自动化覆盖率。该指标指的是配电网规划区域实现配电自动化的线路所占的比例。计算公式为

配电自动化覆盖率 ＝ 实现配电自动化线路条数/线路总条数 × 100%

变电站综合自动化率。该指标指的是配电网规划中变电站实现综合自动化的占比，其中综合自动化包含模块化、通信智能化等基本智能控制技术。计算公式为

变电站综合自动化率 ＝ 综合自动化变电站座数/变电站总座数 × 100%

高损配变情况。该指标指的是配电网规划中公变中 S7 或者 S8 在总共用配变的占比。计算公式为

高损配变情况 ＝ S7（S8）系列及以下配电台数/配变总台数 × 100%

中压架空线路绝缘率。该指标指的是配电网规划区域中压线路绝缘化情况。计算公式为

中压架空线路绝缘率 ＝ 绝缘导线长度/线路总长度 × 100%

（3）电网安全。电网安全是反映电网发展状况的基本因素，也是电网高质量发展的本质。根据输电及供电功能，电网安全拟包括 $N-1$ 通过率，同塔双回线 $N-2$ 通过率、

供电可靠性、综合电压合格率。

线路 $N-1$ 通过率。该指标指电网中的一条线路故障或计划退出运行时，保持对用户正常持续供电能力的整体量化描述，应考虑本级和下一级电网的转供能力。计算公式为

$$线路 N-1 通过率 = 满足 N-1 通过率条数 / 线路总条数 \times 100\%$$

主变 $N-1$ 通过率。该指标指电网中的一台主变故障或计划退出运行时，保持对用户正常持续供电能力的整体量化描述，应考虑本级和下一级电网的转供能力。计算公式为

$$主变 N-1 通过率 = 满足 N-1 通过率主变 / 主变总台数 \times 100\%$$

同塔双回线 $N-2$ 通过率。该指标指同塔线路中两条线路故障或计划退出运行时，保持对用户正常持续供电能力的整体量化描述，应考虑本级和下一级电网的转供能力。

$$同塔双回线 N-2 通过率 = 满足同塔双回线 N-2 通过率主变 / 主变总台数 \times 100\%$$

供电可靠性。该指标反映的是电网供电可靠性，指的是在一年的供电时间内除去平均停电时间后，电网供电时间所占的比例。计算公式为

$$供电可靠性 = 电网供电时间 / 全年时间$$

综合电压合格率。该指标由 A、B、C、D 四类组成，A 类是指地区的发电厂与变电站的 10kV 母线；B 类为 35kV、66kV 专线电压合格率和 110kV 以上用户端电压合格率；C 类为用户 10kV 线路末端电压合格率；D 类为低压配电网的首末端和部分主要用户的电压合格率。计算公式为

$$综合电压合格率（\%） = 0.5VA + 0.5 \times （VB + VC + VD）/3$$

通过上述各指标的解释，可靠性效益可以归纳为以下体系，如表 9-1 所示。

表 9-1　　　　　　　　　　　　可靠性效益指标体系

一级指标	二级指标	三级指标
可靠性效益	设备可用性	电网设备运行年限
		线路设备运行年限
	设备可靠性	电网设备强迫停运率
		线路设备强迫停运率
	智能化水平	智能化变电站占比
		配电自动化覆盖率
		变电站综合自动化率
	技术应用性	高损配变情况
		中压架空线路绝缘率
	输电安全性	$N-1$ 通过率
		同塔双回线 $N-2$ 通过率
	供电可靠性	供电可靠性
		综合电压合格率

（二）经济效益指标体系

配电网规划经济效益指标主要指的是从电网企业的角度对配电网进行财务评价，包

括了盈利能力、偿债能力和运营能力。

（1）盈利能力。财务净现值是，该方法将各个方案基本建设期和生产期的全部现金流入与流出之和，通过一定的折现系数，折算到计算期，即项目净现金流现值之总和。

$$FNPV = \sum_{t=0}^{n}(C_{\text{I}} - C_{\text{o}})_t(1+i)^{-t} \tag{9-9}$$

式中　C_{I}——现金流入量；

　　　C_{o}——现金流出量；

　　　i——基准内部收益率。

财务内部收益率（FIRR）指配电网建设期及运行生产期内，使得财务净现值为零时的折现率，所计算出的折现率越大，所对应的方案的经济效益更好，当然在实际的应用过程中，所计算出的内部收益率应不小于行业内部的基准收益率，当内部收益率小于行业内部基准收益率时，其方案在经济上本身就是不合理的。

投资回收期是指配电网建设及运行生产期内，当现金流量由负转为零时的时间点，投资回收期越短，说明配电网建设项目的盈利能力越强，风险控制能力越强。

净资产收益率（ROE）是净利润与净资产之比，反映的是股东权益收益能力，用来衡量公司运用自有资本的效率，是股东投资决策的重要指标。ROE 越高，投资收益越高，可以表示为

净资产收益率=净利润/净资产

总资产报酬率（ROA）反映项目总资产的投入与产出情况，反映了资产的盈利能力及资本应用效率，与 ROE 相似，是一定期间内项目获得总报酬与平均资产总额之比，可以表示为

总资产报酬率=总报酬/平均资产总额

（2）偿债能力。流动比率（CR）即流动资产比流动负债的比值，用来衡量项目流动资产对于短期负债的偿付能力。流动负债越高，对于债权人来说权益的保障越大，其偿债风险大大减少，但另一方面，流动负债越大，表示公司对于流动资产的利用效率低。当比值为 2 时，认为比较合理。其公式可以表示为

流动比率=流动资产/流动负债

资产负债率（DRA）显示项目总资产对于偿还总负债的能力。资产负债率是总负债与总资产的平衡，太高或太低，都不利于公司的发展，当资产负债率越高时，表示项目外债较多，存在偿债风险。其公式可以表示为

资产负债率=总负债/总资产

（3）运营能力。总资产周转率（TAT）指一定时间内项目营业收入和平均资产总额之比，衡量的是项目资产投入产出过程中的流转速度。其公式可以表示为

总资产周转率=营业收入/平均资产总额

流动资产周转率（CAT）是营业收入和流动资产平均余额之比，反映项目的流动资

产的利用效率。项目流动资产周转率越大，表示周转速度越快，反映的是项目活力十足，相对应的风险控制能力强。其公式可以表示为

$$流动资产周转率＝营业收入/流动资产余额$$

通过上述各指标的解释，经济效益可以归纳为以下体系，如表 9-2 所示。

表 9-2　　　　　　　　　　经 济 效 益 指 标 体 系

一级指标	二级指标	三级指标
经济效益	盈利能力	财务内部收益率
		财务净现值
		投资回收期
		净资产收益率
		总资产报酬率
	偿债能力	资产负债率
		流动比率
	运营能力	流动资产周转率
		总资产周转率

（三）环境效益指标体系

（1）改善环境。温室气体等减排指的是配电网规划之后在减少污染气体、温室气体以及其他废物的排放等方面的共享。常规火电的排放的污染物主要包括氮氧化物、碳氮化物、碳氢化物、含硫气体及粉尘颗粒等。

工频电场强度指的是电磁场的公众暴露限值，主要是针对电力线路或电力设施附近生活或工作的社会公众。

无线电干扰强度，变电站的无线干扰通常都参照对相同电压等级的高压架空输电线路的无线电干扰限值，可参考相关标准，包括但不限于 GB 7495—1987《架空电力线路与调幅广播收音台的防护间距》。

噪声污染强度，目前我国对配电网下配电站等噪声标准执行 GB 12348—2008《工业企业厂界环境噪声排放标准》。

（2）能源资源发展。地区资源合理利用指的是通过配电网的合理规划能够提升地区资源能效，如光伏发电项目节约了一系列的资源，同时也创造了相关资源，如观光资源等，通过合理的经济效益呈现。

能源结构调整指的是在配电网规划之后，分布式能源的大量接入，改变了传统的能源结构和能源占比，如风力发电、光伏发电可再生能源的接入对于节约不可再生资源有着极为重要的意义。

通过上述各指标的解释，环境效益可以归纳为以下体系，如表 9-3 所示。

表9-3 环境效益指标体系

环境效益	节能环保	温室气体等减排
		工频电场强度
		无线电干扰强度
		噪声污染强度
	能源资源发展	地区资源合理利用
		能源结构调整

（四）社会效益指标体系

（1）促进经济发展。促进就业情况指的是配电网规划项目的实施必定创造了大量的就业机会，进而提高了地区就业率。

带动经济发展指的是配电网规划项目的有效实施引入大量供应商、开发商等为地区创造 GDP，极大拉动地区的经济发展。

（2）对人民福利提高的影响。生活质量提高程度指的是配电网规划的有效实施，促进地区经济合理发展，而经济发展促使人们生活水平提高，基础设施改善提高人民的生活质量。

用户满意度指的是配电网投入运营之后，对地区居民在生活、工作中的服务的评价。

通过上述各指标的解释，社会效益可以归纳为以下体系，如表9-4所示。

表9-4 社会效益指标体系

一级指标	二级指标	三级指标
社会效益	促进经济发展	促进就业情况
		带动经济发展
	对人民福利提高的影响	生活质量提高程度
		用户满意度

四、配电网规划成效综合效益评价

（一）各级指标评分标准的确定

梳理、收集国内外关于配电网规划发展指标体系各指标现状水平，根据专家经验将其分为国际一流水平、国内一流水平、国内优秀水平、国内平均水平、国内落后水平五个区间。对比省内各指标数值，对其水平进行打分。其中，国际一流指标打分区间为 [95-100]；国内一流打分区间为 [90-95]；国内优秀打分区间为 [85-90]；国内平均水平打分区间为 [80-85]；国内落后水平 [60-80]。专家打分法概况如表 9-5所示。

表9-5 各级指标评分标准专家打分法

指标	国际一流区间	国内一流区间	国内优秀区间	国内平均区间	国内落后区间	省内水平	指标得分
指标1							
指标2							
指标3							
...							
指标n							

（二）各级指标权重计算

基于 AHP 评价方法，由专家结合各省发展现状及发展战略，对各层级权重进行打分。构建判断矩阵。判断矩阵的作用，主要是判断各个指标之间的重要性程度关系，通过矩阵中指标的两两比较，可以得到指标权重矩阵。R12 代表可靠性效益较经济效益的重要程度，指标权重计算方法示例见表9-6，九分制打分标准见表9-7。

表9-6 指标权重计算方法示例

配电网规划成效	可靠性效益	经济效益	环境效益	社会效益
可靠性效益	R11	R12	R13	R14
经济效益	R21	R22	R23	R24
环境效益	R31	R32	R33	R34
社会效益	R41	R42	R43	R44

表9-7 九 分 制 打 分 标 准

标度	含义
1	表示1与2重要性一致
3	表示1比2稍微重要
5	表示1比2明显重要
7	表示1比2强烈重要
9	表示1比2极其重要
2，4，6，8	节余上述相邻标准中间值
倒数	两个要素相比，后者比前者的重要性标度

数字化各个指标之间的重要性程度之后，通过矩阵计算，分析矩阵特征值和特征根与阈值的对比，确定指标权重计算是否满足层次分析法的要求，计算过程如下所示。

（1）正规化矩阵

$$b_{ij} = \frac{a_{ij}}{\sum\limits_{k=1}^{n} a_{kj}}, (i, j = 1, 2, \cdots, n) \qquad (9-10)$$

（2）正规化矩阵

$$\overline{w} = \sum_{j=1}^{n} \overline{b}_{ij}, (i, j = 1, 2, \cdots, n) \tag{9-11}$$

（3）规划向量

$$w_i = \frac{\overline{w}_i}{\sum_{j=1}^{n} \overline{w}_j} (i = 1, 2, \cdots, n) \tag{9-12}$$

（4）计算最大特征根

$$\lambda_{\max} = \sum_{i=1}^{n} \frac{(BW)_i}{nW_i} \tag{9-13}$$

最大特征根是为了检验所计算的结果与构造均值的一致性，当计算的最大特征根 CR 的值小于 0.1 时，表示一致性较好，反之，表明判断矩阵的一致性差，需要修正判断矩阵。通过一致性检验之后，计算出每层细化指标的权重值，整理之后便可以得到最终的权重分配结果。

（三）配电网规划成效得分计算

根据各指标得分及权重情况，计算区域配电网规划成效最终得分，可靠性效益、经济效益、环境效益以及社会效益分项得分，最终得到配电网规划成效的得分。

第十章　典型配电网规划案例

第一节　HNJS 区域配电网规划

一、概述

HNJS 区域处于"长三角"地域中心，位于××市最南端、××市东南、××湾钱塘江北岸，距离××主城区约 20km。HNJS 区域总面积 89.5km²，下辖 7 个行政村、2 个社区，户籍人口 2.37 万人。

本次规划范围为 HNJS 区域，规划电压等级为 110kV 及以下配电网，规划基准年为 2020 年，规划水平年为 2025 年，远景展望至 2035 年。

（1）区域基本情况。HNJS 区域是××市副中心和钱江门户，是全国综合实力千强镇、长江经济带转型升级示范开发区、省百亿级工业强镇。JS 新区以"生态立城、工业兴城、品质造城"为发展战略，打造"万亩千亿"的现代工业新城，入选长三角"大湾区"建设重点项目。JS 新区以便捷的交通、完善的基础设施和优惠的投资政策为依托，逐步建设成为以新能源利用、环保技术与设备、电子信息、机械装备、汽车及关键零部件及其他先进制造业为主导的，兼具旅游、休闲等功能的现代综合性生态型滨江 JS 新区，成为钱塘江以北最具发展潜力的地区之一。到 2020 年底，HNJS 区域共有规上企业 146 家，实现总产值约 400 亿元。

HNJS 区域三面环水，光、风资源非常丰富，适合发展新能源。地区年光照时间在 1300h 左右，太阳能资源在省内相对丰富。毗邻钱塘江，风电资源丰富，沿江 HT 的风资源品质较好，风功率密度较高、风力持续性也较好，风机更容易输出质量好、稳定性高的电能。

战略定位：××城市副中心和钱江门户、总部商务基地、以新兴制造业为主导、兼具休闲旅游功能的生态型滨江新城。

发展目标："一城三地"，即生态新城，经济重地、生态福地、休闲胜地。

产业定位：规划重点发展三大产业经济，即以战略性新兴产业为重点的先进制造业经济；现代服务经济，包括高品质的商贸商务服务业、环境优先型房地产业、完善的生产性服务业；特色鲜明的旅游休闲经济，包括商务休闲经济、运动休闲经济、旅游度假经济、健康养生经济、农业休闲经济等。

功能结构：规划形成"一心两轴六片区"的功能结构。"一心"是指公共服务中心，重点发展商贸商务服务业、文化娱乐、生态休闲等功能，承担新城主要的现代服务业功能，起到组织核心的作用；"两轴"是指××湾大道发展轴、新城路发展轴；"六片区"是指现代农业片区、黄湾片区、生态休闲片区、居住生活片区、总部基地片区和产业功能片区。

（2）供电网格（单元）划分。根据供电网格的定义，供电网格本质上是一个"中压网架相对独立（不跨界供电）"的配电分区。综合考虑行政分区、地理环境、电网运维归属、电网线路现状及城市用地规划等情况，对规划区内可能存在地理约束的区域进行分析，将规划区的供电网格划分情况如图10-1所示，供电网格基本情况见表10-1。

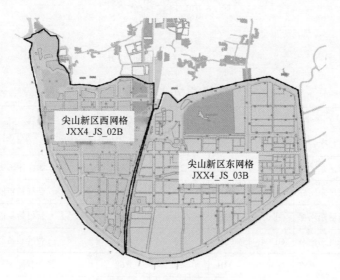

图10-1　供电网格划分

表10-1　　　　　　　　　供电网格基本情况

供电网格		供区电压（kV）	用地面积（km²）	网格功能特征描述（产业类型、发展不确定性等）
编号	名称			
JXX4_JS_03B	HNJS区域东网格	20	23.25	主要为制造业和新材料业，负荷发展类型主要为工业
JXX4_JS_02B	HNJS区域西网格	20	8.13	主要为新型产业和居住商业，负荷发展类型主要为工业

供电单元是以配电网工程管理为主要目的，适合于在一张图上管理，边界清晰、规模适度的供电分区。因此，根据上述线路联络片划分结果，综合考虑现状线路改造难度、

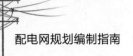

地块及变电站开发建设时序、线路走向及地理约束等情况，对相关线路联络片进行组合，得到规划区的供电单元划分情况如图 10-2 所示，供电单元基本情况见表 10-2。

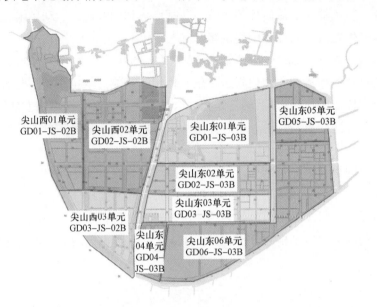

图 10-2　供电单元划分

表 10-2 　　　　　　　　　　供电单元基本情况

供电网格		供电单元编号	供区电压 (kV)	用地面积 (km²)	网格功能特征描述 (产业类型、发展不确定性等)
编号	名称				
JXX4_JS_03B	JS 新区东网格	GD01-JS-03B	20	5.62	居住休闲运动综合区
JXX4_JS_03B	JS 新区东网格	GD02-JS-03B	20	2.95	新材料新能源工业区
JXX4_JS_03B	JS 新区东网格	GD03-JS-03B	20	2.86	新材料新能源工业区
JXX4_JS_03B	JS 新区东网格	GD04-JS-03B	20	1	智能装备制造产业区
JXX4_JS_03B	JS 新区东网格	GD05-JS-03B	20	2.68	智能家居产业区
JXX4_JS_03B	JS 新区东网格	GD06-JS-03B	20	7.7	新材料新能源工业区
JXX4_JS_02B	JS 新区西网格	GD01-JS-02B	20	0.48	休闲文化综合区
JXX4_JS_02B	JS 新区西网格	GD02-JS-02B	20	5.29	居住、综合服务片区
JXX4_JS_02B	JS 新区西网格	GD03-JS-02B	20	2.36	新型产业区

二、现状评估

（一）高压配电网现状分析

截至 2020 年底，向 JS 新区内供电的变电站共有 2 座，分别为 220kV AJ 变、110kV JS 变。变电站资源利用情况见表 10-3。

表 10-3　　　　　　　　　　　　变电站资源利用情况

序号	变电站名称	电压变比（kV）	变电站情况										主变 $N-1$ 校验
			容量及负载情况					10（20）kV 间隔情况					
			主变台数	总容量（MVA）	年最大负荷（MW）	负载率（%）	最大负荷时刻负荷（MW）	总数（个）	已用（个）	剩余（个）	利用率（%）		
1	JS 变	110/35/10（110/20）	3	210	125.69	62.35	98.01	35	31	4	88.57		否
2	AJ 变	220/110/20	2	480	209.59	45.48	112.33	12	12	0	100		是
合计			5	690	335.28	53.92	210.34	47	43	4	91.49		—

截至 2020 年底，110kV JS 变仅剩 4 个间隔，变电站负载率为 62.35%，1 号主变存在辐射式线路导致无法满足 $N-1$ 校验，2、3 号主变已经重载，无法满足 $N-1$ 校验。220kVA J 变无剩余 10kV 间隔，变电站负载率为 45.48%。

（二）中压配电网现状分析

区域共有 10kV 供电线路 4 回，其中公用线路 3 回；共有 20kV 供电线路 32 回，其中公用线路 23 回。区域共有 10kV 配变 18 台，容量为 9.345MVA；共有 20kV 配变 340 台，容量为 209.835MVA。

1. 电网结构

JS 新区 3 回 10kV 公用线路均为单辐射线路；20kV 公用线路中，有 2 组联络包含的线路数量超过 4 回，为复杂联络（见表 10-4）。

表 10-4　　　　　　　　　　中压公用线路现状网架结构概况

序号	指标		10kV 供区	20kV 供区
1	架空线路	线路条数	3	13
2		单联络（条）	0	6
3		两联络（条）	0	0
4		三联络（条）	0	0
5		单辐射（条）	3	0
6		多联络（条）	0	6
7		平均分段数（段）	1	1.83
8		不合理分段线路数（条）（分段数<2 或>4）	3	9
9	电缆线路	线路条数	0	10
10		单环网	0	5
11		双环网	0	0
12		单辐射	0	0
13		双射	0	2
14		多联络	0	0
15	联络率（%）		0	100
16	站间联络率（%）		0	86.96

2. 运行情况

经统计，在正常运行方式下，JS 新区现状 3 回 10kV 公用线路中线路最大负载率为 35.13%，轻载运行线路 2 回，占比 66.67%；23 回 10kV 公用线路中线路最大负载率为 111.41%，其中年最大负载率大于 80%重过载运行线路 9 回，占比 39.13%；年最大负载率小于 20%、轻载运行线路 5 回，占比 21.74%。具体分布情况如表 10−5 所示。

表 10−5　　　　　　　　　　中压公用线路负载率分布表

供电网格		类别	10kV 线路负载率（%）				
编号	名称		<20	20～50	50～80	80～100	>100
1	10kV 线路	回数	2	1	0	0	0
		占比	66.67	33.33	0	0	0
2	20kV 线路	回数	5	8	1	7	2
		占比	21.74	34.78	4.35	30.43	8.7
3	中压线路	回数	7	9	1	7	2
		占比	26.92	34.62	3.85	26.92	7.69

经统计分析，2020 年，JS 新区规划区内 26 回公用线路中有 5 回不满足线路 $N-1$ 校验，$N-1$ 通过率 88.57%。其中尖旭 C5333 线、山辉 C5349 线属于旭辉集中式光伏电站的上网线路；尖山 P531 线、高一 P5312 线、仙侠 P5313 线为 JS 变 10kV 出线 JS 新区供电线路，目前均为辐射式接线。

3. 装备水平

截至 2020 年底，本规划区内中压线路运行年限主要集中在 5～10 年，占比达 41.67%（见表 10−6）。

表 10−6　　　　　　　　　　中压公用线路运行年限分布表

类别		20kV 线路运行年限（年）				
		0～5	5～10	10～15	15～20	>20
架空线路	线路条数（条）	0	10	10	0	0
	占比（%）	0	50	50	0	0
	主干长度（km）	0	23.588	36.105	0	0
电缆线路	线路条数（条）	10	5	1	0	0
	占比（%）	62.5	31.25	6.25	0	0
	主干长度（km）	6.07	7.06	0.41	0	0
小计	线路条数（条）	10	15	11	0	0
	占比（%）	27.78	41.67	30.56	0	0
	主干长度（km）	6.07	30.648	36.515	0	0

截至 2020 年底，JS 新区规划区内变电站出线电缆导线截面为 300mm^2 的占比为

100%；架空线路主干线导线截面 240mm² 的占比为 91.67%；电缆线路主干线导线截面为 400mm² 的占比为 73.7%。AJ 变存在 4 回卡脖子的线路，分别为海东 C776 线、北岸 C779 线、春晓 C780 线、石塘 C783 线，近期需进行改造。

截至 2020 年底，本规划区配变运行年限主要集中在 5～10 年，占比达 70%。

（三）分布式光伏资源情况

JS 区域光伏接入量从 2015 年初的 7.6 万 kW 增长至目前 22.78 万 kW。根据测算，"十四五"期间，JS 区域未来潜在的分布式光伏需求仍有约 1 万 kW/年。目前，主要电源点 110kV JS 变三台主变压器的光伏接入容量占比分别高达 52.68%、109.48% 和 85.83%，且配电网层面 10kV 与 20kV 互济能力不足，尖山区域对持续增长的光伏需求可开放容量已经十分有限。而正常情况下，JS 新区供电负荷约 19 万 kW，仅光伏新能源一项发电出力就可达 17.8 万 kW，基本接近正常供电负荷，光伏就地消纳能力已经十分有限。新能源发电超过实际用电负荷的天数已经超过 170 天/年，逐步由就地消纳平衡转变为转移至上级电网远距离输送消纳。清洁能源产业持续快速发展，必然要求加大电网投入、优化电网布局，不断提升清洁能源输送消纳能力，促进清洁能源大规模开发利用和大范围优化配置，引导分布式能源健康发展，加快能源电力清洁低碳转型。

三、负荷预测

（一）用电需求模型

1. 配电网格（扩展）模型

网格划分是实现"源网荷储"分层分区平衡规划设计乃至运行控制的基础。为做精做细配电网规划负荷预测，提出面向"源网荷储"分层分区平衡的配电网网格（扩展）模型，如图 10−3 所示。

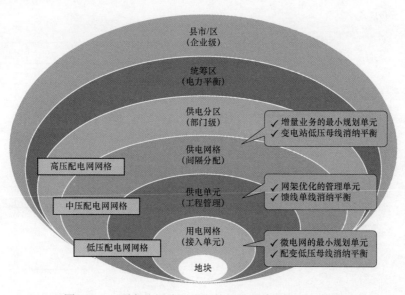

图 10−3　面向分层分区平衡的配电网格（扩展）模型

根据模型，配电网格包括"县市/区、统筹区、供电分区、供电网格、供电单元、用电网格"共6个层级。

（1）用电网格：是一个由若干个相邻的、供电等级相同或接近的、对供电可靠性要求基本一致的地块（或用户）的组合，是面向用电需求侧管理，进行微电网规划运行控制的基本单位。

（2）供电单元：是一个基于用户用电需求、变电站分布、网架结构、线路负载率等因素划分的边界清晰、规模适度、面向中压线路的实际供电区域，是实施中压网架优化、进行配电网工程建设的基本单位。

（3）供电网格：是一个基于行政区划、地理隔离、电网运行维护边界进行划分的、中压网架相对独立的、规模适度的供电区域，以此简化从配电网规划/设计到调度/运行的管理难度，是变电站出线间隔管理的最小规划单位。

（4）供电分区：是一个基于配电网经营企业内部的运行维护边界进行划分的供电区域，是企业部门管理的基本单位。

（5）统筹区：是一个基于行政区划、地理隔离边界进行划分的、变电容量可实际统筹调配的供电区域，是进行电力电量平衡（容载比控制）的基本计算单位。

（6）县市/区：是全社会用电情况的最小统计单位，直接与县市/区供电企业（分/子公司）相对应，是配电网规划管理中最高的层级单位。

2. 网格划分

按照市政规划功能分区和用地规划，从需求侧角度出发，开展功能网格和用电网格划分。

（1）功能网格划分。

根据供电网格划分结果，按市政规划功能分区划分功能分区，其基本情况如图10-4和表10-7所示。

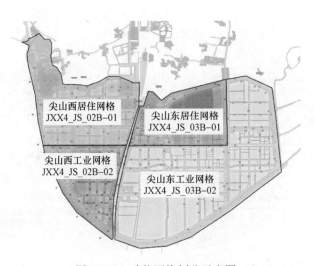

图10-4 功能网格划分示意图

表 10-7 功能网格基本情况

供电网格		功能网格		供区电压	用地面积（km²）	功能特征描述（含重要用户名称）	发展阶段
编码	名称	编码	名称				
JXX4_JS_03B	JS 新区东网格	JXX4_JS_03B-01	JS 东居住网格	20	5.71	位于 JS 新区东北部，区内主要以运动休闲、居住配套的综合性居住区。	D
		JXX4_JS_03B-02	JS 东工业网格	20	17.54	位于 JS 新区东南部，区内主要以智能装备制造、智能家居、新材料及新能源为主的制造产业。	B
JXX4_JS_02B	JS 新区西网格	JXX4_JS_02B-01	JS 西居住网格	20	6.37	位于 JS 新区西北部，区内主要以公共服务、居住配套的综合服务片区。	D
		JXX4_JS_02B-02	JS 西工业网格	20	3.98	位于 JS 新区西南部，区内主要以新兴产业和生产服务的综合性片区。	D
合计					33.6	—	—

注　发展阶段（建成投产率，负荷成熟度），四级。A：成熟（稳定区、自然增长区）、B：基本成熟（建成区、全区均衡平稳增长）、C：快速发展（半建成区、地块跳跃性增长）、D：不确定区（新规划建设区）。

（2）用电网格划分。

根据功能网格划分及市政用地规划，用电网格划分的基本情况如图 10-5 和表 10-8 所示。

图 10-5　用电网格划分示意图

表 10-8 用 电 网 格 基 本 情 况

功能网格		用电网格		
编号	名称	编号	供区电压（kV）	用电面积（km²）
JXX4_JS_03B-01	JS东居住网格	JS-064	20	0.22
		JS-065	20	0.7
		JS-066	20	0.33
		JS-067	20	0.28
		JS-068	20	2.78
		JS-069	20	0.43
		JS-070	20	0.17
		JS-071	20	0.31
		JS-072	20	0.14
		JS-073	20	0.08
JXX4_JS_03B-02	JS东工业网格	JS-001	20	0.25
		JS-002	20	0.17
		JS-005	20	0.24
		JS-006	20	0.4
		JS-007	110	0.66
		JS-008	110	1.01
		JS-009	110	1.87
		JS-010	20	0.53
		JS-011	20	0.23
		JS-012	20	0.09
		JS-013	20	0.15
		JS-014	20	0.11
		JS-015	20	0.21
		JS-016	110	0.53
		JS-017	20	0.22
		JS-018	20	0.22
		JS-019	20	0.2
		JS-020	20	0.28
		JS-021	20	0.25
		JS-022	20	0.07
		JS-023	20	0.23
		JS-024	20	0.12
		JS-025	20	0.15
		JS-026	20	0.27
		JS-027	20	0.19

功能网格		用电网格		
编号	名称	编号	供区电压（kV）	用电面积（km²）
		JS-028	20	0.28
		JS-029	20	0.28
		JS-030	20	0.17
		JS-031	20	0.2
		JS-032	20	0.26
		JS-033	20	0.23
		JS-034	20	0.26
		JS-035	20	0.38
		JS-036	20	0.13
		JS-037	20	0.26
		JS-038	20	0.16
		JS-039	20	0.13
		JS-040	20	0.22
		JS-041	20	0.22
		JS-042	20	0.18
		JS-043	20	0.14
		JS-044	20	0.16
JXX4_JS_03B-02	JS东工业网格	JS-045	20	0.13
		JS-046	20	0.16
		JS-047	20	0.36
		JS-048	20	0.15
		JS-049	20	0.21
		JS-050	20	0.07
		JS-051	20	0.1
		JS-052	20	0.39
		JS-053	20	0.24
		JS-054	20	0.22
		JS-055	20	0.54
		JS-057	20	0.36
		JS-058	20	0.18
		JS-059	20	0.18
		JS-060	20	0.18
		JS-061	20	0.53
		JS-062	20	0.36
		JS-063	20	0.33

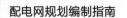

续表

功能网格		用电网格		
编号	名称	编号	供区电压（kV）	用电面积（km²）
JXX4_JS_02B－01	JS 西居住网格	JS－074	20	0.13
		JS－075	20	0.06
		JS－076	20	0.26
		JS－077	20	0.55
		JS－078	20	0.63
		JS－079	20	0.15
		JS－080	20	0.35
		JS－081	20	0.26
		JS－082	20	0.37
		JS－083	20	1.15
		JS－084	20	0.25
		JS－085	20	0.22
		JS－086	20	0.28
		JS－087	20	0.31
		JS－088	20	0.19
		JS－089	20	0.2
		JS－090	20	0.15
		JS－091	20	0.16
		JS－092	20	0.18
		JS－093	20	0.27
JXX4_JS_02B－02	JS 西工业网格	JS－003	20	0.34
		JS－004	20	0.32
		JS－094	20	0.36
		JS－095	20	0.35
		JS－096	20	0.4
		JS－097	20	0.47
		JS－098	20	0.19
		JS－099	20	0.25
		JS－100	20	0.23
		JS－101	20	0.14
		JS－102	20	0.11
		JS－103	20	0.19
		JS－104	20	0.12
		JS－105	20	0.2
		JS－106	20	0.23

（二）饱和负荷预测

饱和负荷预测包括城镇地块、大用户、农村线路三种类型。其中：

（1）农村线路是指城镇分布负荷预测之外的分散负荷，主要为边远（农村）负荷；

（2）大用户是指占地面积或用电规模较大，现实存在或已有明确报装容量的企业用户；

（3）城镇地块是指扣除农村线路及大用户供电范围后的剩余城镇集中地块用电负荷，是根据各分区类型对应的"负荷指标取值"及城市用地规划，采用负荷密度法。

按照以上方法，根据分区分类负荷预测结果，经汇总统计，得到各供电网格的饱和负荷预测结果如表 10-9～表 10-11 所示。

表 10-9　　　　　　　　　供电网格饱和负荷预测

供电网格		供区电压（kV）	建设面积（km²）	总（常规）负荷	
编号	名称			最大（全天）（MW）	最小（白天）（MW）
JXX4_JS_03B	JS 新区东网格	20	23.3	490.49	464.56
JXX4_JS_02B	JS 新区西网格	20	10.4	131.37	112.09
合计			33.6	621.86	576.65

表 10-10　　　　　　　　　功能网格饱和负荷预测

供电网格		功能网格编号	供区电压（kV）	建设面积（km²）	总（常规）负荷	
编号	名称				最大（全天）（MW）	最小（白天）（MW）
JXX4_JS_03B	JS 新区东网格	JXX4_JS_03B-01	20	5.71	44.72	31.21
		JXX4_JS_03B-02	20	17.5	453.53	433.35
JXX4_JS_02B	JS 新区西网格	JXX4_JS_02B-01	20	6.37	49.05	39.75
		JXX4_JS_02B-02	20	3.98	82.33	72.34
合计				33.6	629.63	576.65

表 10-11　　　　　　　　　用电网格饱和负荷预测

供电网格		功能网格编号	用电网格编号	供区电压（kV）	建设面积（km²）	总（常规）负荷	
编号	名称					最大（全天）（MW）	最小（白天）（MW）
JXX4_JS_03B	JS 新区东网格	JXX4_JS_03B-01	JS-064	20	0.22	2.05	0.1
			JS-065	20	0.7	14.87	13.38
			JS-066	20	0.33	4.43	1.65
			JS-067	20	0.28	3.3	0.93
			JS-068	20	2.78	7.08	4.35
			JS-069	20	0.43	5.08	2.9
			JS-070	20	0.17	3.43	3.08
			JS-071	20	0.31	4.02	3.35

续表

供电网格		功能网格编号	用电网格编号	供区电压（kV）	建设面积（km²）	总（常规）负荷	
编号	名称					最大（全天）（MW）	最小（白天）（MW）
JXX4_JS_03B	JS新区东网格	JXX4_JS_03B-01	JS-072	20	0.14	1.47	0.75
			JS-073	20	0.08	0.68	0.48
		JXX4_JS_03B-02	JS-001	20	0.25	4.34	3.91
			JS-002	20	0.17	7.98	7.82
			JS-005	20	0.24	3.5	3.15
			JS-006	20	0.4	8.13	7.31
			JS-007	110	0.66	25.85	25.85
			JS-008	110	1.01	28.41	28.41
			JS-009	110	1.87	60.06	60.05
			JS-010	20	0.53	11.33	10.19
			JS-011	20	0.23	1.33	1.2
			JS-012	20	0.09	3.22	2.27
			JS-013	20	0.15	5.42	3.92
			JS-014	20	0.11	2.26	2.04
			JS-015	20	0.21	4.47	4.03
			JS-016	110	0.53	39.03	39.03
			JS-017	20	0.22	4.42	3.98
			JS-018	20	0.22	11.64	11.56
			JS-019	20	0.2	3.75	3.38
			JS-020	20	0.28	6.58	6.18
			JS-021	20	0.25	4.97	4.47
			JS-022	20	0.07	0.83	0.74
			JS-023	20	0.23	4.98	4.49
			JS-024	20	0.12	2.54	2.29
			JS-025	20	0.15	3.24	2.92
			JS-026	20	0.27	5.09	5.09
			JS-027	20	0.19	3.76	3.38
			JS-028	20	0.28	4.88	4.39
			JS-029	20	0.28	5.94	5.35
			JS-030	20	0.17	3.23	2.91
			JS-031	20	0.2	3.77	3.39
			JS-032	20	0.26	4.95	4.46
			JS-033	20	0.23	3.02	3.02
			JS-034	20	0.26	4.89	4.4
			JS-035	20	0.38	9.42	8.93

供电网格		功能网格编号	用电网格编号	供区电压（kV）	建设面积（km²）	总（常规）负荷	
编号	名称					最大（全天）（MW）	最小（白天）（MW）
			JS-036	20	0.13	2.8	2.52
			JS-037	20	0.26	5.63	5.07
			JS-038	20	0.16	3.43	3.09
			JS-039	20	0.13	2.89	2.6
			JS-040	20	0.22	3.44	3.1
			JS-041	20	0.22	1.07	0.97
			JS-042	20	0.18	3.48	3.13
			JS-043	20	0.14	2.85	2.56
			JS-044	20	0.16	2.98	2.68
			JS-045	20	0.13	2.44	2.2
			JS-046	20	0.16	3.29	2.97
			JS-047	20	0.36	6.35	5.72
			JS-048	20	0.15	2.85	2.57
JXX4_JS_03B	JS新区东网格	JXX4_JS_03B-02	JS-049	20	0.21	8.72	8.72
			JS-050	20	0.07	1.46	1.31
			JS-051	20	0.1	1.81	1.63
			JS-052	20	0.39	9.52	8.87
			JS-053	20	0.24	3.86	2.97
			JS-054	20	0.22	4.3	4.08
			JS-055	20	0.54	5.96	5.96
			JS-057	20	0.36	39.69	39.69
			JS-058	20	0.18	3.78	3.4
			JS-059	20	0.18	3.68	3.31
			JS-060	20	0.18	3.72	3.35
			JS-061	20	0.53	14.26	14.26
			JS-062	20	0.36	7.58	6.82
			JS-063	20	0.33	5.27	4.74
			JS-074	20	0.13	1.67	1.51
			JS-075	20	0.06	2	1.44
			JS-076	20	0.26	2.28	0.12
JXX4_JS_02B	JS新区西网格	JXX4_JS_02B-01	JS-077	20	0.55	4.94	0.63
			JS-078	20	0.63	5.57	0.6
			JS-079	20	0.15	1.48	0.07
			JS-080	20	0.35	6.99	5.37
			JS-081	20	0.26	1.21	0.16

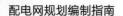
续表

供电网格		功能网格编号	用电网格编号	供区电压（kV）	建设面积（km²）	总（常规）负荷	
编号	名称					最大（全天）（MW）	最小（白天）（MW）
JXX4_JS_02B	JS 新区西网格	JXX4_JS_02B-01	JS-082	20	0.37	5.37	4.33
			JS-083	20	1.15	2.99	2.69
			JS-084	20	0.25	0.64	0.58
			JS-085	20	0.22	0.57	0.51
			JS-086	20	0.28	0.71	0.64
			JS-087	20	0.31	0.8	0.72
			JS-088	20	0.19	3.52	3.17
			JS-089	20	0.2	4.06	2.85
			JS-090	20	0.15	3.36	3.02
			JS-091	20	0.16	2.03	1.83
			JS-092	20	0.18	4.11	3.7
			JS-093	20	0.27	6.16	5.54
		JXX4_JS_02B-02	JS-003	20	0.34	5.26	4.73
			JS-004	20	0.32	6.14	5.53
			JS-094	20	0.36	8.8	7.92
			JS-095	20	0.35	7.87	7.08
			JS-096	20	0.4	7.77	6.99
			JS-097	20	0.47	12.45	10.6
			JS-098	20	0.19	6.75	4.87
			JS-099	20	0.25	5.65	5.08
			JS-100	20	0.23	5.23	4.71
			JS-101	20	0.14	3.15	2.83
			JS-102	20	0.11	2.36	2.12
			JS-103	20	0.19	3.18	1.39
			JS-104	20	0.12	4	2.8
			JS-105	20	0.2	2.88	2.17
			JS-106	20	0.23	3.95	3.22
合计					32.45	646.65	575.29

根据负荷预测，到远景年，JS 新区饱和负荷约为 646MW。

（三）近期负荷预测

根据规划区地块（用户）的开发及报装情况，采用空间负荷预测方法，并通过负荷成熟度校验，得到规划区的近中期负荷预测结果。经预测，JS 新区远景（饱和）中压负荷预测值为 646.65MW，现状负荷为 266.16MW（负荷成熟度 41.15%），目标年（2025

年）负荷预测值为 388.43MW（负荷成熟度为 60.06%），年增长率为 7.85%，负荷整体呈现较快增长趋势。用电网格近中期负荷预测结果见表 10-12。

表 10-12　　　　　　　　　　用电网格近中期负荷预测结果

供电网格编码	功能网格编码	用电网格基本情况			饱和负荷		近中期负荷预测							
		用电网格编号	用电网格面积	供电区域类型	负荷值（MW）	负荷密度（MW/km²）	现状负荷		近期负荷			目标年（2025）		年均增长（%）
							负荷值（MW）	负荷成熟度（%）	2021年（MW）	2022年（MW）	2023年（MW）	负荷值（MW）	负荷成熟度（%）	
JXX4_JS_03B	JXX4_JS_03B-01	JS-064	0.22	B	2.05	9.3	0.07	3.41	0.07	0.07	0.07	0.08	3.9	2.71
		JS-065	0.7	B	14.9	21.3	0.06	0.4	0.06	0.06	0.06	0.08	0.54	5.92
		JS-066	0.33	B	4.43	13.3	0.09	2.03	0.09	0.09	0.09	0.1	2.26	2.13
		JS-067	0.28	B	3.3	11.6	0.13	3.94	0.13	0.13	0.13	0.15	4.55	2.9
		JS-068	2.78	B	7.08	2.5	0.15	2.12	0.15	0.16	0.18	0.19	2.68	4.84
		JS-069	0.43	B	5.08	11.8	1.98	38.98	1.99	1.99	2	2.02	39.76	0.4
		JS-070	0.17	B	3.43	20.6	0.12	3.5	0.13	0.13	0.14	0.16	4.66	5.92
		JS-071	0.31	B	4.02	13.2	1.45	36.07	1.66	1.89	2.11	2.57	63.93	12.13
		JS-072	0.14	B	1.47	10.6	0.41	27.89	0.42	0.42	0.42	0.44	29.93	1.42
		JS-073	0.08	B	0.68	8.9	0.52	76.47	0.54	0.56	0.58	0.62	91.18	3.58
	JXX4_JS_03B-02	JS-001	0.25	B	4.34	17.4	1.27	29.26	1.46	1.65	1.86	2.23	51.38	11.92
		JS-002	0.17	B	7.98	47.1	5.14	64.41	5.87	6.19	6.31	6.38	79.95	4.42
		JS-005	0.24	B	3.5	14.9	1.28	36.57	1.49	1.69	1.9	2.31	66	12.53
		JS-006	0.4	B	8.13	20.1	1.77	21.77	2.18	2.6	3.01	3.88	47.72	17
		JS-007	0.66	B	25.9	39.3	24.54	94.75	25.34	25.65	25.76	25.82	99.69	1.02
		JS-008	1.01	B	28.4	28.1	26.96	94.93	27.84	28.18	28.31	28.37	99.91	1.02
		JS-009	1.87	B	60.1	32	38.05	63.31	53.9	57.6	59.09	59.88	99.63	9.49
		JS-010	0.53	B	11.3	21.3	0.08	0.71	0.09	0.09	0.1	0.1	0.88	4.56
		JS-011	0.23	B	1.33	5.8	1.26	94.74	1.28	1.3	1.31	1.33	100	1.09
		JS-012	0.09	B	3.22	35.6	0.03	0.93	0.04	0.07	0.08	0.13	4.04	34.08
		JS-013	0.15	B	5.42	35.9	0.02	0.37	0.02	0.02	0.02	0.03	0.55	8.45
		JS-014	0.11	B	2.26	21.3	1.3	57.52	1.5	1.69	1.88	2.26	100	11.69
		JS-015	0.21	B	4.47	21.3	2.58	57.72	2.97	3.35	3.74	4.47	100	11.62
		JS-016	0.53	B	39	73.1	28.29	72.54	35.42	37.6	38.47	38.93	99.82	6.59
		JS-017	0.22	B	4.42	20.1	1.58	35.75	1.94	2.31	2.68	3.44	77.83	16.84
		JS-018	0.22	B	11.6	53.5	8.75	75.43	10.23	10.61	10.75	10.84	93.45	4.38
		JS-019	0.2	B	3.75	19.2	1.53	40.8	1.88	2.24	2.61	3.34	89.07	16.9
		JS-020	0.28	B	6.58	23.4	2.46	37.39	2.54	2.57	2.58	2.59	39.36	1.04
		JS-021	0.25	B	4.97	20.2	2.87	57.75	3.3	3.72	4.16	4.97	100	11.61

供电网格编码	功能网格编码	用电网格基本情况			饱和负荷		现状负荷		近中期负荷预测					
									近期负荷			目标年（2025）		年均增长（%）
		用电网格编号	用电网格面积	供电区域类型	负荷值（MW）	负荷密度（MW/km²）	负荷值（MW）	负荷成熟度（%）	2021年（MW）	2022年（MW）	2023年（MW）	负荷值（MW）	负荷成熟度（%）	
JXX4_JS_03B	JXX4_JS_03B-02	JS-022	0.07	B	0.83	12.1	0.72	86.75	0.73	0.75	0.79	0.83	100	2.88
		JS-023	0.23	B	4.98	21.3	2.88	57.83	3.3	3.73	4.16	4.98	100	11.58
		JS-024	0.12	B	2.54	21.3	1.47	57.87	1.68	1.91	2.12	2.54	100	11.56
		JS-025	0.15	B	3.24	21.1	0.16	4.94	0.19	0.22	0.26	0.33	10.19	15.58
		JS-026	0.27	B	5.09	19.2	2.51	49.31	4.47	4.84	4.99	5.06	99.41	15.05
		JS-027	0.19	B	3.76	19.5	2.13	56.65	2.45	2.79	3.12	3.76	100	12.04
		JS-028	0.28	B	4.88	17.4	2.1	43.03	2.59	3.08	3.57	4.59	94.06	16.93
		JS-029	0.28	B	5.94	21.4	1.3	21.89	1.6	1.9	2.2	2.83	47.64	16.83
		JS-030	0.17	B	3.23	18.9	1.5	46.44	1.84	2.18	2.54	3.23	100	16.58
		JS-031	0.2	B	3.77	19	2.17	57.56	2.5	2.81	3.14	3.77	100	11.68
		JS-032	0.26	B	4.95	18.9	1.75	35.35	2.15	2.55	2.95	3.79	76.57	16.71
		JS-033	0.23	B	3.02	13.1	2.4	79.47	2.75	2.9	2.96	2.99	99.01	4.49
		JS-034	0.26	B	4.89	19.2	2.3	47.03	2.83	3.37	3.92	4.89	100	16.28
		JS-035	0.38	B	9.42	24.8	3.78	40.13	4.21	4.39	4.46	4.49	47.66	3.5
		JS-036	0.13	B	2.8	21.4	0.02	0.71	0.02	0.02	0.02	0.03	1.07	8.45
		JS-037	0.26	B	5.63	21.4	0.08	1.42	0.09	0.09	0.1	0.1	1.78	4.56
		JS-038	0.16	B	3.43	21.3	0.13	3.79	0.13	0.14	0.14	0.16	4.66	4.24
		JS-039	0.13	B	2.89	21.4	0.03	1.04	0.03	0.03	0.04	0.04	1.38	5.92
		JS-040	0.22	B	3.44	15.5	0.09	2.62	0.1	0.1	0.11	0.11	3.2	4.1
		JS-041	0.22	B	1.07	4.9	0.05	4.67	0.05	0.05	0.05	0.06	5.61	3.71
		JS-042	0.18	B	3.48	19.7	0.08	2.3	0.09	0.09	0.1	0.1	2.87	4.56
		JS-043	0.14	B	2.85	19.7	0.04	1.4	0.04	0.05	0.05	0.05	1.75	4.56
		JS-044	0.16	B	2.98	18.8	0.01	0.34	0.01	0.01	0.01	0.02	0.67	14.87
		JS-045	0.13	B	2.44	18.7	1.41	57.79	1.62	1.83	2.04	2.44	100	11.59
		JS-046	0.16	B	3.29	21.2	1.91	58.05	2.19	2.47	2.75	3.29	100	11.49
		JS-047	0.36	B	6.35	17.4	2.35	37.01	2.88	3.42	3.98	5.09	80.16	16.72
		JS-048	0.15	B	2.85	19.6	0.92	32.28	1.12	1.34	1.56	2.01	70.53	16.92
		JS-049	0.21	B	8.72	41.6	7.71	88.42	8.31	8.55	8.64	8.69	99.66	2.42
		JS-050	0.07	B	1.46	21.3	0.36	24.66	0.45	0.53	0.62	0.79	54.11	17.02
		JS-051	0.1	B	1.81	17.4	1.03	56.91	1.19	1.34	1.5	1.81	100	11.94
		JS-052	0.39	B	9.52	24.7	0.81	8.51	2.55	2.82	2.93	2.99	31.41	29.85
		JS-053	0.24	B	3.86	15.8	1.96	50.78	2.22	2.48	2.74	3.25	84.2	10.64

续表

供电网格编码	功能网格编码	用电网格基本情况			饱和负荷		近中期负荷预测						
							现状负荷		近期负荷			目标年（2025）		年均增长（%）
		用电网格编号	用电网格面积	供电区域类型	负荷值（MW）	负荷密度（MW/km²）	负荷值（MW）	负荷成熟度（%）	2021年（MW）	2022年（MW）	2023年（MW）	负荷值（MW）	负荷成熟度（%）	
JXX4_JS_03B	JXX4_JS_03B－02	JS－054	0.22	B	4.3	19.7	1.72	40	1.94	2.04	2.08	2.1	48.84	4.07
		JS－055	0.54	B	5.96	11.1	4.2	70.47	5.33	5.67	5.8	5.87	98.49	6.92
		JS－057	0.36	B	39.7	112	36.06	90.83	38.27	39.16	39.49	39.66	99.9	1.92
		JS－058	0.18	B	3.78	21	2.19	57.94	2.51	2.84	3.16	3.78	100	11.53
		JS－059	0.18	B	3.68	21	2.13	57.88	2.44	2.76	3.07	3.68	100	11.56
		JS－060	0.18	B	3.72	20.7	2.16	58.06	2.48	2.79	3.11	3.72	100	11.49
		JS－061	0.53	B	14.3	27	13.53	94.62	13.98	14.15	14.21	14.24	99.58	1.03
		JS－062	0.36	B	7.58	20.8	1.81	23.88	2.21	2.63	3.05	3.9	51.45	16.59
		JS－063	0.33	B	5.27	16	0.1	1.9	0.11	0.11	0.12	0.14	2.66	6.96
JXX4_JS_02B	JXX4_JS_02B－01	JS－074	0.13	B	1.67	13.2	0.04	2.4	0.08	0.14	0.22	0.38	22.75	56.87
		JS－075	0.06	B	2	34.1	0.01	0.5	0.01	0.01	0.02	0.03	1.5	24.57
		JS－076	0.26	B	2.28	8.9	0.02	0.88	0.04	0.07	0.1	0.15	6.58	49.63
		JS－077	0.55	B	4.94	9	0.02	0.4	0.02	0.04	0.06	0.15	3.04	49.63
		JS－078	0.63	B	5.57	8.8	0.09	1.62	0.19	0.35	0.5	0.83	14.9	55.94
		JS－079	0.15	B	1.48	9.6	0.01	0.68	0.02	0.03	0.04	0.06	4.05	43.1
		JS－080	0.35	B	6.99	20.2	0.03	0.43	0.05	0.09	0.12	0.18	2.58	43.1
		JS－081	0.26	B	1.21	4.7	0.01	0.83	0.01	0.01	0.02	0.03	2.48	24.57
		JS－082	0.37	B	5.37	14.5	0.02	0.37	0.03	0.06	0.08	0.12	2.23	43.1
		JS－083	1.15	B	2.99	2.6	0.05	1.67	0.1	0.17	0.24	0.38	12.71	50.02
		JS－084	0.25	B	0.64	2.5	0.02	3.13	0.03	0.06	0.08	0.12	18.75	43.1
		JS－085	0.22	B	0.57	2.6	0.02	3.51	0.04	0.07	0.1	0.15	26.32	49.63
		JS－086	0.28	B	0.71	2.6	0.05	7.04	0.1	0.16	0.22	0.35	49.3	47.58
		JS－087	0.31	B	0.8	2.5	0.02	2.5	0.04	0.07	0.1	0.15	18.75	49.63
		JS－088	0.19	B	3.52	19	0.02	0.57	0.04	0.07	0.1	0.15	4.26	49.63
		JS－089	0.2	B	4.06	20.1	0.03	0.74	0.06	0.1	0.14	0.21	5.17	47.58
		JS－090	0.15	B	3.36	22.5	0.01	0.3	0.01	0.01	0.02	0.03	0.89	24.57
		JS－091	0.16	B	2.03	12.9	0.01	0.49	0.02	0.03	0.04	0.06	2.96	43.1
		JS－092	0.18	B	4.11	22.5	0.03	0.73	0.06	0.1	0.14	0.21	5.11	47.58
		JS－093	0.27	B	6.16	22.4	0.03	0.49	0.05	0.09	0.12	0.18	2.92	43.1
	JXX4_JS_02B－02	JS－003	0.34	B	5.26	15.5	0.12	2.28	0.76	1.49	2.33	4.09	77.76	102.54
		JS－004	0.32	B	6.14	19.2	0.15	2.44	0.91	1.82	2.78	4.87	79.32	100.58
		JS－094	0.36	B	8.8	24.1	0.08	0.91	0.38	0.66	0.89	1.26	14.32	73.56

续表

供电网格编码	功能网格编码	用电网格基本情况			饱和负荷		现状负荷		近中期负荷预测					
									近期负荷			目标年（2025）		
		用电网格编号	用电网格面积	用电区域类型	负荷值（MW）	负荷密度（MW/km²）	负荷值（MW）	负荷成熟度（%）	2021年（MW）	2022年（MW）	2023年（MW）	负荷值（MW）	负荷成熟度（%）	年均增长（%）
JXX4_JS_02B	JXX4_JS_02B-02	JS-095	0.35	B	7.87	22.5	0.04	0.51	0.19	0.33	0.44	0.63	8.01	73.56
		JS-096	0.4	B	7.77	19.2	0.01	0.13	0.05	0.08	0.11	0.16	2.06	74.11
		JS-097	0.47	B	12.5	26.3	0.01	0.08	0.05	0.08	0.11	0.16	1.28	74.11
		JS-098	0.19	B	6.75	35.7	0.01	0.15	0.05	0.08	0.11	0.16	2.37	74.11
		JS-099	0.25	B	5.65	22.4	0.07	1.24	0.33	0.58	0.78	1.1	19.47	73.48
		JS-100	0.23	B	5.23	22.4	0.12	2.29	0.76	1.49	2.33	4.09	78.2	102.54
		JS-101	0.14	B	3.15	22.4	0.03	0.95	0.14	0.25	0.33	0.47	14.92	73.38
		JS-102	0.11	B	2.36	22.4	0.02	0.85	0.1	0.17	0.22	0.31	13.14	73.01
		JS-103	0.19	B	3.18	17.1	0.06	1.89	0.29	0.5	0.67	0.94	29.56	73.38
		JS-104	0.12	B	4	34.4	0.06	1.5	0.29	0.58	0.78	1.26	31.5	83.84
		JS-105	0.2	B	2.88	14.5	0.03	1.04	0.19	0.33	0.56	0.94	32.64	99.16
		JS-106	0.23	B	3.95	17.1	0.01	0.25	0.05	0.08	0.11	0.16	4.05	74.11
合计					646.76	—	266.16	41.15	315.72	339.81	358.06	388.43	60.06	7.85

各供电单元的负荷增长预测如表 10-13 所示。

表 10-13　　　　　　供电单元近中期负荷预测结果

所属供电网格（名称）	供电单元基本情况			饱和负荷		现状负荷		近中期负荷预测					
								近期负荷			目标年（2025）		
	供电单元编号	供电单元面积	供电区域类型	负荷值（MW）	负荷密度（MW/km²）	负荷值（MW）	负荷成熟度（%）	2021年（MW）	2022年（MW）	2023年（MW）	负荷值（MW）	负荷成熟度（%）	年均增长（%）
JS东网格	GD01-JS-03B	5.62	B	44.67	7.9	4.98	11.15	5.24	5.5	5.78	6.41	14.35	5.18
	GD02-JS-03B	2.95	B	58.63	19.9	19.69	33.58	23.19	26.25	29.16	34.67	59.13	11.98
	GD03-JS-03B	2.86	B	93.83	22.5	57.1	60.85	70.15	75.54	79.19	84.58	90.14	8.17
	GD04-JS-03B	1	B	20.25	20.3	1.39	6.86	3.02	5.23	8.45	11.23	55.46	51.87
	GD05-JS-03B	2.68	B	83.98	31.3	62.18	74.04	69.62	74.71	78.01	82.99	98.82	5.94
	GD06-JS-03B	7.7	B	202.4	13.9	119.46	59.02	142.84	150.68	155.4	165.67	81.85	6.76
JS西网格	GD01-JS-02B	2.69	B	17.48	6.5	0.17	0.97	0.19	0.23	0.27	0.4	2.29	18.66
	GD02-JS-02B	5.29	B	67.76	12.8	0.51	0.75	0.72	0.84	0.92	1.23	1.82	19.25
	GD03-JS-02B	2.36	B	46.02	19.5	0.68	1.48	0.75	0.83	0.88	1.25	2.72	12.95
合计				646.76	—	266.16	41.15	315.72	339.81	358.06	388.43	60.06	7.85

第二节 TXWZ 配电网规划

一、概述

WZ 位于地处江浙沪"金三角"之地、杭嘉湖平原腹地，距××、苏州均为 60km，距××106km。陆上交通有县级公路姚震线贯穿镇区，经姚震公路可与省道盐湖公路、国道 320 公路、318 公路、沪杭高速公路相衔接。全镇南北长 17.7km，东西宽 12.1km，镇域面积 106.8km²，户籍人口约 8.7 万。

规划范围：WZ 镇所辖区域，总面积为 106.8km²，下辖 26 个行政村、4 个社区。

规划现状年为 2020 年，规划年限为 2021～2030 年，规划水平年为 2023、2025、2030 年，远期展望至 2035 年。

二、区域概况

WZ 突出打造"全球顶尖的互联网国际交流会展地、世界一流的互联网产业集聚地、赋能未来的互联网创新策源地、示范引领的互联网治理先行地"四个高地。规划形成"一轴一廊一带，一城一心三区"的空间结构。"一轴"指 WZ 大道科创集聚发展轴；"一廊"指 G60 科创大走廊；"一带"指运河文化生态风情带；"一城"指 TX 主城；"一心"指强化石门镇、河山镇、凤鸣街道"田园绿心"，打造万亩大田畈，打造集农业经济、生态旅游、乡村振兴为一体的"大田园绿心"；"三区"指 TX 经济开发区、WZ 互联网创新发展试验区、融杭经济区。

根据 WZ 用地规划，除水域道路外，建设开发用地面积为 21.20km²，其中居住用地 6.72km²，占比为 31.69%，商业设施用地 5.73km²，占比为 25.15%，工业用地 5.33km²，占比为 37.24%。

三、现状分析

（一）高压配电网现状分析

1. 装备水平

（1）变电情况。

截至 2020 年底，WZ 镇域共有 110kV 电源点 3 座，分别为 CZ 变、WZ 变、LX 变，主变 6 台，变电容量 310MVA。

镇域外有电源点 3 座，其中 220kV 变电站 1 座，为 AX 变，主变 2 台，变电容量 480MVA；110kV 变电站 2 座，分为 XS 变、QB 变，主变 4 台，总容量 320MVA。

220kVA X 变为镇域外变电站，主变 2 台，变电容量为 480MVA，20kV 出线间隔利用率为 100%，无剩余 20kV 备用间隔，其中 6 回 20kV 线路往镇域内供电。变电站装备情况统计表见表 10-14 和表 10-15。

表 10－14　　　　　　　　220kV 高压变电站装备情况统计表

序号	变电站名称	电压变比	主变编号	容量构成（MVA）		20kV 出线间隔（个）		投运时间	备注
				主变	合计	总数	剩余		
1	AX变	220/110/20	1#	240	480	6	0	－ －	区域外
		220/110/20	2#	240		6	0		

表 10－15　　　　　　　　110kV 高压变电站装备情况统计表

序号	变电站名称	电压变比	主变编号	容量构成（MVA）		10（20）kV 出线间隔（个）		无功补偿		投运时间	备注
				主变	合计	总数	剩余	容量（Mvar）	占比（%）		
1	CZ变	110/10	1#	50	100	14	8	14.4	14.40%	2017	区域内
		110/10	2#	50		14	6				
2	WZ变	110/10	1#	40	80	12	1	12	15.00%	2001	区域内
		110/10	2#	40		12	0				
3	LX变	110/10	1#	50	130	10	2	19.22	14.79%	2005	区域内
		110/20	2#	80		10	1				
4	XS变	110/20	1#	80	160	10	1	24	15.00%	2011	区域外
		110/20	2#	80		10	1				
5	QB变	110/20	1#	80	160	10	4	24	15.00%	2020	区域外
		110/20	2#	80		10	4				

镇域内的 110kV 变电站单台主变容量有 40MVA、50MVA、80MVA 三种类型，无小容量主变，无单主变运行的变电站。镇域外 110kV 变电站单台主变容量为 80MVA，无小容量主变，无单主变运行的变电站。

镇域内 3 座变电站共有 10（20）kV 出线间隔 72 个，间隔利用率 75%。其中 10kV 出线间隔 62 个，间隔利用率为 72.58%。WZ 镇北部区域为永久会址区域，周边配套设施将逐步完善，预计负荷增速较快，WZ 变剩余间隔无法满足负荷发展需求。20kV 出线间隔 10 个，间隔利用率为 90%，LX 变剩余 20kV 间隔无法满足负荷发展需求。镇域外 2 座变电站共有 10（20）kV 出线间隔 40 个，间隔利用率 75%，其中有 9 回 20kV 线路为镇域供电。

从运行年限来看，镇域内 3 座变电站均在 20 年以内，无运行年限过长的情况。

（2）线路情况。

WZ 镇涉及 110kV 线路 9 条，线路总长 108.801km，其中电缆线路 2.076km，架空线路 106.725km。

WZ 镇 110kV 公用线路电缆导线截面为 630mm²，线路总长 2.076km，占比 1.91%，集中在安陈 1553 线、梧庄 1296 线、兴乌 1548 线；架空线路导线截面为 240mm²、300mm²、335mm²，占比分别为 22.33%、41.97%、33.79%（见表 10－16）。

表 10-16　　　　　　　　WZ 镇 110kV 线路导线截面统计表

序号	线名及编号	电压等级（kV）	起迄地点	线路总长度（km）	导线型号及长度（km）				
					YJLW03-64/110-1×630	LGJ-240/30	LGJ-300/25	JL/G1A-300/25	JLHA3-335
1	安陈 1553 线	110	AX 变-CZ 变	19.267	1.038				18.229
2	梧庄 1296 线	110	WT 变-CZ 变	17.948	0.560	9.091			8.297
3	兴乌 1548 线	110	AX 变-WZ 变	13.496	0.478	2.953			10.065
4	WZ1297 线	110	WT 变-WZ 变	12.431		12.253			0.178
5	WZ1297AX 支线	110	#29T 接塔-AX 变	7.857			7.857		
6	LX1308 线	110	WT 变-LX 变	7.322			7.322		
7	安翔 1545 线	110	AX 变-LX 变	11.728			11.111	0.617	
8	安庆 1546 线	110	AX 变-QB 变	9.376			9.376		
9	兴庆 1547 线	110	AX 变-QB 变	9.376			9.376		
	总计			108.801	2.076	24.297	45.042	0.617	36.769

WZ 镇 110kV 线路及杆塔运行年限大部分在 15 年以内，占比分别为 81.32%、80.62%；运行年限在 16～20 年线路及杆塔占比分别为 18.68%、19.38%，集中在 110kV 梧庄 1296 线、WZ1297 线；无运行年限超过 20 年的线路及杆塔。

2. 运行情况

（1）主变负荷情况（见表 10-17）。根据 2020 年负荷实测数据，镇域内 3 座变电站平均负载率为 35.81%，无重、过载情况，WZ 变 1、2#主变存在主变负荷不均衡的情况（1、2#主变负载率相差 20%）。镇域外 2 座变电站平均负载率为 22.23%，无重、过载情况，110kV XS 变 1、2#主变负荷不均衡的情况（1、2#主变负载率相差 20%）。

表 10-17　　　　　　　　110kV 主变负荷统计表

序号	变电站名称	电压变比	主变编号	容量构成（MVA）		2020 年最大负荷		备注
				主变	合计	最大负荷	负载率	
1	CZ 变	110/10	1#	50	100	6.54	13.08%	区域内
		110/10	2#	50		6.56	13.11%	
2	WZ 变	110/10	1#	40	80	14.17	35.42%	区域内
		110/10	2#	40		24.85	62.12%	
3	LX 变	110/10	1#	50	130	22	43.99%	区域内
		110/20	2#	80		37.69	47.11%	
4	XS 变	110/20	1#	80	160	46.08	57.61%	区域外
		110/20	2#	80		12.5	15.62%	
5	QB 变	110/20	1#	80	160	7.54	9.43%	区域外
		110/20	2#	80		5.01	6.26%	

（2）线路负荷情况。WZ 镇 7 条 110kV 线路平均负载率为 13.97%，负载率均在 70% 以内，无重、过载线路。

3. 网架结构

按照典型接线方式统计，110kV CZ 变、WZ 变、LX 变为单链式接线，占比 60%；110kV XS 变、QB 变为双辐射式接线，占比 40%。

4. 转供能力

镇域内 110kV CZ 变、GQ 变均能满足主变 $N-1$ 校验；110kV LX 变存在 1、2#主变 10、20kV 互供的情况，不能满足主变 $N-1$ 校验。镇域外 110kV QB 变能够满足主变 $N-1$ 校验；XS 变能满足主变 $N-1$ 校验（见表 10-18）。

表 10-18　　　　　WZ 镇 110kV 变电站主变 $N-1$ 校验表

序号	变电站名称	电压变比	主变编号	容量构成（MVA）		2020 年最大负荷		主变 $N-1$ 校验		备注
				主变	合计	最大负荷	负载率	校验值	是否满足主变 $N-1$ 校验	
1	CZ 变	110/10	1#	50	100	6.54	13.08%	26.20%	是	区域内
		110/10	2#	50		6.56	13.11%	26.20%	是	
2	WZ 变	110/10	1#	40	80	14.17	35.42%	97.55%	是	区域内
		110/10	2#	40		24.85	62.12%	97.55%	是	
3	LX 变	110/10	1#	50	130	22	43.99%	—	否	区域内
		110/20	2#	80		37.69	47.11%	—	否	
4	XS 变	110/20	1#	80	160	46.08	57.61%	73.23%	是	区域外
		110/20	2#	80		12.5	15.62%	73.23%	是	
5	QB 变	110/20	1#	80	160	7.54	9.43%	15.69%	是	区域外
		110/20	2#	80		5.01	6.26%	15.69%	是	

通过对 WZ 镇涉及的 9 条 110kV 线路进行 $N-1$ 校验，均能满足 $N-1$ 校验。

（二）中压配电网现状分析

截至 2020 年底，WZ 镇共有 10（20）kV 线路 66 条，其中公用线路 64 条，公用线路总长 617.68km；有配变 985 台，总容量 569.493MVA，其中公变 776 台，总容量 298.393MVA；环网室 16 座，环网箱 70 座。

WZ 镇有 10kV 线路 51 条，其中公用线路 49 条，公用线路总长 330.4km；有配变 619 台，总容量 429.598MVA，其中公变 424 台，总容量为 161.618MVA；有环网室 9 座；有环网箱 62 座。20kV 线路 15 条，其中公用线路 15 条，公用线路总长 287.28km；有配变 366 台，总容量 139.895MVA，其中公变 352 台，总容量为 136.775MVA；有环网室 7 座，环网箱 8 座（见表 10-19）。

表 10-19　　　　　　　　　WZ 镇中压配电网概况

区域		10kV	20kV	WZ 镇
线路回数	线路回数（条）	51	15	66
	公用线路（条）	49	15	64
	专用线路（条）	2	0	2
中压公用线路长度	线路总长（km）	330.4	287.28	617.68
	架空线路（km）	195.09	198.44	393.53
	电缆线路（km）	135.31	88.84	224.15
公变	台数（台）	424	352	776
	容量（MVA）	161.618	136.775	298.393
专变	台数（台）	195	14	209
	容量（MVA）	267.98	3.12	271.1
合计	台数（台）	619	366	985
	容量（MVA）	429.598	139.895	569.493
环网室（座）		9	8	17
环网箱（座）		66	14	80
中压平均供电半径（km）		2.38	8.81	3.88
电缆化率（%）		40.95%	30.92%	36.29%
架空绝缘化率（%）		100%	100%	100%
联络率（%）		93.88%	73.33%	89.06%
公用线路平均配变装接容量（MVA）		8.77	9.33	8.90

1. 网架结构

WZ 镇 10（20）kV 线路环网率为 89.06%，站间联络比率为 82.81%，标准接线覆盖率为 65.63%，见表 10-20。

表 10-20　　　　　　　　　WZ 镇环网情况统计表

项目名称	10kV	20kV	WZ 镇
联络率	93.88%	73.33%	89.06%
站间联络比例	89.80%	60%	82.81%
标准接线覆盖率	63.27%	73.33%	65.63%

WZ 镇 10（20）kV 线路标准接线比率为 65.63%，接线方式以架空多分段单联络、电缆单环网接线为主，占比分别为 35.94%、26.56%。

2. 运行情况

WZ 镇 10（20）kV 线路平均负载率为 22.85%，其中 WZ 镇 10kV 线路平均负载率

为 23%；20kV 线路平均负载率为 23.69%，无重过载线路。

WZ 镇 10（20）kV 线路 $N-1$ 通过率为 85.94%，有 9 回线路不能满足 $N-1$ 校验，其中 7 回为辐射线路。其中，10kV 线路 $N-1$ 通过率为 89.80%，有 5 回线路不能满足 $N-1$ 校验，其中 3 回为辐射线路，主要分布在 110kV LX 变；20kV 线路 $N-1$ 通过率为 73.33%，有 4 回线路不能满足 $N-1$ 校验，均为辐射线路。

WZ 镇 10（20）kV 线路不能满足 $N-1$ 校验的主要原因：存在较多的辐射线路；部分线路本身及对策线路负荷较高，导致不能满足 $N-1$ 校验。

3. 装备水平

WZ 镇 10（20）kV 线路平均供电半径为 3.88km，其中 10kV 线路平均供电半径为 2.38km，20kV 线路平均供电半径为 8.81km。

WZ 镇 10（20）kV 线路电缆导线截面均以 400mm² 为主，架空线路均以 185mm²、240mm² 截面为主，无截面偏小导线。

2020 年，WZ 镇 10（20）线路整体上运行年限在 15 年以内，设备状况优良，能够满足电网安全稳定运行，存在运行年限超过 15 年的 19 条，其中运行年限超过 20 年的线路 6 条，均为 10kV 线路。

（三）低压配电网现状分析

WZ 镇有公变 776 台，容量为 298.393MVA，低压用户 46 190 户。低压线路 1837 条，架空线路 644.8km，电缆线 190.09km。配变负载率分布见表 10-21。

表 10-21 配变负载率分布

电压等级	≤20%	20%～40%	40%～60%	60%～80%	80%～100%
10kV	95	183	106	33	7
20kV	139	141	54	16	2
合计	234	324	160	49	9

WZ 镇 10（20）kV 公变型号以 S11、S15 型配变为主，占比分别为 55.67%、24.87%，其中非晶合金配变 207 台，占比为 26.68%。无 S7 及以下高损配变。WZ 镇 10（20）kV 公变运行年限在 0～5 年以内的配变有 305 台，占所有公变的 39.30%；运行年限在 16～20 年之间的配变 30 台，占所有公变的 3.87%；运行年限超过 20 年的公变 7 台，占所有公变的 0.90%。

从低压线路运行年限来看，运行年限在 10 年以内的低压线路为 671.504km，占所有低压线路的 80.43%；运行年限在 16～20 年的低压线路为 24.179km，占所有低压线路的 28.961%；运行年限超过 20 年的低压线路 8.381km，占所有低压线路的 1.00%。

（四）供电网格划分

依据配电网网格划分原则等文件要求，结合实际情况，将 WZ 镇划分为 4 个供电网格，见表 10-22。WZ 镇网格划分示意图如图 10-6 所示。

表 10-22　　　　　　　WZ 镇 网 格 划 分 表

序号	网格名称	网格编号	面积（km²）
1	XXTXWZ 分区西栅网格	JXX5_WZ_01A	4.41
2	XXTXWZ 分区会址网格	JXX5_WZ_02A	14.5
3	XXTXWZ 分区红星网格	JXX5_WZ_03B	48.49
4	XXTXWZ 分区董家网格	JXX5_WZ_04B	39.4

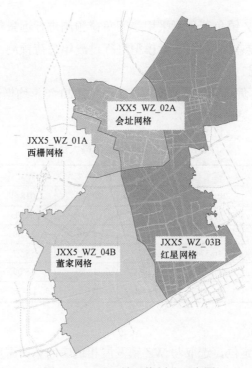

图 10-6　WZ 镇网格划分示意图

四、负荷预测

电力需求预测是电力系统规划的重要组成部分，也是电力系统规划工作的基础，是一项科学性很强的工作。常规的预测方法有空间负荷预测法、电力弹性系数法、回归分析法、增长率法、人均用电指标法、单耗法、时间序列预测法等，但由于所需的基础数据收集难度或预测模型存在不适应性等，因而针对某一具体规划区域而言，还要根据其实际的社会经济发展与负荷发展情况采用合适的负荷预测方法。本次负荷预测思路如下：

（1）研究 WZ 镇历史年负荷变化趋势。

（2）研究 WZ 镇控制性详规，了解 WZ 镇用地性质分布及变化，利用空间负荷预测法，预测 WZ 镇远景年负荷结果。

（3）研究用户的负荷特性，有助于提高负荷预测的准确性。通过对网格内公共设施、居住、工业等多类用户进行调研，分析每类用户的建筑面积、配变容量、最大负荷、典型日 24 小时整点负荷等数据，能够得到网格内用户的负荷特性，为网格为单位的负荷预测打下基础。

（4）多元化负荷预测应分析用户终端用电方式变化和负荷特性变化，并考虑分布式电源以及电动汽车、储能装置、空调冷热等新型负荷接入对预测结果的影响。

（5）根据近期新增用户及区域开发热点，结合数学模型，对 WZ 镇阶段年负荷作预测。

综上所述，本次 WZ 镇负荷预测采用空间负荷预测进行远景年负荷预测，并结合近期新增用户及区域开发热点，利用数学模型进行过渡年负荷预测。

（一）历史负荷情况

2020 年 WZ 镇最大负荷为 137.82MW，2015～2020 年年均增长率为 7.95%，2015～2020 年 WZ 镇最大负荷见表 10－23。

表 10－23　　　　　　2015～2020 年 WZ 镇最大负荷

序号	网格	最大负荷（MW）					
		2015 年	2016 年	2017 年	2018 年	2019 年	2020 年
1	JXX5_WZ_01A	6.57	7.12	7.69	8.30	8.88	9.53
2	JXX5_WZ_02A	28.93	31.36	33.92	36.60	39.45	42.41
3	JXX5_WZ_03B	46.57	50.47	54.57	58.97	63.57	68.43
4	JXX5_WZ_04B	11.93	12.93	13.99	15.09	16.24	17.45
5	WZ 镇	94.00	101.88	110.16	118.96	128.15	137.82

（二）负荷预测情况

根据 WZ 镇的发展定位，选取与 WZ 镇发展相适应的负荷密度的高、中、低指标。另外综合考虑需用系数、容积率等指标，设置各类负荷指标取值，具体指标选取结果如表 10－24 所示。

表 10－24　　　　　　　　负荷密度指标选取（已考虑需用系数）

用地名称				负荷密度（MW/km²）			负荷指标（W/m²）		
				低	中	高	低	中	高
R	居住用地	R1	一类居住用地	/	/	/	25	30	35
		R2	二类居住用地	/	/	/	15	20	25
		R3	三类居住用地	/	/	/	10	12	15
A	公共管理与公共服务用地	A1	行政办公用地	/	/	/	35	45	55
		A2	文化设施用地	/	/	/	40	50	55
		A3	教育用地	/	/	/	20	30	40
		A4	体育用地	/	/	/	20	30	40
		A5	医疗卫生用地	/	/	/	40	45	50

续表

用地名称			负荷密度（MW/km²）			负荷指标（W/m²）		
			低	中	高	低	中	高
A 公共管理与公共服务用地	A6	社会福利设施用地	/	/	/	25	35	45
	A7	文物古迹用地	/	/	/	25	35	45
	A8	外事用地	/	/	/	25	35	45
	A9	宗教设施用地	/	/	/	25	35	45
B 商业设施用地	B1	商业设施用地	/	/	/	50	70	85
	B2	商务设施用地	/	/	/	50	70	85
	B3	娱乐康体用地	/	/	/	50	70	85
	B4	公用设施营业网点	/	/	/	25	35	45
	B9	其他服务设施用地	/	/	/	25	35	45
W 仓储用地	W1	一类物流仓储用地	5	12	20	/	/	/
	W2	二类物流仓储用地	5	12	20	/	/	/
	W3	三类物流仓储用地	10	15	20	/	/	/
S 交通设施用地	S1	城市道路用地	2	3	5	/	/	/
	S2	轨道交通线路用地	2	2	2	/	/	/
	S3	综合交通枢纽用地	40	50	60	/	/	/
	S4	交通场站用地	2	5	8	/	/	/
	S9	其他交通设施用地	2	2	2	/	/	/
U 公用设施用地	U1	供应设施用地	30	35	40	/	/	/
	U2	环境设施用地	30	35	40	/	/	/
	U3	安全设施用地	30	35	40	/	/	/
	U9	其他公用设施用地	30	35	40	/	/	/
G 绿地	G1	公共绿地	1	1	1	/	/	/
	G2	防护绿地	1	1	1	/	/	/
	G3	广场用地	2	3	5	/	/	/

空间负荷预测计算公式如下

地块负荷＝地块占地面积×容积率×负荷密度指标×同时率

根据不同用地性质、负荷密度指标、容积率、需用系数的选取结果，结合 WZ 镇用地规划情况，利用空间负荷预测法进行饱和年负荷预测。各供电单元负荷预测结果如表 10-25 所示。

表 10-25　　　　　　　饱和年空间负荷预测结果汇总表

序号	网格	面积（km²）	最大负荷（MW）			负荷密度（MW/km²）		
			高方案	中方案	低方案	高方案	中方案	低方案
1	JXX5_WZ_01A	4.41	20.76	18.87	16.98	4.71	4.28	3.85
2	JXX5_WZ_02A	14.5	90.85	82.59	74.33	6.27	5.7	5.13
3	JXX5_WZ_03B	48.49	148.32	134.84	121.36	3.06	2.78	2.5
4	JXX5_WZ_04B	39.4	37.9	34.45	31.01	0.96	0.87	0.79
5	WZ 镇	106.8	297.83	270.75	243.68	2.79	2.54	2.28

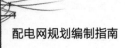

根据负荷预测结果，到饱和年 WZ 镇最大负荷在 243.68MW 至 297.83MW 之间，选取中方案为预测结果，中方案预测结果为 270.75MW，平均负荷密度为 2.54MW/km²，2031～2035 年期间年均增长率 2.91%。

近期，WZ 镇共有开发区块 10 个，总面积 1.99km²，总负荷 70.9MW。其中 2021 年有 WZ 之光、董家村安置区、鑫柔科技等开发区块 6 个，总面积 0.75 km²，总负荷 47.64MW；2022 年有欣隆盛、恒美等开发区块 2 个，总面积 0.29km²，总负荷 14.8MW；2023 年有西栅等开发区块 2 个，总面积 0.95km²，总负荷 8.46MW。

（三）近期负荷预测结果

WZ 镇近期负荷增长点主要由两部分组成：一部分是现状已有负荷的自然增长，另一部分是近期开发区块的负荷增长。因此，采用"自然增长＋用户报装"法预测近中期负荷。WZ 镇过渡年负荷预测结果见表 10－26。

表 10－26 　　　　　　　　　WZ 镇过渡年负荷预测结果

序号	网格	面积（km²）	最大负荷（MW）						
			2020 年	2021 年	2022 年	2023 年	2024 年	2025 年	2030 年
1	JXX5_WZ_01A	4.41	9.53	10.21	10.94	11.72	12.56	13.46	16.39
2	JXX5_WZ_02A	14.5	42.41	43.56	46.82	50.31	54.06	58.07	71.3
3	JXX5_WZ_03B	48.49	68.43	73.24	78.39	83.9	89.8	96.11	116.82
4	JXX5_WZ_04B	39.4	17.45	18.72	20.07	21.53	23.09	24.77	30.1
5	WZ 镇	106.8	137.82	145.73	156.22	167.46	179.51	192.41	234.61

根据预测结果可知，到 2025 年 WZ 镇最大负荷预测结果为 192.41MW，平均负荷密度为 1.8MW/km²，2020～2025 年期间年均增长率 6.90%；2030 年最大负荷为 234.61MW，平均负荷密度为 2.20MW/km²，2026～2030 年期间年均增长率 4.05%。

第三节　××市 HH 镇配电网专项规划

一、概述

（1）背景与目的。××市 HH 镇是全国大型的生产、出口、批发基地，交通便捷，工商业繁荣。近年来，全镇经济社会发展迅速，最高负荷逐年上升。此前，HH 镇的配电网建设改造工作基本满足了用户用电需求，但随着地方招商引资力度加大，近期局部供电形势紧张，远期全镇供电能力存在不足。因此，需要根据 HH 镇现状电网的具体特点，同时考虑近中期负荷的增长情况，开展镇域配电网专项规划研究。

本规划的主要任务是对 HH 镇配电网展开调研和分析，找出现状配电网存在的主要问题；依据镇域总体规划，预测远景负荷，并构建镇域目标网架，在此基础上划分用电网格；结合近中期用户报装信息，预测近中期负荷；以现状电网存在问题和近中期报装用户为依据，以规划目标和原则为指导，制定近期中压电网建设改造方案，并参考目标网架，做到近期向远景的过渡。通过本项规划的指导，争取达到镇域配电网"建设改造有重点，网架结构不断优化，供电能力不断提高，供电可靠性得到保障"的目标，为镇域配电网的持续健康发展奠定坚实的基础。

（2）范围和年限。规划范围：HH镇行政区域范围，总面积约55km²，下辖1个居民社区和10个行政村。

规划电压等级为110kV及以下电压等级。2017年为规划基准年，规划年限为2018～2025年，2019、2020、2021年为重点规划水平年，展望至远景年。

二、区域概况

1. 总体概况

HH镇位于长三角杭嘉湖平原腹地，京杭大运河傍镇而过。北隔河与××镇镇相望；南同××镇接壤；西与TX市毗连；东与××市区相邻，距××市区仅为10公里，是××市南片分区空港产业园区的主要区域、秀洲区"一核两翼"发展平台中"南翼"的重要组成部分，区位优势明显。全镇总面积约55km²，下辖1个居民社区和10个行政村。2017年底，全镇总人口约8.5万人。

HH镇是全国屈指可数的大型羊毛衫生产基地和专业市场之一，产业特色明显，毛衫产业和纺织印染产业发达。同时也是国家级的蔬菜加工基地、××市著名的水果基地。

2. 城镇发展总体规划

（1）功能定位。《××市××区HH镇总体规划（2015～2020）》将HH镇定位为：毛衫电商小镇、光电产业强镇、航空产业新镇、田园乡村美镇。

（2）空间结构。镇域空间总体上形成"一园、四区、两轴"的规划结构。

"一园"：即航空产业园，位于××机场航站楼东北方向，重点发展航空产业；

"四区"：规划HH镇形成"毛衫及新兴产业区、商贸市场区、城镇生活区、现代农业产业区"四大功能片区。

"两轴"：指嘉洪大道发展轴和G524国道发展轴。

（3）产业布局。

1）第一产业布局规划。以农民增收为目标，加快调整优化农业和农村经济结构；发展现代高效农业，推进农业全产业链发展，以省级现代农业综合园区为依托，发展"互联网＋"智慧农业，着力建设园艺花卉基地、休闲观光农业等特色农业产业，努力打造特色种业小镇。

重点打造以WD-HH省级现代农业综合区为中心的南部高效设施农业集聚区和WD-HH-XC沿线的精品林果产业带。

2）第二产业布局规划。推进制造业结构的战略性调整，全面优化产业布局，增强自主创新能力，逐步实现传统优势制造业的转型和升级，进而形成特色产业集群与品牌效应，打造 HH 镇的活力产业名片。进一步深化并完善工业企业绩效综合评价工作，加快要素市场化配置综合改革进程，提高资源要素配置效率和节约集约利用水平。

重点建设"一园四区"，即航空产业园、针织工业与市场提升区、蒸烫印染工业提升区、毛衫产业拓展区、新兴产业集聚区。

3）第三产业布局规划。生产性服务业：重点提升毛衫专业市场，通过传统毛衫产业与互联网的深度融合，打造毛衫电商众创基地。

生活性服务业：打造以国贸中心为核心的生活服务商圈，促进文化娱乐业、休闲旅游业和公共服务业发展，打造商贸繁荣、文化底蕴深厚、具有活力的小镇中心。

旅游业：积极开发镇域优质旅游资源，依托具有浓厚历史底蕴的传统建筑、优美的自然村落、连片的农业产业带，融入××市运河风情文化旅游带，结合"田园秀洲、美丽乡村"建设总体规划要求，对接 WD 和 XC，重点打造集田园风光、古村新貌、游乐休闲于一体的"果林梅香"精品旅游线。

（4）镇域电力建设与发展存在的主要矛盾。近几年来镇域用电量增速不断加快，电力建设遇到的困难和阻力也越来越大。镇域现状电力建设与发展存在的主要矛盾有：

电力建设与负荷发展矛盾。近年来，尽管镇域电力建设持续快速发展，但整体而言，新增有效供电能力仍远低于负荷增长需求，随着毛衫小作坊的大批量进驻负荷迅猛增长，镇域供电能力吃紧。同时随着 HH 镇"一园、四区、四轴"规划结构的形成，HH 镇配电网面临越来越大的压力。

电力廊道占用与土地资源矛盾。随着城市的不断发展，土地资源日益紧缺，同时，具名对景观环境要求的不断提高，导致电力设施选址日益困难。

镇区负荷集聚、农村负荷分散的供需矛盾。"逐渐弱化基层村人口积聚，引导农民向城镇中心迁移"的城镇发展策略是形成"镇区负荷集聚、农村负荷分散"用电结构的主要因素。镇区负荷较集中，电力需求大，但电力通道有限，导致电力供应受限；农村电力需求小，但负荷分散，线路供电半径大，负荷转供能力低，电能质量问题突出。

三、现状分析

HH 镇电网位于××市市区西南部，供电面积约为 55km^2，供电人口为 8.5 万。2018年，镇域全社会最大负荷达到 98.82MW。镇域主电源为 110kV HH 变（100MVA），通过23 回 10kV 线路为区内用户供电，镇域东部以及南部边界则由王店镇八联变 6 回线路和梅里变 1 回线路供电，镇域北部包含有长帆变 1 回线路供电。

（一）高压配电网现状分析

1. 装备水平

截至 2017 年底，HH 镇内有 110kV 变电站 1 座即 HH 变，主变 2 台，总容量 100MVA，位于镇区，为镇域主供电源。HH 变中压出线总间隔数为 30，已用 23，剩余 7，间隔利用率为 76.67%。

镇域内现有 110kV 线路 2 回，线路总长 15.68km，全部为架空线路，型号为

LGJ-300/25。镇域内高压线路运行年限均在 15 年以内，不存在老旧线路问题。

2. 网架结构

HH 镇上级电源点为 220kV DD 变，采用双射供电模式给 HH 变供电。

3. 供电能力

2018 年，HH 变整站负载率为 87.37%，属重载，供电能力已明显不足，其中 1#主变负载率达到 94.4%，2 号主变为 84.1%，两台主变均不通过"$N-1$"校验，供电可靠性较差。

（二）中压配电网现状分析

截至 2017 年底，HH 镇域内 10kV 线路有 31 回，无 20kV 线路。其中公用线路 26 回，专用线路 5 回（嘉璃 2F3 线、玻璃 2F4 线、福玻 2F5 线、蓝光 2F6 线和欧亚 2F7 线电缆）。公用线路总长 245.38km，其中电缆线 34.59km，架空线 210.79km，线路电缆化率为 14.1%。中压配变 713 台，总容量 278 260kVA，其中公用配变 421 台，总容量 114 040kVA；专用配变 292 台，总容量 164 220kVA。

1. 装备水平

（1）主干长度。HH 镇中压公用线路共 26 回，主干线总长度为 106.20km，平均主干长度为 4.08km。经统计，主供镇区的 12 回线路中，主干长度超过 3km 的有 2 回，占比 16.67%；供往农村的 14 回线路中，有 8 回主干长度超过 5km 的线路，占比 57.14%。

（2）导线截面。配电网主干截面情况良好，无主干截面偏小线路。架空网主要型号为 JKLYJ-10/240、JKLYJ-10/185；电缆网主要型号为 YJV22-8.7/15-400、YJV22-8.7/15-300。

（3）电缆化率。全镇线路总长 245.38km，其中电缆线路 34.59km，架空线路 210.79km，线路电缆化率为 14.1%。

（4）装设配变容量。中压配电线路最优装接配变容量和主干线型号、接线方式、负荷性质有关。配变容量装接过大，一方面使得线路重载（即使短期内线路没有重载，等配变负载率升高至理想值，线路也会重载），另一方面当线路停电时易造成较多用户停电。

现状中压线路共计挂接配变 692 台，总容量 237 630kVA，平均每回线路挂接配变 27 台、容量 9139.62kVA。全镇配变装设容量超过 12 000kVA 的 10kV 线路共计 6 回，占总回数的 23.08%，其中 HH 变 4 回，八联变 2 回。

（5）老旧线路。截至 2017 年底，HH 镇 26 回 10kV 线路中，存在 1 回线路运行年限超过 15 年。国界 1F8 线于 2000 年底投运，已投运 18 年，投运时间较长。

（6）环网室、环网单元。HH 镇域内有环网室 7 座，环网单元 11 座，运行年限均在 15 年以内，设备水平良好。7 座环网室中有 5 座为单电源供电，需尽早接入第二回电源。

2. 网架结构

合理的网架结构是满足供电可靠性、提高运行灵活性、降低网络损耗的基础。

（1）标准接线。2017 年，HH 镇中压配电网结构包含单辐射线路 3 回、单联络线路 16 回、两联络线路 6 回、三联络线路 1 回，环网化率有待提高，为 88.46%。

（2）"N−1"校验。线路"N−1"通过率是体现配电网转供能力的主要指标。以 2018 年负荷实测日各线路正常运行方式下的最大负荷为依据校验中压线路。经计算不通过"N−1"校验的线路共计 14 回，占线路总数的 53.85%，其中镇区 7 回、农村 7 回，镇区线路"N−1"通过率仅为 41.67%，有待提高。

线路不通过"N−1"校验的主要原因是联络的线路负载均较重，互相之间无法转供全部负荷。建议降低线路负载，通过新出线路分流、割接分支均衡负荷等措施实现，使联络线的平均负载率控制在 50%；完善网架结构，提高联络线路的匹配性，消除镇区单辐射接线，构建清晰规范的坚强网架，降低负荷转供的复杂度。

3. 供电能力

线路负载率是反映中压配电网运行状况的主要指标之一。2018 年，HH 镇域中压线路平均负载率为 51.99%，10kV 公网总体供电能力不足。根据统计负载率超过 80% 的线路有 6 回，占线路总数的 23.08%。其中，4 回线路为镇区的集聚 1F0 线、西浜 1F2 线、泰旗 1F3 线、园区 1F7 线；2 回为农村的新南 1F1 线、良三 3F5 线。

2018 年，中压线路平均配变综合负载率为 40.18%，整体上线路挂接配变的供电能力尚能满足负荷需求。

（三）低压配电网现状分析

1. 装备水平

截至 2017 年底，HH 镇公变台区共计 421 个，公变总容量 114 040kVA。HH 镇配电网公用配变的容量大小分布具有以下特点：容量类型多，分布广；单台配变容量以 200kVA、400kVA 两种类型为主。这两种类型配变共计 226 台，占公变总数的 53.68%；从配变容量分布来看，小容量配变多分布在农村地区，315kVA 及以上类型配变主要分布在镇区和集镇。

对 HH 镇公用配变的型号统计可知，公用配变有多种型号，以 S11、SBH15 系列为主，共计 318 台，占比 75.53%。不存在 S8 及以下高损配变。

2. 供电能力

配变负载率是反映低压配电网运行状况的主要指标之一。2018 年 HH 镇域公用配变负荷实测日最大负载率平均值为 35.64%，10kV 公变总体供电能力充足。

配变负载率主要集中在 0～60%，合计占比达 85.51%；负载率在 80%～100% 区间的配变累计 10 台（镇区 4 台，农村 6 台），占比 2.37%；无超载配变。

（四）供电网格划分

供电网格指在供电区域内部，按照管理界面清晰，考虑标准网架、可靠性要求、远景负荷等因素划分的相对独立的供电区。依据供电网格划分原则，将 HH 镇划分为 5 个网格如图 10−7 所示。其中镇区被划分为 2 个网格，农村被划分为 3 个网格，各网格信息如表 10−27 所示。

表 10-27 　　　　　　　　　　　　　HH 镇网格信息一览表

网格名称	网格面积（km²）	网格描述	负荷性质	开发程度
网格 1	6.44	北起洪福路，南至兴台路，西至镇界，东至 524 国道	居住、商业、工业	70%
网格 2	8.81	北起机场，南至兴台路，西至 524 国道，东至人和东路	居住、商业、工业	70%
网格 3	15.75	北起镇界，南至洪福路、机场，西至镇界，东至镇界	农村	不开发
网格 4	10.95	北起兴合路，南至镇界，西至镇界，东至洪硤公路、524 国道	农村	不开发
网格 5	12.9	北起兴合路、嘉洪大道，南至镇界，西至洪硤公路、524 国道，东至镇界	农村	不开发

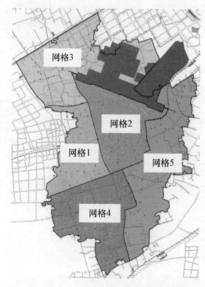

图 10-7　HH 镇网格划分示意图

四、负荷预测

电力负荷预测是配电网规划的重要基础与依据之一，应在对规划区电力需求现状进行深入分析后，采用多种方法对规划区未来年电力需求发展变化情况进行预测，并对预测结果进行综合分析，推荐合理方案作为最终结果，同时应与上级高压电网规划所作的需求预测相衔接，尽量做到协调一致。

HH 镇现状可以分为 3 大片区，分别是镇区、北部农村和南部农村。根据负荷统计，镇区现状总负荷约为 74.14MW，以工业、商业和居住负荷为主，占镇域总负荷的 67.28%；南部农村总负荷约为 20.99MW，占镇域总负荷的 19.06%；北部农村总负荷约为 15.02MW，占镇域总负荷的 13.66%。

（一）近期负荷预测

根据 HH 镇历史年负荷增长情况，结合 HH 镇经济发展情况和镇域发展规划，预测

HH 镇的负荷增长。本次预测按高、中、低三个方案进行预测，同时根据经济发展规律确定逐年负荷增长率，预测结果如表 10-28 所示。

表 10-28　　　　　　　年增长率法负荷预测结果

年份		2018	2019	2020	2021
高方案	负荷（MW）	95.01	104.51	113.92	124.17
	增长率（%）	—	10%	9%	9%
	FLTJFBL	15.14	15.59	16.06	16.54
	增长率（%）	—	3%	3%	3%
	全镇最大负荷（MW）	110.15	120.1	129.98	140.71
中方案	负荷（MW）	95.01	101.66	107.76	114.23
	增长率（%）	—	7%	6%	6%
	FLTJFBL	15.14	15.44	15.75	16.07
	增长率（%）	—	2%	2%	2%
	全镇最大负荷（MW）	110.15	117.1	123.51	130.3
低方案	负荷（MW）	95.01	98.81	101.77	104.82
	增长率（%）	—	4%	3%	3%
	FLTJFBL	15.14	15.29	15.44	15.59
	增长率（%）	—	1%	1%	1%
	全镇最大负荷（MW）	110.15	114.1	117.21	120.41

（二）远景负荷预测

远景负荷预测采用空间负荷预测法进行负荷预测，以《××市 HH 镇城镇总体规划（2012～2030）》中土地利用性质规划为依据。

综合考虑 HH 镇的地理位置、经济发展等因素，确定占地负荷密度指标水平如表 10-29 所示。

表 10-29　　　　　　　HH 镇占地负荷密度指标一览表

序号	用地性质	占地负荷密度（W/m²）
1	二类住宅用地	20
2	行政办公用地	20
3	行政商业用地	30
4	文化设施用地	15
5	文化体育用地	10
6	教育科研用地	15
7	医疗卫生用地	20
8	社会福利设施用地	15
9	商业设施用地	30

序号	用地性质	占地负荷密度（W/m²）
10	商务设施用地	30
11	批发市场用地	20
12	工业商业用地	25
13	商住用地	20
14	一类工业用地	10
15	二类工业用地	15
16	综合交通枢纽用地	1
17	社会停车场用地	1
18	供电用地	10
19	邮政设施用地	10
20	广播电视设施用地	10
21	排水设施用地	10
22	消防设施用地	10
23	公园绿地	1
24	城市建设用地	10
25	机场建设用地	2
26	军事用地	10
27	物流仓储用地	2

依据空间负荷预测，HH 镇远景负荷为 139.6MW，根据年增长率法预测福莱特嘉福玻璃远景负荷 19.20MW，远景年全镇最大负荷为 158.8MW，负荷密度为 3.09MW/km²（见表 10-30）。

表 10-30　　　　　　　HH 镇远景年负荷预测结果

序号	用地分类		用地性质	面积（m²）	负荷密度（W/m²）	用电负荷（MW）
1	R		居住用地	2 399 187	—	47.98
	其中	R2	二类住宅用地	2 323 608	20	46.47
		R22	服务设施用地	75 579	20	1.51
2	A		公共管理与公共服务用地	274 025	—	4.23
	其中	A1	行政办公用地	34 376	20	0.69
		A2	文化设施用地	15 246	15	0.23
		A3	教育科研用地	183 766	15	2.76
		A4	文化体育用地	14 260	10	0.14
		A5	医疗卫生用地	11 650	20	0.23
		A6	社会福利设施用地	10 775	15	0.16
		A9	宗教设施用地	3952	5	0.02

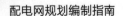

续表

序号	用地分类		用地性质	面积（m²）	负荷密度（W/m²）	用电负荷（MW）
3		B	商业服务设施用地	983 144	—	29.5
	其中	B1	商业设施用地	356 553	30	10.7
		B1B2	批发市场用地	614 510	30	18.44
		B4	工业商业用地	12 081	30	0.36
4		M	生产设施用地	2 002 268	—	24.29
	其中	M1	一类工业用地	1 148 711	10	11.49
		M2	二类工业用地	853 557	15	12.8
5		S	道路与交通设施用地	51 123	—	0.06
	其中	S3	综合交通枢纽用地	15 112	1	0.02
		S4	综合交通场站用地	36 011	1	0.04
6		U	公用设施用地	83 881	—	0.68
	其中	U1	供电用地	13 828	8	0.11
		U2	邮政设施用地	63 166	8	0.51
		U3	广播电视设施用地	6887	8	0.06
7	E2		农林用地	3 2463 874	1	32.46
8		G	绿地与广场用地	1 703 727	—	1.7
	其中	G1	公园绿地	799 575	1	0.8
		G2	防护绿地	904 152	1	0.9
9		H	建设用地	2 633 099	—	25.96
	其中	H14	村庄建设用地	2 218 128	10	22.18
		H3	区域公共设施用地	185 976	8	1.49
		H4	特殊用地	228 995	10	2.29
10	W1		物流仓储用地	105 619	2	0.21
11	F		发展备用地	882 121	6	5.29
12	合计（同时率取 0.81）			4 3582 067	—	139.6

五、配电网规划方案

（一）规划思路

根据 HH 镇现状电网的特点及其存在的主要问题，结合包含线路负荷预测结果在内的负荷分析，确定本次中压配电网网格化规划思路如下：

（1）根据远景年高压站址和各地块的远景负荷，同时结合现状网架，确定远景规划方案，构建出中压目标网架；

（2）根据目标网架，统筹考虑地块负荷性质、开发程度等因素，将全镇划分为 5 个网格；

（3）依据高压变电站的供区划分，确定每个网格的高压电源点；对于由 2 个或多个变电站供电的网格，应明确变电站供区在网格内的边界；

（4）根据各网格的负荷发展情况以及存在问题，针对性地给出解决方案。依据网格负荷的逐年发展情况，确定网格内的供电线路数量。依据存在问题的轻重缓急，逐年安排建设改造项目。首先满足新增用户需求和解决线路重过载问题；其次考虑网架的优化调整，逐步提升接线标准化，并向远景网架过渡；最后考虑设备的更新改造；

（5）原则上先考虑解决重要网格存在的问题，即优先解决镇区网格存在的问题；

上述思路可用流程图简要示意如图 10-8 所示。

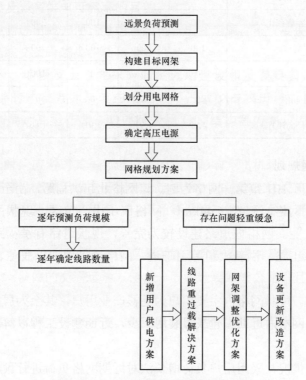

图 10-8 中压配电网规划思路示意图

（二）规划方案

1. 高压配电网规划说明

根据上级电网规划，到 2025 年，HH 镇高压变电站包括 110kV HH 变、TD 变和石桥变。其中，TD 变规划 2021 年投产，石桥变规划 2025 年投产。

根据上述高压规划情况和电力负荷预测结果，对全镇进行容载比分析。由表 10-31 可知，HH 镇现状变电站供电能力不足，现状存在多回远距离支援线路，至 2021 年 TD 变投运后满足 HH 镇用电需求。远景年考虑 TD 变、SQ 变往 WD 提供支援，HH 镇容载

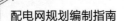

比为 1.91，满足 Q/GDW 1738—2012《配电网规划设计技术导则》要求。

表 10-31　　　　　　　　　HH 镇全镇容载比分析一览表

项目	2018	2019	2020	2021	2025	远景
镇域最大负荷	110.15	117.1	123.5	130.3	150.01	158.8
220kV 直供 35kV 负荷	0	0	0	0	0	0
110kV 以下地方电厂出力	0	0	0	0	0	0
从区外受进电力	18.44	19.73	24.11	22.59	1.26	1.34
向区外受出电力	0	0	0	0	0	0
需要 110kV 受电电力	91.71	97.37	99.4	107.71	148.75	157.46
年底 110kV 变电容量合计	100	100	100	200	300	300
其中：HH 变	100	100	100	100	100	100
TD 变	0	0	0	100	100	100
石桥变	0	0	0	0	100	100
容载比（当年投产全计）	1.09	1.03	1.01	1.86	2.02	1.91

2. 中压配电网规划

以××市秀洲区 HH 镇第一网格为例。该网格北起洪福路，南至兴合路，东至 524 国道，西至镇界，网格面积为 6.44km²。网格属于中心镇区，现状用地较为成熟，主要居住、商业和工业。网格内道路建设较为完善，现状道路有洪福路、洪运路、嘉洪大道、国贸路、洪工路、洪新大道等主干道。网格远景用地以居住、商业、工业和物流为主。

（1）网格现状。现状网格内主要用户为毛衫产业用户，其余为居民用电、居民家庭作坊、商业用电。网格内近期在建或报装用户少，近期建设工程以解决现有负荷的供电需求问题为主。

结合近期建设情况，采用用户负荷增长法对近期网格负荷进行预测，远期采用用地指标法进行计算，得出网格的负荷预测结果见表 10-32。至 2021 年网格负荷为 32.07MW，负荷密度为 5.09MW/km²；远景年负荷达到 38.17MW，远景负荷密度为 6.06MW/km²。

表 10-32　　　　　　　　网 格 1 负 荷 水 平　　　　　　　单位：km²、MW

网格名称	有效供电面积	现状负荷	2019 年	2020 年	2021 年	远景年
网格 1	6.3	26.67	28.54	30.25	32.07	38.17

现状网格电源为 110kV HH 变，网格内 10kV 供电线路 5 回。对网格内中压线路进行分析，发现新南 1F1 线、园区 1F7 线 2 回线路问题严重，供电半径过长，挂接负荷多，

线路重载，致使线路不能通过 $N-1$，需尽快解决。

（2）近期规划方案。

1）项目名称：××110kV TD 变 10kV TD4、5 线新建工程。建设必要性：现状网格内新南 1F1 线线路问题严重，包含供电半径过长、挂接负荷多、线路重载、线路不能通过 $N-1$ 等问题，需尽快解决。

建设方案：规划从 TD 变新出 TD4 线、TD5 线沿兴桐路、524 国道，搭接至新南 1F1 线，并开断新南 1F1 线，TD5 线与新南 1F1 线建立联络，TD4 线与 ML 变和睦线建立联络。

2）××秀洲 110kV TD 变 10kV TD6、7 线新建工程。建设必要性：现状网格内园区 1F7 线线路问题严重，包含供电半径过长、挂接负荷多、线路重载、线路不能通过 $N-1$ 等问题，需尽快解决。

建设方案：规划从 TD 变新出 TD6 线、TD7 线沿兴桐路、524 国道，搭接至园区 1F7 线，并开断园区 1F7 线，TD7 线与园区 1F7 线建立联络，TD6 线与梅里变正泰 252 线建立联络。另外规划利用 TD7 线在兴桐路与泰旗路交叉口转切原建设 1 线末端线路，与西浜 1F2 线建立联络，利用 TD6 线在兴桐路与泰旗路交叉口转切原望云 2G1 线末端线路，与钟堂 2F8 线建立联络，利用新建 TD 变就近供电，缩短线路供电半径。网格 1 中压过渡年拓扑图如图 10-9 所示。

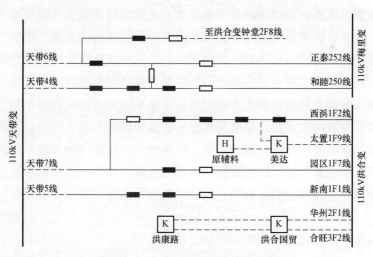

图 10-9　网格 1 中压过渡年拓扑图

（3）远景规划方案。至远景年，网格 1 预测负荷为 38.17MW。按照典型供电模式，共需 13~16 回 10kV 线路为网格 1 供电。远景共有 14 回馈线形成 3 组双环网、1 组单环网为网格 1 供电，上级电源点为 110kV HH 变和石桥变，如图 10-10 和图 10-11 所示。

图 10-10　网格 1 中压远景地理图

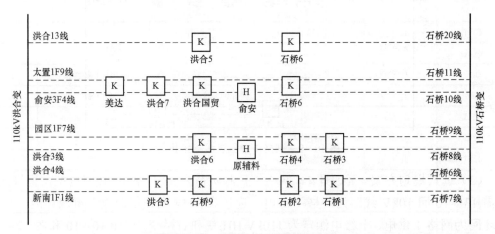

图 10-11　网格 1 中压远景拓扑图

第四节　DSG 经济开发区配电网专项规划

一、概述

根据××市 DSG 镇城镇总体规划（2015～2030）新一轮调整，未来一段时期，××市的发展战略为"接轨××战略、创新驱动战略、以港兴市战略、城乡一体战略、生态文明战略、民生幸福战略"。在全面接轨××的发展战略中，DSG 经济开发区是承接××产业转移的桥头堡之一；以港兴市战略中，DSG 充分运用海河联运的独特优势，深入推进 DSG 区与宁波–舟山港、××港的对接合作，加强港口码头泊位建设，完善服务功能，扩大港口能力。在新的历史机遇面前，DSG 镇正在依靠自身便利的交通条件、相对低廉的土地成本，整合现有城镇资源，优化城市空间布局，提升城市功能，增强综合竞争力，构筑成为××国际航运中心重要配套港推进"新型城镇化"。

随着经济的发展，城市的发展要求有与之配套的电力支持，而电力建设也需要市政开发为其预留必要的用地空间，两者需要有机结合协调发展。为配合政府对 DSG 经济开发区建设，提前做好其配电网规划及其相关工作，增强配电网供电能力，满足 DSG 经济开发区的供电需求及供电可靠性要求，确保其与××市电网整体规划方案有效衔接，避免后续电网的重复建设与改造和对区域发展造成影响，特开展本次专项规划研究。

规划范围：DSG 经济开发区位于××市东南部，东接省与××市分界线、南濒海堤、西临××市××镇与××镇、北界××市沪杭高速形成的封闭区域，总面积为 94.04km²；

规划年限：基准年为 2017 年，阶段年为 2018～2021 年，规划水平年为 2025 年，规划远景年 2030 年。

规划电压等级：110kV、10（20）kV。

本次规划将在现有规划基础上结合城市建设发展特点，进行区域配电分区域用电网格的划分，同时结合行政功能划分，开展现状评估、用电负荷精准预测、精细规划等相关工作，确保目标网架可以有效满足区域可靠性需求，过渡建设方案合理并强化其可操作性，结合高压电网建设工作，作为中压配电网结构梳理工作，实现高可靠性接线全覆盖。

二、区域概况

DSG 镇位于××市东南部，东接××金山、南濒××湾、西临××市××镇和××镇、北界××市××镇和××镇，是××接轨××的"桥头堡"，东部次区域的重要组成部分和临港经济区。

DSG 镇地处××、××、××、××四大城市交汇节点，地理位置十分优越。区域对外交通十分便利，××高速、乍嘉苏高速、××湾跨海大桥连接线等高速公路网，DSG 区及其海河联运系统构筑了立体型、现代化的区域公路、航运、铁路等综合运输网络，为区域开发奠定了良好的发展基础。本次规划 DSG 经济开发区为 DSG 镇沪杭高速以南区域。

2017 年底，全区生产总值 675 986 万元，按可比价格计算，增长 8.45%，全社会用总电量 132 452 万 kWh，增长 11.59%。经济增长迅速的背景下，电网增长规模总体上满足负荷增长需求，今后电网发展建设应以满足局部负荷增长、完善网架结构和提高装备水平为发展方向。

（一）区域发展定位

（1）海河联运的综合港口。以长三角区域规划实施和××建设国际航运中心为契机，充分发挥岸线资源丰富、海河联运便利的优势，健全港口码头基础设施和配套服务体系。深化与××的港航合作，积极参与××航运中心的分工协作，逐步建成具有运输组织、装卸储运、中转换装、临港工业、现代物流、信息服务及保税、加工、配送等功能的现代化综合性港口，成为××国际航运中心重要组成部分。

（2）连沪临港的产业 JS 新区。浙北先进临港工业集聚区，充分发挥港口资源优势、区位交通优势，大力发展以先进装备制造业、新能源、新材料为主的临港产业，全力推动产业向重型化、技术向高新化、生产向集约化发展。坚持高投入、高科技、高税收、低污染、低能耗的项目选择路径，突出招大引强，不断优化产业结构，形成特色和集聚效应，加强自主创新能力，着力培育大企业，打造浙北先进临港工业集聚区。××湾北岸重要物流中心，以港航强省和海洋经济发展为契机，发挥海河联运和港口腹地的资源优势，建设现代港口体系和"三位一体"的港航物流服务体系。加快发展以集装箱、第三方物流为主的港口带动型、海河联运型和保税仓储型物流业，完善综合运输网络，积极培育拓展物流市场，大力提高物流服务水平，着力建设××湾北岸重要的物流中心。

（3）现代生态的滨海新城。加快 DSG 城建设步伐，坚持高起点规划、高水平设计、高质量建设、高效能管理的方针，重点完善生活服务功能，积极推进公建配套设施、宾馆、餐饮、零售商业等项目建设。加强公共服务、现代商贸、休闲娱乐等生活性服务和交通运输、现代物流、金融信息、高技术商务等生产性服务的功能培育，实现城镇的自我积累、自我增值和自我发展，最终打造功能配套、环境优美、社会和谐、宜居宜业的现代滨海新城。

（二）区域规划结构

规划镇域形成"一核两心、三区五园、三廊多轴多通道"的城镇空间结构。

1. 一核两心

GC 综合服务核：规划在上港路和领港路之间、创业路和××省道之间设置行政办公、商务办公、文化娱乐、商业服务、市民广场等设施，打造 GC 综合服务核，作为未来 GC 的行政中心、商业中心、文化中心和公共活动中心。

HG 城镇综合服务中心：规划以 HG 片区虎啸路中段的商业、公建集中区为主体打造 HG 片区的综合服务中心，对现有商业、公共设施进一步完善，重点打造 HG 塘两岸的商业街区。

QT 城镇综合服务中心：规划以 QT 片区港湾路与全公亭路两侧的商业、公建集中区为主体打造 QT 片区的综合服务中心，对现有商业、公共设施进一步完善，打造十字型片区商业轴线。

2. 三区五园

"GC–HG"生活片区：规划以海城路、独广公路、中山路、建港路–滨港路为界，构建"GC–HG"生活片区，是 DSG 镇未来的主要生活片区，也是远景 DSG 城建设的核心片区。

QT 生活片区：规划以中山路–海兴路、大营头路、翁金公路、兴港路为界，构建 QT 生活片区。规划在 QT 老镇生活区的基础上，向北和向东南适度拓展，并完善商业、公共服务等居住生活配套功能，实现 QT 老镇的延续与发展。

ZX 生活片区：规划以周圩小集镇为主体，构建周圩生活片区，是 DSG 镇在××高速公路以北地区最主要的生活片区，为周边村庄提供市场、教育、医疗、养老基本公共服务。（位于本次规划区外）

五个产业园：规划形成高新技术产业园、新材料产业园、五金产业园、新材料石化产业园、港口现代仓储物流与临港重型装备制造园五大产业园。

3. 三廊多轴多通道

区域基础设施生态廊道：规划沿××高速公路和×××铁路构建约 500m 宽的区域性基础设施廊道，廊道内以防护绿地为主，用于各类区域性交通线路、工程管线通过，原则上不安排其他城镇建设用地。

HG 塘滨水生态廊道：规划沿 HG 塘打造贯穿全镇、串联各个生活和产业片区的滨水生态廊道。其中生活片区河段两侧以公园绿地和大型开敞空间为主，为居民提供休闲、游憩、健身的场所；产业片区河段两侧以防护绿地为主，主要起到隔离产业空间于其他空间的作用；其他河段两侧则兼具公共绿地和防护绿地的功能。生态廊道，以防护绿地为主，起到防风和污染防护的双重作用。

多个城镇发展轴：规划沿××省道、中山路、翁金公路、独广公路、上港路、滨港路、HG 路、振港路、兴港路、军港路等城镇主干道，打造"三横七纵"的城镇发展轴，连接各个生活和产业片区，构建支撑全镇城镇用地布局的骨架，也是未来 DSG 城建设发展的主框架。

多个生态通道：规划在区域基础设施生态廊道于老 HT 生态廊道之间，沿独广公路–南排河、滨港路与 HG 路之间、盐黄河–通港路设置防护绿地，打造沟通三个生态廊道、隔离生活片区与产业片区、构建生态安全屏障的生态通道。

（三）网格划分

DSG 经济开发区网格划分主要考虑了满足供区相对独立性、网架完整性、管理便利性等方面需求，根据电网规模和管理范围，按照目标网架清晰、电网规模适度、管理责任明确的原则，将开发区 10（20）kV 配电网供电范围划分为 7 个用电网格，分别为××滨海 DSG 分区新材料产业园网格、××滨海 DSG 分区新材料与港口仓储物流区网格、

××滨海 DSG 分区 DSG 生活服务东区网格、××滨海 DSG 分区先进装备制造园网格、××滨海 DSG 分区综合功能服务区网格、××滨海 DSG 分区 DSG 生活服务西区网格、××滨海 DSG 分区港口仓储物流与装备制造园网格（见表 10-33）。

表 10-33　　　　　　　　　DSG 经济开发区地块划分汇总

序号	用电网格名称	面积（平方千米）	区域范围	网格特性	用地性质
1	××滨海 DSG 分区新材料产业园网格	20.11	北至××高速公路，南靠翁金公路、大堤路延伸线，西倚兴港路，东临与××交界	工业园区	工业
2	××滨海 DSG 分区新材料与港口仓储物流区网格	11.41	北至翁金公路，南靠海堤口岸，西倚 HG 路，东临与××交界	港口物流区	工业、码头物流用地
3	××滨海 DSG 分区 DSG 生活服务东区网格	15.52	北至××高速公路，南靠 S××省道、翁金公路，西倚建港路、振港路、HG 路，东临兴港路	城郊区	居住、行政、商业
4	××滨海 DSG 分区先进装备制造园网格	4.73	北至 S××省道，南靠中山路，西倚滨港路，东临振港路	20kV 专供区	工业、居住
5	××滨海 DSG 分区综合功能服务区网格	18.37	北至××高速公路，南至翁金公路，西倚独广公路，东临建港路、滨港路	城镇中心区网格	居住、商业、行政
6	××滨海 DSG 分区 DSG 生活服务西区网格	15.24	北至××高速公路，南靠翁金公路，西倚 DSG 镇与××交界，东临独广公路	城郊区	工业、少量居住
7	××滨海 DSG 分区港口仓储物流与装备制造园网格	8.66	北至翁金公路，南靠滨海大道，西倚 DSG 镇与××交界，东至 HG 路	20kV 专供区	工业、码头物流用地

三、现状分析

（一）高压配电网现状分析

截至 2017 年底，DSG 经济开发区 35kV 以上公用变电站有 220kV XH 变，110kV 变电站 HG 变、JS 变以及 35kV QT 变。

1. 装备水平

截至 2017 年底，DSG 经济开发区 220kV XH 变主变 3 台，容量构成为 3×180MVA，共 540MVA。2018 年最大负载率为 38.75%。XH 变 110kV 设计间隔总数 16 个，已用 110kV 间隔 10 个；35kV 间隔总数 6 个，无剩余 35kV 间隔；20kV 间隔 6 个，已用 3 个，剩余 3 个。

110kV 变电站 2 座，主变共 5 台，总变电容量 310MVA。JS 变 3 台主变，总容量 210MVA，1#主变容量为 50MVA，10kV 总出线间隔 12 个，无剩余间隔。专用出线 1 回（荣纸 786 线），公用出线 11 回。2#与 3#主变总容量 160MVA，20kV 总出线间隔 20 个，剩余间隔 5 个，专用出线间隔 6 个（金成 V882 线、金众 V873 线、浙煤 V871 线、上港 V864 线、金明 V854 线、运达 V863 线）。HG 变 2 台主变总容量 100MVA，10kV 总出线间隔 24 个剩余间隔 3 个，专用出线 1 回（电厂 162 线）；35kV QT 变 2 台主变，总变电容量 32MVA，10kV 总出线间隔 10 个，专用出线 3 回（电缆 181 线、华辰 189 线、大明 180 线）。35kV QT 变 10kV 出线间隔 10 个，无剩余间隔。总体上 DSG 变电站 10（20）

kV 出线间隔紧张，对下级配电网的发展存在较大的制约。

DSG 经济开发区 110/35kV 公用线路共有 6 回，其中 110kV 线路 4 回，总长 25.941km；35kV 线路 2 回，总长 12.024km；6 回高压线路 LGJ-300 为主，运行情况良好。

2. 网架结构

110kV HG 变为链式接线模式上级电源分别来自 220kV WS 变与 XH 变，供电可靠性高。35kV QT 变与 110kV JS 变为双辐射接线，且 JS 变第三台主变为终端 T 接结构，上级电源点为 220kV XH 变。

3. 运行情况

变电站负载率：110kV HG 变与 JS 变各主变负载率均低于 35%，运行情况良好，但 JS 变 1#主变为单主变运行，主变不满足"$N-1$"校验，该主变负荷无法进行站内转供。35kV QT 变主变负荷较高，根据××省电力公司电力等级序列优化中要求，省除偏远山区和海岛外，原则上不再新建 35kV 公用电网，计划于 2019 年投运 YQ 变投运后割接 35kV QT 变负荷。

线路负载率：110kV 线路中新黄 1435 线负载率较高，主要由于 110kV HG 变由新黄 1435 线主供，瓦黄 1205 线备供。35kV 线路负载率较高，YQ 变投运后割接 35kV QT 变负荷。

表 10-34　　DSG 经济开发区现状 110/35kV 公用电网运行情况统计表

序号	变电站	电压等级（kV）	主变编号	主变容量（MVA）	线路名称	线路电流（A）	线路负载率 %	主变最大负荷（MW）	主变最大负载率（%）	是否满足主变"$N-1$"
1	HG 变	110/10	#1	50	新黄 1435 线	166.38	63	30.43	30.43	是
			#2	50	瓦黄 1205 线	0	0	32.21	32.21	是
2	JS 变	110/10（20）	#1	50	华沙 1442 线	48.53	32	14.21	28.41	否
			#2	80	新沙 1441 线	109.36	33	13.02	16.28	是
			#3	80				13.03	16.29	是
3	QT 变	35/10	#1	16	华塘 702 线	184.45	64	11.02	68.87	否
			#2	16	华全 420 线	239.53	68	14.32	89.51	否

现状 DSG 经济开发区 35/110kV 直供用户 6 户，总装机容量为 230.34MVA，其中 35kV 直供用户总装机容量为 70MVA，110kV 直供大用户总装机容量 160.34MVA，35/110kV 直供大用户具体情况统计表见表 10-35。

表 10-35　　　　　　　　35/110kV 直供大用户具体情况统计表

序号	公司名称	电压等级	容量（MVA）	用户变名称	主电源	备用电源
1	××旗滨玻璃有限公司	35	25	浙玻变	35kV 新玻 701 线	35kV 华玻 706 线 10kV 华辰 189 线
2	××市德力西长江环保	35	20	德长电厂	35kV 新德 703 线	35kV 华德 707 线 10kV 海涂 780 线

序号	公司名称	电压等级	容量（MVA）	用户变名称	主电源	备用电源
3	中嘉××有限公司	35	25	华辰变	35kV 华玻 706 华辰支线	35kV 新玻 701 华辰支线
4	××纸业有限公司	110	31.5	荣成变	110kV 荣成 1443 线	10kV 荣纸 786 线
5	××石化有限责任公司	110	100	卫星变	110kV 华卫 1445 线，110kV 新卫 1444 线	20kV 南星 V853 线
6	大唐国际××风电	110	28.84	大唐风电	华沙 1442 大唐支线	—

（二）中压配电网现状分析

截至 2017 年底，DSG 经济开发区 10（20）kV 线路共计 60 回，线路总长 440.71km，其中公用线路 49 回，总长 347.26km。公用线路总装接配变 1102 台，总容量 382.22MVA，其中公用配变 555 台，总容量 151.80MVA。公用线路平均供电半径为 4.68km。公用线路电缆长度 65.40km，电缆化率 16.13%；10（20）kV 公用线路平均最大负载率为 22.01%，环网化率为 95.92%，见表 10−36。接线方式以架空单联络及多联络为主。

表 10−36　　　　　　DSG 经济开发区中压配电网络综合统计表

项目		DSG 经济开发区
中压线路数量（回）	其中：公用	49
	专用	11
	合计	60
中压线路长度（公用）	电缆线路（km）	65.4
	架空线总长度（km）	347.26
线路采用主要导线型号	架空线	JKLYJ−240
	电缆导线	YJV22−3×300
平均主干线长度（km）		4.68
电缆化率（%）		16.13
公用线路挂接配变总数	台数（台）	1102
	容量（MVA）	382.22
	其中：公变（台）	555
	容量（MVA）	151.80
线路平均装接配变数	台数（台/线路）	11.33
	容量（MVA/线路）	3.1
线路平均最大负载率（%）		22.01
环网率（%）		95.92

1. 装备水平

DSG 经济开发区 49 回 10kV（20kV）公用线路架空主干线型号主要为 JKLYJ−240，

电缆主干线型号主要为 YJV22－3×300，一级分支线型号主要为 JKLYJ－3×95，见表 10－37。49 回线路主干线总长为 229.44km。

表 10－37　　DSG 经济开发区中压配电网络公用线路装备水平表

序号	变电站	线路名称	电压等级（kV）	公用配变		专用配变		总配变容量		全线总长度（km）			主干线长度（km）	投运时间
				配变台数	容量（kVA）	配变台数	容量（kVA）	配变台数	容量（kVA）	总长度	电缆长度	架空线长度		
1	QT变	公亭186线	10kV	28	8025	33	7750	61	15 775	13.42	1.15	12.27	5.48	1987
2	QT变	铰链182线	10kV	32	9005	26	7330	58	16 335	17.06	1.25	15.81	8.96	1992
3	JS变	朝阳791线	10kV	21	4210	26	9825	47	14 035	21.41	2.92	18.48	13.47	2009
4	JS变	沙亭782线	10kV	0	0	2	630	2	630	5.14	0.48	4.66	1.81	2009
5	JS变	XH787线	10kV	5	970	19	2740	24	3710	6.44	1.00	5.43	2.77	1985
6	JS变	金化V851线	20kV	5	870	11	16 790	16	17 660	11.32	2.64	8.69	7.67	2011
7	JS变	涂南V875线	20kV	0	0	17	17 380	17	17 380	5.89	0.21	5.67	3.69	2017
8	JS变	南星V853线	20kV	0	0	17	16 885	17	16 885	15.92	4.29	11.63	8.56	2011
9	QT变	YQ183线	10kV	7	1180	17	6685	24	7865	5.73	0.94	4.79	2.29	2005
10	QT变	全海185线	10kV	10	3110	17	3200	27	6310	4.99	1.66	3.33	2.78	2002
11	QT变	战斗187线	10kV	47	10 440	15	3675	62	14 115	22.02	0.65	21.37	13.20	2000
12	QT变	QT161线	10kV	20	4445	12	2540	32	6985	10.31	0.42	9.89	6.62	2008
13	QT变	白沙188线	10kV	7	3400	1	200	8	3600	3.94	1.40	2.54	2.71	1992
14	JS变	优胜788线	10kV	12	3605	5	690	17	4295	5.83	1.27	4.56	2.40	2010
15	JS变	太隆784线	10kV	24	10 365	24	6070	48	16 435	9.91	2.22	7.69	6.30	2009
16	JS变	金塘785线	10kV	1	160	3	210	4	370	2.70	0.54	2.16	1.47	2008
17	JS变	民丰792线	10kV	29	5860	7	1190	36	7050	8.34	1.75	6.58	4.00	2018
18	JS变	金胜V862线	20kV	1	160	17	10 530	18	10 690	7.51	1.51	6.00	3.88	2011
19	JS变	佑海V855线	20kV	0	0	4	4600	4	4600	3.07	0.92	2.15	1.84	2013
20	JS变	海保V881线	20kV	0	0	0	0	0	0	4.02	4.02	0.00	4.02	2015
21	XH变	新佑V311线	20kV	0	0	0	0	0	0	2.71	2.71	0.00	2.71	2016
22	XH变	华胜V314线	20kV	0	0	0	0	0	0	1.00	1.00	0.00	1.00	2016
23	XH变	新保V312线	20kV	0	0	1	630	1	630	4.85	2.25	2.60	4.03	2016
24	HG变	陆沼165线	10kV	22	4595	19	3665	41	8260	15.04	0.43	14.60	6.89	2004
25	HG变	营建168线	10kV	45	10 200	15	5000	60	15 200	17.31	0.82	16.49	8.96	1986
26	HG变	沪杭166线	10kV	12	3660	21	5665	33	9325	5.76	1.38	4.38	2.49	2011
27	HG变	花厂164线	10kV	17	5500	21	4380	38	9880	9.49	0.76	8.73	5.82	2001
28	HG变	秀平265线	10kV	8	3750	4	1540	12	5290	5.42	1.44	3.98	2.78	2002
29	HG变	绿洲212线	10kV	25	12 130	5	870	30	13 000	9.76	4.70	5.06	5.55	2014
30	HG变	龙吟112线	10kV	18	10 070	2	160	20	10 230	10.39	5.98	4.41	7.11	2014

序号	变电站	线路名称	电压等级（kV）	公用配变		专用配变		总配变容量		全线总长度（km）			主干线长度（km）	投运时间
				配变台数	容量（kVA）	配变台数	容量（kVA）	配变台数	容量（kVA）	总长度	电缆长度	架空线长度		
31	JS变	沙东783线	10kV	1	400	0	0	1	400	3.80	0.25	3.55	1.44	2015
32	JS变	金黄789线	10kV	1	200	2	160	3	360	4.10	0.53	3.57	1.89	2013
33	JS变	沙花781线	10kV	13	2730	6	1100	19	3830	8.68	0.83	7.86	5.00	2015
34	JS变	海涂780线	10kV	5	1245	3	650	8	1895	6.11	0.52	5.59	2.51	2001
35	HG变	嘉港282线	10kV	30	8245	27	3265	57	11 510	13.82	0.86	12.96	5.93	2005
36	HG变	印染167线	10kV	19	4965	18	2165	37	7130	10.74	0.53	10.20	4.37	2002
37	HG变	聚福268线	10kV	6	1280	25	8115	31	9395	7.95	0.88	7.07	4.46	2011
38	HG变	HG162线	10kV	18	4480	46	10 185	64	14 665	18.84	2.73	16.11	10.78	2011
39	HG变	陈匠160线	10kV	22	5325	22	6845	44	12 170	14.93	1.07	13.86	6.92	2001
40	HG变	景丰263线	10kV	3	480	1	630	4	1110	5.24	0.35	4.89	4.35	1992
41	HG变	运港269线	10kV	15	3125	8	3335	23	6460	9.89	0.39	9.50	5.92	2005
42	HG变	HT169线	10kV	13	2685	3	570	16	3255	8.43	0.27	8.16	2.81	2011
43	HG变	庙南267线	10kV	1	400	6	1870	7	2270	2.42	0.62	1.81	1.42	2011
44	HG变	黄湾111线	10kV	0	0	0	0	0	0	5.55	0.30	5.25	4.28	2016
45	HG变	黄环201线	10kV	0	0	0	0	0	0	0.16	0.16	0.00	0.10	2016
46	HG变	凌湾204线	10kV	9	1615	3	220	12	1835	8.50	0.30	8.20	4.82	2016
47	JS变	北斗V852线	20kV	0	0	6	19 560	6	19 560	9.01	1.31	7.71	4.98	2011
48	JS变	金东V861线	20kV	0	0	9	6440	9	6440	3.82	0.63	3.19	2.34	2011
49	JS变	围北V885线	20kV	3	980	1	25 000	4	25 980	3.97	0.14	3.83	3.88	2017

DSG 经济开发区 49 回公用线路中无小截面型号导线，线路情况良好。公用线路主干线总长为 220.89km，平均主干线长度为 4.68km。DSG10kV 公用线路主干线长度大于 5km 的线路有 15 回占比 42.86%，20kV 公用线路主干线均在 10km 之内，未出现低电压情况。10（20）kV 线路总长度为 401.97m，其中电缆长 64.84km，电缆化率为 16.13%。

2. 电网结构

DSG 经济开发区 49 回中压线路 2 回为单辐射线路，占 4.09%；未能通过"N-1"校验线路 7 回，占 14.29%；38 回形成站间联络，站间联络化率 77.55%，见表 10-38。

表 10-38　　　　　　　DSG 经济开发区配电网结构情况统计表

序号	变电站	线路名称	电压等级	分段数	接线方式	是否通过 N-1	负荷转移比例（%）	是否站间联络
1	QT变	铰链182线	10kV	4	单联络	否	60.94%	站内联络
2	QT变	公亭186线	10kV	5	单联络	否	49.74%	站内联络

序号	变电站	线路名称	电压等级	分段数	接线方式	是否通过 $N-1$	负荷转移比例（%）	是否站间联络
3	JS变	朝阳791线	10kV	6	单联络	否	98.73%	站间联络
4	JS变	金化V851线	20kV	3	单联络	是	100.00%	站内联络
5	JS变	XH787线	10kV	2	单联络	是	100.00%	站间联络
6	JS变	南星V853线	20kV	2	单联络	是	100.00%	站内联络
7	JS变	沙亭782线	10kV	3	单联络	是	100.00%	站间联络
8	JS变	涂南V875线	20kV	4	多联络	是	100.00%	站内联络
9	QT变	全海185线	10kV	5	多联络	是	100.00%	站间联络
10	QT变	YQ183线	10kV	2	单联络	否	94.50%	站间联络
11	QT变	战斗187线	10kV	4	多联络	是	100.00%	站间联络
12	QT变	QT161线	10kV	1	多联络	是	100.00%	站间联络
13	QT变	白沙188线	10kV	2	单联络	是	100.00%	站间联络
14	JS变	优胜788线	10kV	2	单联络	是	100.00%	站间联络
15	JS变	太隆784线	10kV	4	单联络	否	98.76%	站间联络
16	JS变	金塘785线	10kV	1	单联络	是	100.00%	站间联络
17	JS变	佑海V855线	20kV	1	单联络	是	100.00%	站间联络
18	JS变	金胜V862线	20kV	3	单联络	是	100.00%	站间联络
19	JS变	海保V881线	20kV	2	单联络	是	100.00%	站间联络
20	JS变	民丰792线	10kV	5	单联络	是	100.00%	站间联络
21	XH变	新佑V311线	20kV	3	单联络	是	100.00%	站间联络
22	XH变	华胜V314线	20kV	1	单联络	是	100.00%	站间联络
23	XH变	新保V312线	20kV	4	单联络	是	100.00%	站间联络
24	HG变	陆沼165线	10kV	3	多联络	是	100.00%	站间联络
25	HG变	营建168线	10kV	3	多联络	是	100.00%	站间联络
26	HG变	沪杭166线	10kV	3	单联络	是	100.00%	站内联络
27	HG变	花厂164线	10kV	4	多联络	是	100.00%	站间联络
28	HG变	秀平265线	10kV	4	多联络	是	100.00%	站间联络
29	HG变	绿洲212线	10kV	3	单辐射	否	0.00%	/
30	HG变	龙吟112线	10kV	2	多联络	是	100.00%	站间联络
31	JS变	金黄789线	10kV	1	单联络	是	100.00%	站间联络
32	JS变	沙花781线	10kV	2	单联络	是	100.00%	站间联络
33	JS变	海涂780线	10kV	3	单联络	是	100.00%	站间联络
34	JS变	沙东783线	10kV	2	单联络	是	100.00%	站间联络

序号	变电站	线路名称	电压等级	分段数	接线方式	是否通过 N−1	负荷转移比例（%）	是否站间联络
35	HG 变	嘉港 282 线	10kV	2	多联络	是	100.00%	站间联络
36	HG 变	印染 167 线	10kV	5	单联络	是	100.00%	站间联络
37	HG 变	聚福 268 线	10kV	2	单联络	是	100.00%	站间联络
38	HG 变	HG162 线	10kV	6	单联络	是	100.00%	站间联络
39	HG 变	陈匠 160 线	10kV	4	单联络	是	100.00%	站间联络
40	HG 变	景丰 263 线	10kV	4	单联络	是	100.00%	站间联络
41	HG 变	运港 269 线	10kV	3	单联络	是	100.00%	站间联络
42	HG 变	HT169 线	10kV	4	单联络	是	100.00%	站间联络
43	HG 变	庙南 267 线	10kV	1	单联络	是	100.00%	站间联络
44	HG 变	黄湾 111 线	10kV	3	单联络	是	100.00%	站间联络
45	HG 变	黄环 201 线	10kV	1	单辐射	否	0.00%	/
46	HG 变	凌湾 204 线	10kV	3	单联络	是	100.00%	站间联络
47	JS 变	北斗 V852 线	20kV	4	单联络	是	100.00%	站内联络
48	JS 变	金东 V861 线	20kV	4	单联络	是	100.00%	站内联络
49	JS 变	围北 V885 线	20kV	3	多联络	是	100.00%	站内联络

目前，DSG 经济开发区中压配电网接线方式以多分段单联络为主，其中 36 回线路为多分段单联络结构，占比 72%，存在 11 回线路为多联络结构，占比 22%，同时存在 2 回单辐射线路，占比 6%。

通过分析，DSG 经济开发区中压配电网 49 回公用线路中 7 回线路未能通过"N−1"校验，"N−1"通过率为 85.71%。造成线路不通过 N−1 校验的主要原因是区域内存在辐射线路，以及部分线路负载偏高导致转供能力不足。

3. 运行情况

DSG 经济开发区中压线路平均负载率为 22.18%。负载率在低于 30% 的线路有 32 回，占所有公用线路的 65.31%。负载率在 30%～70% 之间的线路有 15 回，占所有公用线路的 30.61%。HG762 线与铰链 182 线负荷较重，主要由于线路供电半径偏长，线路挂接配变容量较多。总体区域内线路运行情况良好。

DSG 经济开发区公用线路总装接配变 1102 台，总容量 382.22MVA，其中公用配变 555 台，总容量 151.8MVA。DSG10（20）kV 公用线路平均单条线路挂接配变台数 11.33 台，平均挂接容量为 3.1MVA，DSG 公用中压线路配变容量超过 12MVA（24MVA）线路共 10 回。

根据中压配电线路诊断结果，汇总问题线路 18 回，其中一级问题线路 1 回，主要为重载且不通过"N−1"线路；二级问题线路 7 回，主要为重载、"N−1"不通过或单辐射线路；三级问题线路 10 回，主要为供电半径过长、挂接配变容量较大等线路，见表 10－39。

表 10－39　　　　　　　　DSG 经济开发区中压问题线路统计表

序号	变电站名称	线路名称	电压等级（kV）	供电半径过长（km）	挂接配变容量过大（kVA）	单辐射	"N－1"校验	线路负载率（%）	问题分级
1	QT 变	铰链 182 线	10	8.98	15 775		不通过	76.01	一级
2	HG 变	绿洲 212 线	10	5.55	13 000	是	不通过		二级
3	JS 变	朝阳 791 线	10	13.47	14 035		不通过		二级
4	JS 变	太隆 784 线	10	6.3	16 435		不通过		二级
5	JS 变	黄环 201 线	10			是	不通过		二级
6	QT 变	公亭 186 线	10	5.48	16 335		不通过		二级
7	HG 变	HG162 线	10	10.78	14 665			78.21	二级
8	QT 变	YQ183 线	10				不通过		二级
9	HG 变	嘉港 282 线	10	5.93					三级
10	HG 变	陆沼 165 线	10	6.89					三级
11	HG 变	陈匠 160 线	10	6.92	12 170				三级
12	HG 变	营建 168 线	10	8.96	15 200				三级
13	HG 变	花厂 164 线	10	5.82					三级
14	HG 变	运港 269 线	10	5.92					三级
15	HG 变	龙吟 112 线	10	7.11					三级
16	QT 变	战斗 187 线	10	13.20	14 115				三级
17	QT 变	QT161 线	10	6.62					三级
18	JS 变	围北 V885 线	20		25 980				三级

四、电力需求预测

本次电力需求预测包括以下两个部分。一是对规划区现状总体负荷和电量进行预测，以此来指导规划区规划期间变电站布点和配电网建设。由于 DSG 经济开发区处于快速发展阶段，电力需求受地区政策及大用户落地影响明显，各工业用户对地区的负荷影响较大。一般负荷预测方法不能充分考虑到大用户对于地区负荷的影响，为了使负荷预测结果更贴近地区发展需求，因此本次电力需求预测采用"空间负荷预测（公网）＋直供大用户"的预测方法。二是对规划区已具备饱和负荷预测条件的片区进行远景年饱和负荷预测，并确定该片区远景年电力设施最终规模。利用空间负荷预测对各地块、各单元负荷进行预测，通过计算得出联合片区饱和负荷，作为该片区远景年电力设施最终规模的依据，以此来指导规划区的电网建设。

配电网远景年饱和负荷预测采用空间负荷预测方法（负荷密度或负荷指标法），根据城市控制性详细规划中的用地性质规划，根据不同用地性质选取适用的负荷密度（负荷指标）来预测负荷。

（一）负荷密度指标选取

空间负荷预测主要是基于《城市用地分类与规划建设用地标准》规定的用地性质基础上进行。通过对区域各类用电负荷进行负荷密度（指标）调研，形成配电网规划负荷密度（指标）体系（见表10-40）。

表 10-40   配电网规划负荷密度（指标）体系

用地名称				负荷密度（MW/km²）			负荷指标（W/m²）		
				低方案	中方案	高方案	低方案	中方案	高方案
R	居住用地（以小区为单位）	R1	一类居住用地	/	/	/	20	25	30
		R2	二类居住用地	/	/	/	18	20	25
		R3	三类居住用地	/	/	/	8	10	12
A	公共管理与公共服务用地（以用户为单位）	A1	行政办公用地	/	/	/	30	35	40
		A2	文化设施用地	/	/	/	35	40	45
		A3	教育用地	/	/	/	20	25	30
		A4	体育用地	/	/	/	15	20	25
		A5	医疗卫生用地	/	/	/	35	40	45
		A6	社会福利设施用地	/	/	/	25	30	35
		A7	文物古迹用地	/	/	/	30	35	40
		A8	外事用地	/	/	/	20	30	40
		A9	宗教设施用地	/	/	/	20	25	30
B	商业设施用地（以用户为单位）	B1	商业设施用地	/	/	/	45	50	55
		B2	商务设施用地	/	/	/	40	45	50
		B3	娱乐康体用地	/	/	/	40	45	50
		B4	公用设施营业网点用地	/	/	/	25	30	35
		B9	其他服务设施用地	/	/	/	25	30	35
M	工业用地（以用户为单位）	M1	一类工业用地	35	40	45	/	/	/
		M2	二类工业用地	30	35	40	/	/	/
		M3	三类工业用地	30	35	40	/	/	/
W	仓储用地（以用户为单位）	W1	一类物流仓储用地	5	8	10	/	/	/
		W2	二类物流仓储用地	8	10	12	/	/	/
		W3	三类物流仓储用地	10	12	15	/	/	/
S	交通设施用地	S1	城市道路用地	2	3	5	/	/	/
		S2	轨道交通线路用地	2	2	2	/	/	/

	用地名称			负荷密度（MW/km²）			负荷指标（W/m²）		
				低方案	中方案	高方案	低方案	中方案	高方案
S	交通设施用地	S3	综合交通枢纽用地	35	40	45	/	/	/
		S4	交通场站用地	2	5	8	/	/	/
		S9	其他交通设施用地	2	2	2	/	/	/
U	公用设施用地	U1	供应设施用地	25	30	35	/	/	/
		U2	环境设施用地	25	30	35	/	/	/
		U3	安全设施用地	25	30	30	/	/	/
		U9	其他公用设施用地	20	25	30	/	/	/
G	绿地	G1	公共绿地	1	1	1	/	/	/
		G2	防护绿地	1	1	1	/	/	/
		G3	广场用地	2	3	5	/	/	/

（二）远景负荷预测

根据负荷密度指标体系、用地规划综合考虑后，采用空间负荷预测模型，整合本次中部分区各区块用地性质统计结果，由点至面，通过对小区域地块负荷的计算并累加，从而得到本次规划区的空间负荷预测结果（见表 10-41）。

表 10-41　　　　　　　　DSG 经济开发区负荷预测结果

序号	地块名称	地块边界	供电面积（km²）	远景总负荷（MW）	其中大用户负荷（MW）	负荷密度（MW/km²）
1	新材料产业园网格	北至××高速公路，南靠翁金公路、大堤路延伸线，西倚兴港路，东临与××交界	5.38	157.59	95	11.63
2	新材料与港口仓储物流区网格	北至翁金公路，南靠海堤口岸，西倚HG路，东临与××交界	11.41	166	110	4.91
3	DSG 生活服务东区网格	北至××高速公路，南靠××省道、翁金公路，西倚建港路、振港路、HG路，东临兴港路	4.09	26	/	6.36
4	先进装备制造园网格	北至××省道，南靠中山路，西倚滨港路，东临振港路	4.73	56	/	11.84
5	综合功能服务区网格	北至××高速公路，南至翁金公路，西倚独广公路，东临建港路、滨港路	11.37	133.2	/	11.72
6	DSG 生活服务西区网格	北至××高速公路，南靠翁金公路、西倚 DSG 镇与××交界，东临独广公路	5.33	28.8	/	5.40
7	港口仓储物流与装备制造园网格	北至翁金公路，南靠滨海大道、西倚DSG 镇与××交界，东至 HG 路	6.66	21	/	3.15

DSG 经济开发区远景年负荷预测结果在 560MW 至 630MW 之间，中方案预测结果

为 588.59MW，其中公网负荷为 383.59MW，直供大用户负荷为 205MW。规划区远景年平均负荷密度为 7.83MW/km²。

（三）近期负荷预测

根据目前区域城市建设发展情况以及土地建设开发情况，在远景年空间负荷预测基础上，考虑地块开发和新增用户情况，对 DSG 经济开发区近期负荷进行预测，结果见表 10－42。

表 10－42　　　　　　　　各区域近期负荷预测结果表

DSG 经济开发区		负荷（MW）														
		2018 年			2019 年			2020 年			2021 年			2025 年		
序号	地块名称	公网	用户	总负荷	公网	用户	总负荷	公网	用户	总负荷	公网	用户	总负荷	公网	用户	总负荷
1	新材料产业园网格	15.35	/	15.35	18	70	88	21	75	96	23	75	98	32	85	117
2	新材料与港口仓储物流区网格	18.77	92.07	110.84	20	93	113	22	95	117	24	95	119	30	100	130
3	DSG 生活服务东区网格	14.88	/	14.88	15.5	/	15.5	16	/	16	16	/	16	18	/	18
4	先进装备制造园网格	6.99	/	6.99	9	/	9	14	/	14	16	/	16	25	/	25
5	综合功能服务区网格	18.57	/	18.57	22	/	22	24	/	24	27	/	27	35	/	35
6	DSG 生活服务西区网格	13.31	/	13.31	14	/	14	14.5	/	14.5	15	/	15	20	/	20
7	港口仓储物流与装备制造园网格	8.74	/	8.74	9	/	9	10	/	10	12	/	12	17	/	17

到 2021 年，DSG 经济开发区最大负荷将达到 303MW，其中公网负荷 133MW，直供大用户负荷 170MW，近期公网负荷年平均负荷增长率为 11%。至 2025 年，规划区内最大负荷将达到 363MW，其中公网负荷 177MW，直供大用户负荷 185MW，公网负荷年平均负荷增长率约为 7.8%。

五、配电网规划方案

（一）高压配电网规划

××港区工业区是 JS 新区最近几年的主要负荷增长点。未来，随着港口产业进一步集群化发展、城市功能进一步提升，DSG 镇工业区、××城镇生活片区都将是未来的负荷增长重点。对滨海 JS 新区整体负荷进行预测，同时充分考虑各电压等级接入的电源和直供用户负荷等因素，开展 110kV 网供负荷分析。

预计至 2021 年，DSG 经济开发区 110kV 公用电网网供负荷将达到 106.2MW，至 2025 年 DSG 经济开发区 110kV 公用电网网供负荷将达到 145MW，至 2030 年 DSG 经济开发区 110kV 公用电网网供负荷将达到 343.09MW。

根据《DSG 经济开发区配电网"十三五"滚动规划》等相关规划结果，结合本次 DSG 经济开发区电力发展需求预测结果，至远景年 DSG 经济开发区共有 4 座 110kV 变电站为规划区供电，总变电容量 610MVA，其中新建变电站 1 座（XF 变），扩建 YQ 变。为提高投资效益，原则上在满足用电需求和可靠性要求的前提下，可逐步降低容载比取值。

（二）中压配电网规划

以新材料产业园网格、新材料与港口仓储物流区网格等为例。

1. 新材料产业园网格

新材料产业园网格为××高速公路、大堤路、翁金公路和兴港路、与××交界处合围区域，以三类工业用地为主，为 B 类供电区域。区域面积 20.11km²。目前，新材料产业园区主要用户有 DS 能源、生态能源、晨光电缆等，属于重点开发区域，将打造为长三角重要的临港 LPG 资源综合利用产业基地，××市化工转型升级示范区。

由于区域用户供电可靠性要求较高，以电缆双环网接线为主，同时严格控制用户专线数量。远景年规划 10kV 公用线路 22 回，其中 JS 变出线 4 回、YQ 变出线 14 回、XF 变出线 4 回（备供），线路平均供电负荷约为 3.75MW，线路平均供电半径 2.48km。

供电单元 1：由 YQ 变 YQ001 线、YQ004 线、YQ016 线、YQ017 线和备用电源 XF 变 XF006 线、XF007 线构成电缆双环网，主供中山路与汇港路西北部区域，供电负荷约 13.41MW。

供电单元 2：由 YQ 变 YQ014 线、YQ015 线和 JS 变朝阳 791 线、沙亭 782 线构成电缆双环网，主供新材料产业园汇港路与中山路东北区域，供电负荷约 14.38MW。

供电单元 3：由 YQ 变 YQ009 线、YQ010 线、YQ011 线、YQ012 线和备用电源 XF 变 XF004 线、XF005 线构成电缆双环网，主供新材料产业园翁金公路与中山路之间区域，供电负荷约 13.37MW。

供电单元 4：由 YQ 变衙中线、衙东线和 JS 变金东线、金衙线构成电缆双环网，主供新材料产业园翁金公路以南区域，供电负荷约 14.48MW。

供电单元 5：由 YQ 变 YQ003 线、YQ013 线和 QT 变 YQ183 线构成架空多分段适度联络，主供新材料产业园××省道以北区域，供电负荷约 4.23MW。

2018 年至 2021 年期间，新材料产业园配电网共安排项目 6 个，共新建电缆线路 51.08km，环网室 12 座，网架类总投资 5037.76 万元，见表 10－43。

表 10－43　　　　　　　　新材料产业园配电网架规划项目

序号	项目名称	时间	网格	电缆（km）	架空线（km）	环网室（座）	投资（万元）
1	××滨海 110kV YQ 变电站 10kV 配套工程（YQ001、003、009、010 线）	2018	新材料产业园	3.07	/		513.24
2	××滨海 110kV YQ 变 10kV 衙东线及衙中线新建工程	2019	新材料产业园	6.19	/	2	606.91

续表

序号	项目名称	时间	网格	电缆 (km)	架空线 (km)	环网室 (座)	投资 (万元)
3	××滨海 110kV JS 变 10kV 金中、金衢线新建工程	2019	新材料产业园	17.27	/	2	1393.11
4	××滨海 110kV YQ 变 10kV YQ013 线新建工程	2020	新材料产业园	0.8	/		64.5
5	××滨海 110kV YQ 变新出 10kV 线路与 JS 变 10kV 朝阳 791 线等网架完善工程	2020	新材料产业园	14.55	/	4	1404
6	××滨海 110kV YQ 变 10kV YQ015 线与 016 线新建工程	2021	新材料产业园	9.2	/	4	1056
	合计			51.08	0	12	5037.76

2. 新材料与港口仓储物流区网格

新材料与港口仓储物流区网格为翁金公路、海提口岸、HG 路和与××交界合围区域，属于 DSG 港口工业区，发展相对成熟；远景以港口物流仓储和三类工业用地为主，属于 B 类供电区。区域面积 11.41km²。目前区域主要用户有卫星能源、××石化等，将打造为长三角南翼临港型先进业制造基地，××湾北部重要深水港现代物流中心。

区域优先采用电缆单环网接线，至远景年，规划 20kV 公用线路 8 回，其中 XH 变 3 回，JS 变 5 回，形成电缆单环网 3 组，线路平均供电负荷 7MW 左右，线路平均供电半径 4.56km。

供电单元 1：由 XH 变 XH002 线和 JS 变金化 V851 线构成电缆单环网，主供新材料与港口仓储物流翁金公路及海河路之间区域，供电负荷为 8.63MW。

供电单元 2：由 JS 变涂南 V875 线、南星 V853 线构成电缆单环网备用电源线（XH 变 XH001 线），主供新材料产业园振港路以东区域，供电负荷为 23.63MW。

供电单元 3：由 JS 海保 V881 线、JS001 线构成电缆单环网备用电源线（XH 变新保 V312 线），主供新材料产业园振港路以西区域，供电负荷为 23.74MW。

2018 年至 2021 年期间，新材料与港口仓储物流区配电网共安排项目 3 个，共新建 20kV 电缆线路 28.55km，20kV 环网箱 5 座，网架类总投资 2965.5 万元，见表 10-44。

表 10-44　　　　　新材料与港口仓储物流区配电网项目

序号	项目名称	时间	网格	电缆 (km)	架空线 (km)	环网室 (座)	投资 (万元)
1	××滨海 110kV YQ 变电站 10kV 配套工程（YQ007、008 线）	2018	新材料与港口物流园区	2	/	/	160.5
2	××滨海 220kV XH 变新出 2 回 20kV 线路与 JS 变 20kV 金化 V851 线、南星 V853 线等网架完善工程	2021	新材料与港口物流园区	26.55	/	/	2805
	合计			28.55	0	0	2965.5

六、配电网设施布局规划

（一）变电站站址

1. 基本原则

规划变电站的站址时遵循的主要技术要求如下：

（1）接近负荷中心。在选择站址方案时，应根据本站供电负荷对象、负荷分布、供电要求，变电站本期和将来在系统中的地位和作用，选择比较接近负荷中心的位置作为变电站站址，以便减少电网投资和网损。

（2）使地区供、配电源布局合理。应考虑地区原有电源、新建电源以及计划建设电源情况，使地区电源和变电站不集中在一侧，形成电源布局分散之格局，以达到减少二级网的投资和网损及提高供电可靠率的目的。

（3）高低压各侧进出线方便。考虑各级电压出线走廊，不仅要使送电线进出方便，而且要尽量使送电线交叉跨越少、转角少。

（4）站址地形、地貌及土地面积应满足近期建设和发展要求。站址选择时，应贯彻以农业为基础的建设方针，节约用地、不占或少占农田，而且要结合具体工程条件，采取阶梯布局、高型布置，必要时采用 GIS 结构等方案，因地制宜适应地形、地势特征。

（5）确定站址时，应考虑其与邻近设施的相互影响。飞机场、导航台、收发信台、地震台、铁路信号等设施对无线电干扰有一定要求，站址与上述设施距离需满足有关规定；站址附近不应有火药库、弹药库、打靶场等设施；站址应尽量避免附近有排放腐蚀性气体的工厂、砖厂等。

（6）交通运输方便。站址选择不仅要考虑施工时设备材料及变压器等大型设备的运输，还要考虑运行、检修的交通运输方便。一般站址要靠近公路，且与公路引接要短，以减少投资。

（7）具有可靠的水源，排水方便。施工及运行期间的生活用水、变压器事故排油和调相机冷却用水。

（8）施工条件方便。

（9）规划变电站面积。规划新建的 110～220kV 变电站用地面积的预留，需要结合所址的实际用地条件，因地制宜选定。

2. 变电站站址规划

110kV XF 变。规划在 2026 年新建 110kV XF 变输变电工程，终期主变容量为 3×50MVA。根据《××市 DSG 镇城镇总体规划》（2015～2030），规划在中山路与滨港路西南侧地块内新建 110kV XF 变。根据规划，该站址为供电设施用地。该所址交通运输、出线走廊、排水条件较好，与附近设施的相互影响较小，适合作为 110kV 变电站用地。XF 变主要为 GC 供电，同时为东侧新材料产业园做备供电源。

110kV JZ 变。根据《××市 DSG 镇城镇总体规划》（2015～2030），规划在军港路与海兴路路西北侧地块内新建 110kV JZ 变。根据现有土地性质规划，××省道北侧仍为农用地，进行负荷估算，故本次规划 JZ 变未考虑建设。未来该片区可能土地规划调整，故建议保留变电站站址。

220kV DS 变。规划在 GC 西侧中山路北侧地块内新建 220kV DS 变，根据《××市 DSG 镇城镇总体规划》（2015～2030）现有土地性质规划，中山路北侧仍为农用地，建议将变电站站址规划结果纳入新一轮《××市 DSG 镇城镇总体规划》。

（二）高压廊道规划

1. 基本原则

电力输配电线路路径选择的优劣直接关系到线路建设和运行的经济、技术指标和安全可靠性。一般来讲所选择的路径除应符合现行各种标准规程要求外，应尽量选取长度短，转角少且角度小、跨越少、拆迁少、交通运输和施工运行方便，以及地质条件好的方案。具体应考虑以下几个方面的要求：

（1）线路廊道应根据地形地貌，考虑杆塔位布置及档距的大小分布，避免出现大档距、大高差地段和档距过小的现象。路径与河道、沟渠尽量垂直交叉，选线应有足够的施工基面和设施工条件，尽量减少土石方的开挖量。

（2）线路廊道应避开有气体或液体及烟尘腐蚀污秽的区域，选择这类地段的上风方向通过。在平原大面积湖泊水面或沼泽湿地时，应结合冬季主导风向，沿上风方向侧走线，以免湿度过大造成覆冰现象。

（3）线路廊道经过地区水文地质条件的好坏，直接影响到杆塔基础的稳定性和线路的安全运行，为此路径应尽量避免穿越该类区域。

（4）线路廊道应避免与具有爆炸物、易燃物或可燃液体的生产、储藏区域交叉跨越。

（5）线路廊道一般不跨越城乡房屋建筑，必须跨越时应按相关规定设计报拟及办理相关手续。

（6）110kV 线路一般按同塔双回路设计，走廊宽度按 15～25m 控制；220kV 走廊宽度按 30～40m 控制。

2. 高压廊道规划方案

远景年 110kV YQ 变第三电源一回 110kV 进线电源来自 220kV DS 变，其余两回仍保持 220kV XH 变直供；110kV JS 变第三电源一回 110kV 进线电源来自 220kV DS 变，其余两回仍保持 220kV XH 变直供；110kV HG 变两回 110kV 进线电源分别来自 220kV DS 变与 220kV XH 变直供；110kV XF 变一回 110kV"T"接于新周 1436 线，另一回 220kV XH 变直供，第三电源来自 220kV DS 变直供。进线均采用高压架空走廊。同时石化产业园区存在引入大型企业的可能性，于军港路预留 110kV 高压廊道。DSG 经济开发区高压廊道情况如表 10-45 所示。

表 10-45　　　　　　　　　DSG 经济开发区远景公用高压走廊规划

项目名称	道路（河）名称	标段	性质
XF 变输变电工程	××省道、滨港路	220kV XH 变～110kV XF 变	双通道
	××省道、滨港路	220kV XH 变（110kV 新周 1436 线"T"接）～111kV XF 变	双通道
	中山路南侧（原陈山油库高压线路通道）～滨港路	220kV DS 变～110kV XF 变	双通道
YQ 变第三电源	中山路南侧（原陈山油库高压线路通道）	220kV DS 变～滨港路	双通道
		滨港路～110kV YQ 变	单通道
JS 变第三电源	中山路南侧（原陈山油库高压线路通道）	220kV DS 变～滨港路	双通道
	翁金公路南侧	滨港路～110kV JS 变	单通道
预留高压通道	军港路	XH 变～华辰能源附近	双通道

（三）中压电缆通道规划方案

1. 基本原则

电缆的敷设方式较多，主要有电缆沟、排管、隧道、直埋等方式。根据 DSG 经济开发区的具体情况，规划区内采用排管方式，少数从环网站到用户的线路可以视实际情况采用直埋方式。

电缆线路路径应考虑从电源点到受电点的电缆线路地下通道在技术上、经济上最合理的方案，不但要满足近期工程的需要，而且要符合城市和电力远景发展规划要求。电缆路径选择需考虑电缆安装方式、电缆的类型和路径的道路结构等方面。

在电网建设中需要根据城市电网中使用电缆的电压等级、容量和所供电用户的设备形式等要求，在城市配电网中逐步建成浅层与深层结合的专用电缆通道网络。

经过技术经济比较后，可优先采用电缆排管方式，结合电缆过路管、电缆桥等形成全部电缆通道网络化，并保证通道容量留有适当的裕度以适应电网规划发展要求。

架空线入地改造工程中建设的电缆通道，应按电网整体规划安排并同步进行建设。

在建设电缆通道网络时，对电缆通道路径、通道出口、电缆通道埋设深度、电缆通道位置与其他各类管线的水平间距、垂直间距以及与建筑物、构筑物、树木等的间距应满足规程的规定。

电缆隧道的通风照明、排水、通信、防火设施所建设采用的技术要求，应按照国家有关技术标准执行。

现状电缆通道尽量不再重复开挖增补。现状单侧电缆通道的且预备孔数不足的，可考虑在道路另一侧辐射电缆关进，形成双侧电缆通道。

原则上考虑每条道路上均需设置电缆通道，在道路交叉口的四个方向均需设置过路通道，沿路每隔 120～160m 需设置一过路通道，过路通道采用 PG-4 或 PG-6 孔。

纵向主次干路主要为配电网线路穿越通道，其规模控制在 PG-12 孔以上；其他支路主要为环网站的出线或配变出线预留，统一采用 PG-8 孔。

预留 2~4 孔左右的管孔作发展备用，预留 2 孔通信通道。

电缆在排管内从上到下的排列顺序应统一，可按下述方式：从高压到低压。从强电到弱电，从主回路到次要回路，从近处到远处。

除规划区边界道路电缆布置在靠近负荷侧，一般情况下东西向道路，电缆通道置于道路北侧；南北向道路，电缆通道置于东侧。

2. 远景电缆线路通道规划

根据 DSG 经济开发区目标网架规划方案建设需求，结合现状区域内部分道路电缆排管总量及可利用情况，对 DSG 经济开发区远期电缆排管进行规划。本次电缆排管规划主要分为两类：① 对于现状道路尚未有电缆排管建设的，自首个规划项目建设时，将按远期需求一步到位地建设电缆排管；② 对于现状道路已有电缆排管建设的，主要针对电缆排管规模不满足规划项目敷设需求的路段进行改造，在首次进行扩建改造时，也将按远期需求一步扩建到位。

至规划远期 DSG 经济开发区范围内，需在主干路、次干路、支路新增、扩建 6~16 孔不等的电缆排管（详见电缆排管规划附图）。6 孔排管需求共计 9.97km，8 孔排管共计需求 62.735km，12 孔排管共计需求 14.786km，16 孔（双侧 8 孔）排管需求共计 7.63km。同时 6 孔（预留）排管共计 53.43km，此部分为用户以及支线电缆敷设预留。主要道路排管统计情况见表 10-46。

表 10-46　　　　　　　中压电缆通道规划统计表

序号	路径	起始点	终点	排管数	线路长度（m）
1	白沙路	白沙支线	海堤口岸	6 孔	1235
2	海堤口岸	HG 路	汇港路	6 孔	5620
3	翁金公路	振港路	港湾路	6 孔	700
4	港湾路	翁金公路	海河路	6 孔	650
5	领港路	海城路	友谊公路	6 孔	1765
合计					9970
6	通港路支线	YQ 变南侧 HG 塘北侧	通港路	8 孔	720
7	兴港路支线	YQ 变南侧 HG 塘北侧	兴港路	8 孔	510
8	通港路	海兴路	海河路	8 孔	2250
9	白沙路	海兴路	大堤路沿线	8 孔	1590
10	汇港路	海兴路	大堤路沿线	8 孔	1630
11	军港路	××省道	翁金公路	8 孔	1440
12	海兴路	通港路	军港路	8 孔	2160
13	翁金公路	通港路	军港路	8 孔	1920
14	中山路	汇港路	军港路	8 孔	560
15	通港路支线	通港路	白沙路	8 孔	1220

序号	路径	起始点	终点	排管数	线路长度（m）
16	大堤路沿线	通港路支线	汇港路	8 孔	2170
17	海河路	海河路支线	白沙路	8 孔	1170
18	兴港路	海兴路	翁金公路	8 孔	2315
19	海河路	海河路支线	HG 路	8 孔	4220
20	海河路	通港路	HG 路	8 孔	4140
21	星华路	兴港路	大营头路	8 孔	1980
22	全亭公路	兴港路	振港路	8 孔	1550
23	××省道	优胜路	HG 路	8 孔	700
24	振港路	翁金公路	海堤口岸	8 孔	1305
25	翁金公路	振港路	HG 路	8 孔	1600
26	优胜路	××省道	中山路	8 孔	1440
27	GC 路	××省道	海兴路	8 孔	800
28	海河路	HG 路	上港路	8 孔	2830
29	创业路	凤舞路	建港路	8 孔	2020
30	海城路	独广公路	建港路	8 孔	3170
31	××省道	独广公路	建港路	8 孔	3265
32	友谊公路	独广公路	建港路	8 孔	2915
33	××省道	独广公路	创业路	8 孔	2465
34	HG 塘支线	HG 变南侧	中山路	8 孔	760
35	独广公路	HG 变南侧	中山路	8 孔	745
36	中山路	HG 塘支线	凤舞路	8 孔	1200
37	中山路	凤舞路	领港路	8 孔	1200
38	园林路	虎啸路	滨港路	8 孔	2460
39	建设路	虎啸路	凤舞路	8 孔	800
40	虎啸路	××省道	建设路	8 孔	1125
41	独广公路	××省道	创业路	8 孔	390
合计					62 735
42	建设路	HG 变北侧	虎啸路	12 孔	540
43	凤舞路	创业路	中山路	12 孔	2570
44	领港路	友谊公路	中山路	12 孔	955
45	中山路	领港路	滨港路	12 孔	655
46	友谊路	优胜路	滨港路	12 孔	2330
47	HG 路	JS 变北侧	海兴路	12 孔	2240
48	HG 路	海河路	海堤口岸	12 孔	660
49	振港路	中山路	翁金公路	12 孔	1440
50	中山路	YQ 变北侧	振港路	12 孔	2020

序号	路径	起始点	终点	排管数	线路长度（m）
51	独广公路	GC 路	建设路	12 孔	1376
合计					14 786
52	滨港路	中山路	创业路	16 孔	2160
53	中山路	滨港路	振港路	16 孔	3240
54	中山路	YQ 变北侧	汇港路	16 孔	2230
合计					7630
55	创业路	××省道	独广公路	6 孔（预留）	3190
56	创业路	独广公路	凤舞路	6 孔（预留）	1290
57	聚福路	创业路	独广公路	6 孔（预留）	1690
58	GC 路	聚福路	独广公路	6 孔（预留）	1225
59	龙吟路	友谊公路	建设路	6 孔（预留）	960
60	虎啸路	创业路	××省道	6 孔（预留）	1030
61	上港路	海城路	中山路	6 孔（预留）	2775
62	海城路	建港路	创业路	6 孔（预留）	2370
63	盛港路	海城路	友谊公路	6 孔（预留）	1810
64	滨港路	海城路	创业路	6 孔（预留）	390
65	建港路	海城路	××省道	6 孔（预留）	1330
66	海振路	大营头路	滨港路	6 孔（预留）	2715
67	振港路	××省道	中山路	6 孔（预留）	1220
68	滨港路	中山路	海河路	6 孔（预留）	1785
69	独广公路	中山路	翁金公路	6 孔（预留）	1290
70	翁金公路	独广公路	HG 路	6 孔（预留）	4190
71	海兴路	优胜路	兴港路	6 孔（预留）	2395
72	大营头路	中山路	全亭公路	6 孔（预留）	670
73	全亭公路	大营头路	兴港路	6 孔（预留）	1965
74	港湾路	海兴路	翁金公路	6 孔（预留）	1770
75	翁金公路	通港路	港湾路	6 孔（预留）	2250
76	海河路支线	通港支线	海堤口岸	6 孔（预留）	860
77	兴港路	海河路	海堤口岸	6 孔（预留）	670
78	集港路	海兴路	海河路	6 孔（预留）	2265
79	海涛路	兴港路	HG 路	6 孔（预留）	3200
80	大营头路	海振路	全亭公路	6 孔（预留）	1015
81	××省道	HG 路	建港路	6 孔（预留）	1260
82	××省道	优胜路	军港路	6 孔（预留）	5850
合计					53 430

近期对 DSG 经济开发区范围内，按中压配电网建设需求对主干路、次干路、支路新增、扩建 6～16 孔不等的电缆排管（详见电缆排管规划附图）。2019 年规划需新建 16 孔（双侧 8 孔）排管 4.66km，12 孔排管 6.51km，8 孔排管 14.77km，预计总投资 8127.5 万元；2020 年规划需新建 16 孔（双侧 8 孔）排管 3.24km，12 孔排管 2.02km，8 孔排管 5.9km；2021 年规划需新建 12 孔排管 1.44km，8 孔排管 4.38km。主要道路排管统计情况见表 10-47。

表 10-47　　　　　　　　　　近期中压电缆通道规划统计表

序号	项目	建设时间	路径	起点	终点	排管需求	长度（km）
1	10kV 衢东线及衢中线新建工程	2019 年	中山路（YQ 变主要通道）	YQ 变中山路向东	汇港路	16 孔（两侧 8 孔）	2.45
2	10kV 金中、金衢线新建工程	2019 年	海河路塘河南岸	HG 路	白沙路	8 孔	5.51
			白沙路	海河路	海兴路	8 孔	1.73
3	10kV 金龙、金洲线新建工程	2019 年	海河路塘河南岸	HG 路	白沙路	8 孔	5.51
			滨港路（XF 变主要通道）	创业路	中山路	16 孔（两侧 8 孔）	2.21
			HG 路	JS 变 HG 路向北	海兴路	12 孔	2.24
			友谊路	HG 路	滨港路	12 孔	1.65
4	10kV 黄建、黄环线新建工程	2019 年	凤舞路	创业路	中山路	12 孔	2.62
			创业路	凤舞路	建港路	8 孔	2.02
5	10kV YQ001 线、014 线新建工程	2020 年	海兴路	通港路	军港路	8 孔	2.16
			汇港路	海兴路	翁金公路	8 孔	1.1
			翁金公路	通港路	军港路	8 孔	1.92
			HG 塘北侧	YQ 变中山路向东	通港路	8 孔	0.72
6	10kV YQ011 线、012 线新建工程	2020 年	中山路（YQ 变主要通道）	YQ 变中山路向西	振港路	12 孔	2.02
			中山路（YQ 变、XF 变主要通道）	滨港路	振港路	16 孔（两侧 8 孔）	3.24
7	10kV 医学产业园供电工程	2021 年	HG 路	××省道	友谊路	8 孔	0.8
8	10kV YQ017 线、018 线新建工程	2021 年	友谊路	凤舞路	滨港路	8 孔	1.6
9	10kV XH001 线、002 线新建工程	2021 年	振港路	中山路	翁金公路	12 孔	1.44
			振港路	翁金公路	海河路塘河南岸	8 孔	0.88
10	10kV YQ015 线与016 线新建工程	2021 年	军港路	HG 路	翁金公路	8 孔	1.1

（四）中压配电网设施布局规划

中压环网室设置应符合中压配电网的分区原则。原则上建于地面层、负荷中心，尽

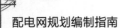

量靠近道路，进出线路径通顺，设备运输、操作维护方便。在用户项目建设时，同步规划、设计，同步建成。在设计时需适当考虑其扩展性能，使其能满足今后发展的需要。

在设计过程中，要根据实际情况，依据安全可靠、投资合理、标准统一、运行高效的设计原则，形成符合实际要求的 10kV 户内环网室，户内环网室占地面积约 $6 \times 10m^2$，主体设计要具备现代工业建筑气息，建筑造型和里面色要与周边人文地理环境协调统一；外观设计应简洁、稳重、实用。

环网室宜选用全绝缘、全密封、无油化、免维护或少维护的成套设备装置，应具备"遥信、遥测、遥控"接口，预留电动机构位置。开断电流参数应满足目标网架要求（16～24kA）。并满足通风、防火、防淹、防潮、防尘、防毒、防小动物和防噪声等各项要求。环网室的出线电缆不宜跨越城市主干道，其供电半径宜控制在 300m 以内。

环网室采用两个独立的单母线，进线 4 回，馈线 10～12 回；10kV 进线采用空气绝缘负荷开关柜，馈线采用负荷开关柜或断路器柜，环网室之间采用环网接线、开环运行。

根据规划结果，到目标年 DSG 经济开发区共有中压配电设施共 89 座，按建设类型划分，其中环网箱 29 座，环网室 60 座，其中新建环网室 55 座。具体如表 10-48 所示。

表 10-48　　　　　　　DSG 经济开发区配电设施布点规划统计表

序号	名称	类型	所属网格	所在位置	投运时间
1	中山 9#	环网室	新材料产业园网格	中山路与兴港路东北侧	2025～远景
2	海兴 1#	环网室	新材料产业园网格	海兴路与通港路东南侧	2020 年
3	海兴 2#	环网室	新材料产业园网格	海兴路与白沙路西北侧	2020 年
4	海兴 3#	环网室	新材料产业园网格	海兴路与汇港路西南侧	2025～远景
5	军港 1#	环网室	新材料产业园网格	中山路与军港路西北侧	2021 年
6	军港 2#	环网室	新材料产业园网格	中山路与军港路东北侧	2021 年
7	军港 3#	环网室	新材料产业园网格	中山路与军港路西南侧	2021 年
8	军港 4#	环网室	新材料产业园网格	HG 塘与军港路东北侧	2021 年
9	中山 10#	环网室	新材料产业园网格	中山路与通港路西南侧	2025～远景
10	汇港 1#	环网室	新材料产业园网格	HG 塘与汇港路西北侧	2020 年
11	通港 1#	环网室	新材料产业园网格	HG 塘与通港路东北侧	2020 年
12	中山 8#	环网室	新材料产业园网格	中山路与兴港路东南侧	2025～远景
13	中山 1#	环网室	新材料产业园网格	中山路与白沙路西北侧	2019 年
14	白沙 1#	环网室	新材料产业园网格	中山路与白沙路东南侧	2019 年
15	白沙 2#	环网室	新材料产业园网格	翁金公路与白沙路东北侧	2019 年
16	白沙 3#	环网室	新材料产业园网格	翁金公路与白沙路东南侧	2019 年
17	白沙 4#	环网箱	新材料与港口仓储物流区网格	大堤路与白沙路西南侧	2021 年
18	白沙 5#	环网箱	新材料与港口仓储物流区网格	通港路支线与白沙路西北侧	2021 年
19	金化线 1#	环网箱	新材料与港口仓储物流区网格	海河路与 HG 路东北侧	已有
20	白沙 6#	环网箱	新材料与港口仓储物流区网格	通港路支线与白沙路西南侧	2021 年

序号	名称	类型	所属网格	所在位置	投运时间
21	海河南 3#	环网箱	新材料与港口仓储物流区网格	海河路与振港路东南侧	2025~远景
22	海河南 2#	环网箱	新材料与港口仓储物流区网格	海河路与振港路西南侧	2021 年
23	海河南 1#	环网箱	新材料与港口仓储物流区网格	HG 路与海河路东南侧	2021 年
24	南星 1#	环网箱	新材料与港口仓储物流区网格	兴港路与一线海堤东北侧	已有
25	南星 2#	环网箱	新材料与港口仓储物流区网格	白沙路与一线海堤西北侧	已有
26	港口 1#	环网箱	新材料与港口仓储物流区网格	HG 路与一线海堤东北侧	2025~远景
27	港口 2#	环网箱	新材料与港口仓储物流区网格	振港路与一线海堤西北侧	2025~远景
28	港口 3#	环网箱	新材料与港口仓储物流区网格	振港路与一线海堤东北侧	2025~远景
29	海保线 1#	环网箱	新材料与港口仓储物流区网格	振港路与海河路西北侧	已有
30	海保线 2#	环网箱	新材料与港口仓储物流区网格	港湾路与海河路西北侧	已有
31	星华 1#	环网室	DSG 生活服务东区网格	港湾路与星华路西南侧	2025~远景
32	星华东村	环网箱	DSG 生活服务东区网格	星华路与振港路东南侧	已有
33	星华新村	环网室	DSG 生活服务东区网格	翁金公路与振港路西北侧	已有
34	振港 1#	环网室	DSG 生活服务东区网格	翁金公路与振港路西北侧	2025~远景
35	星湾家园	环网箱	DSG 生活服务东区网格	星华路与振港路西南侧	已有
36	全海 1#	环网箱	DSG 生活服务东区网格	全亭公路与广场路东北侧	已有
37	全海 2#	环网箱	DSG 生活服务东区网格	全亭公路与广场路东北侧	已有
38	公亭 2#	环网室	DSG 生活服务东区网格	港湾路与全亭公路东北侧	2025~远景
39	公亭 1#	环网室	DSG 生活服务东区网格	港湾路与全亭公路西北侧	2025~远景
40	元景苑	环网室	DSG 生活服务东区网格	港湾路与全亭公路西南侧	已有
41	西大街 1#	环网箱	DSG 生活服务东区网格	港湾路与全亭公路西南侧	已有
42	优胜小区	环网室	DSG 生活服务东区网格	振港路与全亭公路西北侧	已有
43	新佑线 2#	环网箱	先进装备制造园网格	优胜路与中山路西南侧	已有
44	新佑线 3#	环网箱	先进装备制造园网格	HG 路与中山路东南侧	已有
45	新东线	环网箱	先进装备制造园网格	海兴路与优胜路西南侧	2019 年
46	优胜 3#	环网箱	先进装备制造园网格	优胜路与海振路西南侧	2020 年
47	优胜 1#	环网箱	先进装备制造园网格	优胜路与海振路西北侧	2020 年
48	优胜 2#	环网箱	先进装备制造园网格	优胜路与海振路东南侧	2020 年
49	优胜 4#	环网箱	先进装备制造园网格	优胜路与海兴路东北侧	2020 年
50	新佑线 1#	环网箱	先进装备制造园网格	中山路与优胜路东北侧	已有
51	HG1#	环网室	先进装备制造园网格	HG 路与海兴路西北侧	2021 年
52	友谊 5#	环网室	先进装备制造园网格	HG 塘支线与海兴路西北侧	2021 年
53	友谊 4#	环网室	先进装备制造园网格	滨港路与海兴路东北侧	2021 年
54	中山 6#	环网室	先进装备制造园网格	HG 塘与中山路西北侧	2021 年
55	中山 7#	环网室	先进装备制造园网格	HG 塘支线与中山路东北侧	2021 年

序号	名称	类型	所属网格	所在位置	投运时间
56	创业 1#	环网室	综合功能服务区网格	海城路 3 号支线与创业路东北侧	2021～2025
57	创业 2#	环网室	综合功能服务区网格	海城路 1 号支线与创业路西北侧	2021～2025
58	创业 3#	环网室	综合功能服务区网格	凤舞路与创业路东北侧	2021～2025
59	创业 4#	环网室	综合功能服务区网格	领港路与创业路西北侧	2021～2025
60	创业 5#	环网室	综合功能服务区网格	滨港路与创业路西北侧	2021～2025
61	GC1#	环网室	综合功能服务区网格	虎啸路与 GC 路西北侧	2021～2025
62	GC2#	环网室	综合功能服务区网格	虎啸路与 GC 路东北侧	2021～2025
63	龙吟小区	环网室	综合功能服务区网格	凤舞路与 GC 路西北侧	已有
64	绿洲花苑	环网室	综合功能服务区网格	盛港路与 GC 路东北侧	已有
65	综合 1#	环网室	综合功能服务区网格	上港路与创业路西南侧	2019 年
66	综合 2#	环网室	综合功能服务区网格	领港路与创业路西南侧	2019 年
67	综合 3#	环网室	综合功能服务区网格	滨港路与创业路东南侧	2019 年
68	综合 4#	环网室	综合功能服务区网格	滨港路与××省道西南侧	2019 年
69	新新小区	环网箱	综合功能服务区网格	独广公路与友谊路支线东北侧	已有
70	独广 1#	环网室	综合功能服务区网格	GC 路与××省道东南侧	2025～远景
71	独广 2#	环网室	综合功能服务区网格	独广公路与××省道东北侧	2025～远景
72	GC3#	环网室	综合功能服务区网格	GC 路与凤舞路西南侧	2025～远景
73	GC4#	环网室	综合功能服务区网格	滨港路与 GC 路东南侧	2025～远景
74	虎啸 1#	环网室	综合功能服务区网格	友谊路与虎啸路西南侧	2021～2025
75	省道 2#	环网室	综合功能服务区网格	上港路与××省道西南侧	2025～远景
76	省道 3#	环网室	综合功能服务区网格	上港路与××省道东北侧	2025～远景
77	省道 4#	环网室	综合功能服务区网格	领港路与××省道东北侧	2025～远景
78	中山 2#	环网室	综合功能服务区网格	凤舞路与中山路西北侧	2025～远景
79	中山 3#	环网室	综合功能服务区网格	HG 塘支线与中山路西北侧	2025～远景
80	中山 4#	环网室	综合功能服务区网格	上港路与中山路东北侧	2025～远景
81	中山 5#	环网室	综合功能服务区网格	中山路与文明路东北侧	2025～远景
82	虎啸 2#	环网室	综合功能服务区网格	虎啸路与 HG 塘东北侧	2025～远景
83	友谊 1#	环网室	综合功能服务区网格	凤舞路与友谊路西北侧	2021 年
84	友谊 2#	环网室	综合功能服务区网格	上港路与友谊路东北侧	2021 年
85	友谊 3#	环网室	综合功能服务区网格	领港路与友谊路东南侧	2021 年
86	园林 1#	环网室	综合功能服务区网格	龙吟路与园林路西南侧	2025～远景
87	园林 2#	环网室	综合功能服务区网格	凤舞路与园林路西北侧	2025～远景
88	园林 3#	环网室	综合功能服务区网格	上港路与园林路东北侧	2025～远景
89	园林 4#	环网室	综合功能服务区网格	领港路与园林路东北侧	2025～远景

参 考 文 献

［1］ 周谢. 电力负荷特性指标及其内在关联性分析［D］. 长沙理工大学，2013.

［2］ 陈素玲. 配电网规划中电力需求预测方法的研究［D］. 湖南大学，2014.

［3］ 刘毅. 某市电力需求预测分析［D］. 华北电力大学，2015.

［4］ 蓝毓俊. 现代城市电网规划设计与建设改造［M］. 北京：中国电力出版社，2004.

［5］ 王抒祥. 电网规划安全［M］. 成都：电子科技大学出版社，2013.

［6］ 杨坚. 温岭市域电力设施布局规划研究［D］. 沈阳：浙江大学，2008.

［7］ 国网北京经济技术研究院. 电网规划设计手册. 北京：中国电力出版社，2016.

［8］ 中国电力工程顾问集团有限公司　中国能源建设集团规划设计有限公司.《电力工程设计手册　电力系统规划设计》［M］. 中国电力出版社，2017.